AF870429

Sonja Ständer

Hartmut Ständer

Thomas A. Luger

Die Universitäts-Hautklinik Münster

Geschichte und Moulagensammlung

Sonja Ständer
Hartmut Ständer
Thomas A. Luger

Die Universitäts-Hautklinik Münster

Geschichte und Moulagensammlung

Mit 184 Abbildungen

Springer

Prof. Dr. med. Thomas A. Luger
Klinik und Poliklinik für Hautkrankheiten des Universitätsklinikums Münster
Von-Esmarch-Str. 58
48149 Münster

Dr. med. Hartmut Ständer
Klinik und Poliklinik für Hautkrankheiten des Universitätsklinikums Münster
Von-Esmarch-Str. 58
48149 Münster

Priv.-Doz. Dr. med. Sonja Ständer
Klinik und Poliklinik für Hautkrankheiten des Universitätsklinikums Münster
Von-Esmarch-Str. 58
48149 Münster

ISBN 3-540-28018-9 Springer Medizin Verlag Heidelberg
ISBN 978-3-540-28018-7 Springer Medizin Verlag Heidelberg

Bibliografische Information der Deutschen Bibliothek
Die Deutsche Bibliothek verzeichnet diese Publikation in der Deutschen Nationalbibliografie; detaillierte bibliografische Daten sind im Internet über http://dnb.ddb.de abrufbar.

Dieses Werk ist urheberrechtlich geschützt. Die dadurch begründeten Rechte, insbesondere die der Übersetzung, des Nachdrucks, des Vortrags, der Entnahme von Abbildungen und Tabellen, der Funksendung, der Mikroverfilmung oder der Vervielfältigung auf anderen Wegen und der Speicherung in Datenverarbeitungsanlagen, bleiben, auch bei nur auszugsweiser Verwertung, vorbehalten. Eine Vervielfältigung dieses Werkes oder von Teilen dieses Werkes ist auch im Einzelfall nur in den Grenzen der gesetzlichen Bestimmungen des Urheberrechtsgesetzes der Bundesrepublik Deutschland vom 9. September 1965 in der jeweils geltenden Fassung zulässig. Sie ist grundsätzlich vergütungspflichtig. Zuwiderhandlungen unterliegen den Strafbestimmungen des Urheberrechtsgesetzes.

Springer Medizin Verlag.
springer.de
© Springer Medizin Verlag Heidelberg 2006

Die Wiedergabe von Gebrauchsnamen, Warenbezeichnungen usw. in diesem Werk berechtigt auch ohne besondere Kennzeichnung nicht zu der Annahme, dass solche Namen im Sinne der Warenzeichen- und Markenschutzgesetzgebung als frei zu betrachten wären und daher von jedermann benutzt werden dürften.

Produkthaftung: Für Angaben über Dosierungsanweisungen und Applikationsformen kann vom Verlag keine Gewähr übernommen werden. Derartige Angaben müssen vom jeweiligen Anwender im Einzelfall anhand anderer Literaturstellen auf ihre Richtigkeit überprüft werden.

Planung: Antje Lenzen
Projektmanagement: Barbara Knüchel
Design: deblik Berlin
Titelbild: deblik Berlin

SPIN 11532286
Satz: TypoStudio Tobias Schaedla, Heidelberg

Gedruckt auf säurefreiem Papier 2126 – 5 4 3 2 1 0

Geleitwort

Die Geschichte der Universitäts-Hautklinik Münster ist mit vielen Innovationen verbunden, die die deutsche Dermatologie in ihrer Gesamtheit bereichert haben. Deshalb danke ich den Autoren dieses Buches für ihre Initiative, das Material gesammelt zu haben und mit dieser Dokumentation der Öffentlichkeit zu übergeben. Die Dermatologie startete 1925 an der Universität Münster unter dem Direktorat von Alfred Stühmer. Nach verschiedenen organisatorischen Vorstufen wurde 1932 die neu erbaute Lupusheilstätte Hornheide eingeweiht, in der Lichttherapie und operative Behandlung in modernster Weise kombiniert wurden. 1946 wurde hier die erste Tuberkuloseheilung in Deutschland mit dem neu entwickelten Conteben realisiert. Vinzenz Wucherpfennig führte die nach ihm benannte Lichttreppe und die elektrisch schneidende Schlinge ein. Der Münsteraner Ordinarius Carl Moncorps gehört mit seinem Lebenswerk zu den genuinen Gründungsvätern der heutigen operativen Dermatologie. Egon Macher und Thomas Luger förderten in herausragender Weise die experimentelle Forschung in der Dermatologie. Schüler beider Direktoren besetzten Ordinariate deutscher Kliniken, womit die schulebildende Kraft dieser Klinik bewiesen wurde.

Dem Standard von Universitäts-Hautkliniken in den frühen Jahrzehnten des 20. Jahrhunderts entsprechend, gab es auch in Münster eine umfangreiche Moulagensammlung. Die Mehrzahl dieser Dokumentationen wurde in Deutschland aktiv und passiv zerstört. Es muss als wesentliches Verdienst der Autoren dieses Buches herausgestellt werden, dass sie die Bestände in Münster gerettet, aufgearbeitet und dokumentiert haben. Die Ausstellung in neuen Schaukästen ermöglicht Studenten und Gästen der Hautklinik das Studium und Erlebnis dieser kunstvollen Produktionen. Nachdem es in der Zeit nach dem 2. Weltkrieg zuerst, begeistert durch die Möglichkeiten neuer audio-visueller Medien, zu einer Verdrängung der didaktischen Bedeutung von Moulagen gekommen war, erlebten wir in den vergangenen zwei Jahrzehnten eine Rückbesinnung auf den Wert der erhaltenen Sammlungen. Rekonstruktion von Sammlungen, Aufstellung in Glasvitrinen in Hörsaalnähe, Ausstellungen auf Kongressen, Monographien zum Thema kennzeichneten diese Tendenz. In der Gründungsphase der Herstellung von Moulagen dominierte die Funktion als Lehrmittel und Befunddokument. In der Gegenwart sind Wachsplastiken zusätzlich medizinhistorische und kunsthistorische Studienobjekte. Die gründliche Bearbeitung der erhaltenen Münsteraner Moulagen ist ein sichtbarer Beitrag für die Renaissance der Wachsplastik in Deutschland. Die Auseinandersetzung der Medizinstudenten mit den didaktisch einprägsamen Krankheitsbildern intensiviert die Lehre. Wissenschaftliche Auseinandersetzungen, wie die Arbeitstagung der Arbeitsgemeinschaft »Geschichte der Dermatologie und Venerologie« im April 2004 in Münster, stimulieren die Forschung. Das vorliegende Buch stärkt mit der wissenschaftlichen Prägnanz seiner Dokumentationen die sich ausbreitende Tendenz, dass der Blick nach vorn stets von dem Bewusstsein bisher erbrachter Leistungen begleitet sein muss. Ich danke den Autoren für Ihr Engagement, die Geschichte der Dermatologie in Münster in vorbildlicher Weise aufgearbeitet zu haben und wünsche dem Buch, dass es eine weite und interessierte Leserschaft findet.

Albrecht Scholz
Vorsitzender der Arbeitsgemeinschaft »Geschichte der Dermatologie und Venerologie«
in der DDG

Dresden, Oktober 2005

Vorwort

Im Jahr 2005 feiert die Universitäts-Hautklinik Münster ihr 80-jähriges Bestehen, was wir zum Anlass genommen haben, die bewegte Geschichte der Klinik in diesem Buch zusammenzustellen. Im Mittelpunkt stehen dabei 121 Moulagen, die als historische, dermatologische Wachsmodelle eng mit der Geschichte der Universitäts-Hautklinik verknüpft sind und hier zum ersten Mal vollständig dokumentiert werden. Diese Wachsmodelle, die bis in die 50er Jahre des letzten Jahrhunderts als Lehrobjekte in der Dermatologie eingesetzt wurden, sind von modernen Dokumentationsformen fast vollständig verdrängt worden und in Vergessenheit geraten. Alterungsbedingt sind die kunstvoll gefertigten dermatologischen Modelle vom Aussterben bedroht. Heute ist die Münsteraner Moulagensammlung in einer ständigen Ausstellung in der Hautklinik zu besichtigen und steht dem Medizinstudenten wie auch dem interessierten Besucher als plastisches wie auch historisches Anschauungsobjekt zur Verfügung.

Es war für uns eine besondere Freude und Ehre zugleich, dass wir bei der Aufarbeitung der Geschichte der Münsteraner Moulagensammlung eng mit Frau Elsbeth Stoiber, einer der letzten noch lebenden Moulageure, zusammenarbeiten konnten. Sie arbeitete in den 50er Jahren an der Münsteraner Hautklinik und fertigte in dieser Zeit selbst sechs Moulagen nach Patienten der Klinik an. Im Jahr 2004 nach über 50 Jahren konnten wir sie im Rahmen der 1. AGDV (Arbeitsgemeinschaft für Geschichte der Dermatologie und Venerologie)-Arbeitstagung wieder an dieser Klinik begrüßen und mit ihr gemeinsam in der Münsteraner Sammlung stöbern. Dabei erhielten wir viele Hintergrundinformationen von Frau Stoiber, die wir in dieses Buch einfließen lassen konnten. So wird hier erstmals auch das vollständige Rezept zur Erstellung einer Moulage preisgegeben. Mit ihrer Hilfe wird ein Stück Geschichte der Dermatologie festgehalten und dem interessierten Leser näher gebracht. Gleichzeitig erwuchs in dieser Zeit ein tiefes freundschaftliches Verhältnis zu Frau Stoiber, das wir sehr zu schätzen wissen.

Natürlich wäre die Darstellung der Moulagen in diesem Buch ohne eine gute Fotografie undenkbar gewesen. Daher sei an dieser Stelle unseren Fotografen Frau Jutta Bückmann und Herrn Peter Wissel gedankt wie auch Frau Jeannette Crout, die jede einzelne Moulage in das rechte Licht gerückt hat und auch weiterhin um den Erhalt der Sammlung bemüht ist.

Gleichzeitig stellen wir die Entwicklung der Universitäts-Hautklinik in Münster dar, eine der jüngsten dermatologischen Kliniken in Deutschland. 1925 wurde der Lehrstuhl für Dermatologie mit dem ersten Lehrstuhlinhaber Alfred Stühmer in Münster gegründet. In der Folgezeit war die Klinik in wechselnden Unterkünften beheimatet. Erst seit 50 Jahren befindet sich die Hautklinik in ihrem jetzigen Domizil, dem ehemaligen Standortlazarett. In den vergangenen 80 Jahren wurden in Münster zahlreiche medizinische Innovationen hervorgebracht, die die gesamte Dermatologie bereichert haben. Es war unser Bestreben, diese unterschiedlichen Stationen der Dermatologie in Münster darzustellen. Dabei konnten wir auf zahlreicher Schriften, Bilder und Gespräche, sogar auf Zeitzeugen, zurückgreifen. Im Rahmen dieser Recherchen traten immer wieder neue, teilweise für uns überraschende Aspekte auf, denen nachzugehen sich als lohnenswert erwies. Dabei war die Hilfe von Franz Ehring, Egon Macher, Max Hundeiker sowie von Rita Kauder-Steiniger von unschätzbaren Wert. Aber auch Siegfried Nolting, Fereydoun Vakilzadeh, Ludwig Suter und Dieter Metze konnten mit zahlreichen Hintergrundinformationen wesentlich zum Entstehen dieses Buches beigetragen.

Wir hoffen, dass wir mit diesem Buch ein breites Publikum begeistern können. Wir wünschen dem Leser viel Spaß beim Eintauchen in die Geschichte der Münsteraner Dermatologie und in die faszinierende Welt der Moulagen.

Münster, im Oktober 2005
Sonja Ständer
Hartmut Ständer
Thomas A. Luger

Danksagung

Wir danken folgenden Firmen, die uns bei der Realisierung des Buches unterstützt haben:

- Stiefel Laboratorium GmbH
- Intendis Dermatologie GmbH
- Dr. R. Pfleger GmbH
- Essex pharma
- Astellas Deutschland GmbH
- Shire Deutschland GmbH & Co. KG

Inhaltsverzeichnis

Mitarbeiterverzeichnis

Jutta Bückmann
Fotografin
Klinik und Poliklinik für Hautkrankheiten des
Universitätsklinikums Münster
Von-Esmarch-Str. 58
48149 Münster

Jeannette Crout
Bibliotheksangestellte
Klinik und Poliklinik für Hautkrankheiten des
Universitätsklinikums Münster
Von-Esmarch-Str. 58
48149 Münster

Dr. Rita Kauder-Steiniger
Kustos am Stadtmuseum Münster
Salzstraße 28
48143 Münster

Prof. Dr. med. Thomas A. Luger
Direktor der
Klinik und Poliklinik für Hautkrankheiten des
Universitätsklinikums Münster
Von-Esmarch-Str. 58
48149 Münster

Prof. Dr. med. Egon Macher
Ehemaliger Direktor der
Klinik und Poliklinik für Hautkrankheiten des
Universitätsklinikums Münster
Von-Esmarch-Str. 58
48149 Münster

Dr. med. Hartmut Ständer
Klinik und Poliklinik für Hautkrankheiten des
Universitätsklinikums Münster
Von-Esmarch-Str. 58
48149 Münster

Priv.-Doz. Dr. med. Sonja Ständer
Klinik und Poliklinik für Hautkrankheiten des
Universitätsklinikums Münster
Von-Esmarch-Str. 58
48149 Münster

Elsbeth Stoiber
Ehemalige Moulageurin Zürich
Rosenstöckli
Kniebrechstr. 6
CH-8135 Langnau-Zürich
Schweiz

Peter Wissel
Fotograf
Klinik und Poliklinik für Hautkrankheiten des
Universitätsklinikums Münster
Von-Esmarch-Str. 58
48149 Münster

Teil I Geschichte der Dermatologie in Münster

Entwicklung der Dermatologie in Münster

Egon Macher

Einführung

1925 wurde das Fachgebiet Dermatologie und Venerologie in Münster auf Universitätsebene etabliert und innerhalb der neuen medizinischen Fakultät durch einen ordentlichen Lehrstuhl ausgewiesen. Als erster Lehrstuhlinhaber wurde Alfred Stühmer aus Freiburg berufen. Mit seiner Berufung war der personelle Wiederaufbau der neuen Medizinischen Fakultät abgeschlossen und am 15. Mai 1925 wurde ihre Gründung feierlich vollzogen. Ein Gruppenbild der damaligen Fakultätsmitglieder (◘ Abb. 1.1) zeigt Alfred Stühmer in der zweiten Reihe stehend (Pfeil) zwischen dem Ophthalmologen von Szily und dem Pharmakologen Freund. Szily und Freund, beide Juden, wurden später in Konzentrationslagern ermordet. In der vorderen Reihe sitzen (v.l.n.r.) der Physiologe Rosemann, der Anatom Ballowitz, der Chirurg Coenen, der Pathologe Groß, der Zahnmediziner Apffelstaedt und der hochdekorierte Internist Krause, der erste Dekan.

Diese, im europäischen Vergleich junge Fakultät hatte eine ältere »Vorgängerin«, die aber aufgelöst wurde, als sie gerade aus dem Gröbsten heraus war. Ein Jahrhundert lang ging der Weg der Medizin an Münster vorbei. Erst 1925 wurde wieder eine Medizinische Fakultät eingerichtet. Damit begann auch für die Dermatologie in Münster die Zukunft. Es gibt aber schon sehr frühe dermatologische Spuren in Münster, die nachfolgend kurz beschrieben werden, ebenso die politischen Wirrnisse dieser 1200 Jahre alten Bischofsstadt. Die Erläuterungen werden auch besser begreifen lassen, warum die heutige Medizinische Fakultät und mit ihr die Universitäts-Hautklinik erst 80 Jahre alt sind.

Leprosorien

Das älteste Zeugnis dermatologischer Vergangenheit in Münster ist in ◘ Abb. 1.2 wiedergegeben. Dieses mehrfach restaurierte Gebäude war ein mittelalterliches Leprosorium. Heute ist es ein Lepramuseum im Vorort Kinderhaus. Die dort asylierten leprakranken Münsteraner Bürger wurden von der Stadt lebenslang »mit dem Nötigsten« versorgt, jedoch als »gleichsam tot« (tamquam mortuus) betrachtet und darum als **»arme Kinder Gottes«** bezeichnet, woraus sich der Name Kinderhaus ableitet. Während des 12. und 13. Jh. wurden in nahezu allen Städten Europas solche Leprosorien eingerichtet, stets kilometerweit vor den Toren der Stadt. Damals soll es in der gesamten christlichen Welt etwa 19 000 solcher Lepraheime gegeben haben (Winkle 1997). **Leprosorien** bestanden aus:

- einem Wohnhaus für die Kranken,
- einer Kapelle mit eigenem Friedhof, auf dem die Insassen selbst im Tode noch Aussätzige blieben,
- einer eigenen Wasserversorgung,
- einer Art klösterlichen Umfassungsmauer mit »Spendendurchreiche«.

Abb. 1.1. Gruppenbild der Mitglieder der Medizinischen Fakultät Münster, 1928. Alfred Stühmer stehend in der zweiten Reihe (Pfeil)

Abb. 1.2. Ehemaliges mittelalterliches Leprosorium, jetzt Lepramuseum in Münster-Kinderhaus

Abb. 1.3. Ehemalige, jetzt zugemauerte Spendendurchreiche in der Umfassungsmauer des Leprosoriums

Abb. 1.3 zeigt diese längst zugemauerte Vorrichtung, durch die Lebensmittel oder Kleiderspenden ohne direkten Kontakt mit den Kranken geschleust werden konnten. Die **Angst vor Ansteckung** hatte damals geradezu **hysterische Ausmaße**, während tatsächlich hochinfektiöse Krankheiten wie Typhus oder Cholera mit Gleichmut hingenommen wurden (Winkle 1997).

Siechenschau der Leprakranken

Wurde jemand verdächtigt, leprakrank zu sein – es bestand strenge Anzeigepflicht, sogar für Geistliche – musste sich der Verdächtigte einer **Siechenschau** unterziehen. Dafür war eine Kommission zuständig, der ein Wundarzt oder Bader, ein Barbier, manchmal auch ein Arzt angehörten. Die Diagnose wurde anhand dermatologischer Symptome gestellt (Abb. 1.4).

Abb. 1.4. »Besehung der Aussätzigen«. Holzschnitt von H. Wechtlin aus dem »Feldtbuch der Wundt-Arztney« des H. v. Gerßdorf (Straßburg 1517). (Aus Winkle 1997, S.23)

In der Bildmitte demonstriert ein Wundarzt einen **Lepraknoten** an der Stirn des Kranken. Nach heutiger Nomenklatur dürfte es sich um eine lepromatöse Lepra gehandelt haben. Weitere Knoten sind an der Wange und an den Unterschenkeln zu sehen. Aber auch **Urin- und Blutuntersuchungen** wurden vorgenommen. Vorne rechts steht ein Arzt, der den Harn beschaut. Wenn auf den Urin gestreute Bleiasche nicht untersank, war der Lepraverdacht bestätigt (Winkle 1997). Links sieht man einen Bader beim **Auswaschen des Blutkuchens**. Vorher wurde rohes Öl über den Aderlass gegossen. Sah dieser nach einer Stunde »wie gekocht« (Klingmüller 1930) aus, war die Diagnose gesichert. Stadtbürger wurden daraufhin lebenslang ins Leprosorium verbracht, Leute ohne festen Wohnsitz wurden ausgestoßen und mussten bettelnd umherziehen. Im Lepraheim wurden die Kranken medikamentös behandelt, meist mit aberwitzigen mittelalterlichen Rezepturen, aber auch mit wässrigen Auszügen der Erdrauchpflanze Fumaria officinalis. Heute wird Fumarsäure als Antipsoriatikum eingesetzt.

Gründung der Universität Münster

Allmählich mehrte sich das beschränkte medizinische Wissen jener Zeit, nachdem in den vorherigen Jahrhunderten Landes-Universitäten gegründet wurden, an denen Ärzte nun ein akademisches Studium absolvierten. Allerdings wurde im Fürstbistum Münster erst in der zweiten Hälfte des 18. Jh. das Medizinalwesen reformiert. 1764 berief der neue Kölner Kurfürst Maximilian Friedrich, der zugleich Bischof von Münster war, den sauerländischen Standesherrn Franz Freiherr von Fürstenberg zum dirigierenden Minister für das Bistum Münster (Rothschuh 1957). Dessen beharrlicher Fürsprache ist es zu danken, dass sich der Kurfürst 1771 zur **Stiftung einer Universität in Münster** entschloss (Toellner 1980). 1773 wurden die päpstlichen und kaiserlichen Privilegien erteilt und schon ein Jahr später begann der Anatom Fries, der für einige Jahre der einzige Medizindozent blieb, mit Vorlesungen in Anatomie, Chirurgie und Geburtshilfe. Die **formale Inauguration der Universität erfolgte 1780.**

Doch die junge Universität wurde bald von den politischen Turbulenzen erfasst, die im Gefolge der französischen Revolution auftraten. Napoleon schickte sich an, die europäische Landkarte zu verändern. Im Frieden von Luneville 1802 wird Preußen für seine verlorenen linksrheinischen Gebiete mit dem säkularisierten Bistum Münster entschädigt; Münster wird preußisch. Für die Universität ist das ein Schock. Sie war bisher eine katholisch gelenkte Institution und untersteht plötzlich einer protestantischen preußischen Zivilverwaltung. Erster Präsident der neuen preußischen Gebiete wird **Reichsfreiherr vom Stein**, der mit der Universität große Dinge vorhat. Er möchte die Universität im Königreich konkurrenzfähig machen, die konfessionelle Bindung und das Territorialprinzip aufheben und den Professoren Lehr- und Zensurfreiheit geben. Seine Vorhaben stoßen auf wenig Gegenliebe und lösen eher Erschrockenheit aus.

1

Ehe man sich darüber einigen kann, hat Napoleon neue Fakten geschaffen. Nach den verlorenen Schlachten von Jena und Auerstedt 1806 muss Preußen seine westdeutschen Gebiete abtreten: **Münster wird französisch**. Zunächst bleibt aber für die Universität alles beim alten. Doch als Münster 1813 wieder an Preußen übergeben wird, und die Universität sich immer noch gegen Neuerungen sträubt, wird sie 1818 kurzerhand zugunsten einer Universität in Bonn für die neuen rheinischen Landeskinder aufgehoben. Zu jener Zeit lehrten an der Medizinischen Fakultät 8 Professoren, was sich im nationalen Vergleich durchaus sehen lassen konnte: in Halle waren es 8, in Breslau 7, in Königsberg 5, in Greifswald 4, nur Berlin hatte 15 (Rothschuh 1957). Auch den Vergleich mit der alten vorderösterreichischen Universität Freiburg, an der 10 Medizinprofessoren lehrten, brauchte Münster nicht zu scheuen. Zu diesem Zeitpunkt war das Fach »Dermatologie und Venerologie« natürlich noch nicht etabliert.

Münster ohne Universität

Zwar konnte ab 1821 die Medizinerausbildung in Münster an einer Chirurgenschule fortgeführt werden, ab 1830 sogar an einer medizinisch-chirurgischen Lehranstalt. Aber 1849 wurden solche Einrichtungen in ganz Preußen geschlossen und die Ausbildung der Ärzte ausschließlich an die Medizinischen Fakultäten verlegt (Rothschuh 1957). Das war durchaus fortschrittlich, aber für Münster ohne Medizinische Fakultät das »Aus«. Im selben Jahr 1849, in dem in Münster die Medizinlehre für mehr als ein halbes Jahrhundert erlosch, wurden in Wien Carl Ludwig Sigmund zum Professor für Syphilis und Ferdinand Hebra zum Professor für Hautkrankheiten ernannt (Holubar 1988). An der Auflösung der Medizinischen Fakultät in Münster und der Verlegung nach Bonn war die Universität Münster nicht unschuldig. Mit ihrer Haltung, die von trotziger Verteidigung bedrohter Wertvorstellungen und biedermeierlicher Selbstgenügsamkeit bestimmt war, hatte sie gegen das geistig offenere Rheinland verloren. Der daraus erwachsene nachbarschaftliche Dualismus wirkt heute noch nach und drückt sich u. a. in der westfälischen Selbsteinschätzung aus: Die Westfalen müssen halten, was die Rheinländer versprechen.

Wiedereröffnung der Universität

Es sollte noch bis 1902 dauern, ehe die preußische Regierung den immer wieder vorgetragenen Bitten um Wiedereröffnung der Universität nachkam. Doch für eine neue Medizinische Fakultät fehlten alle baulichen Voraussetzungen, denn es gab keine Kliniken. Zwar wurden ab 1905 die vorklinischen Fächer im Rahmen einer medizinisch-propädeutischen Abteilung der philosophischen Fakultät gelehrt, so dass zumindest das Physikum in Münster abgelegt werden konnte, doch erst 1914 wurde mit dem Bau der neuen Kliniken begonnen. Bereits 2 Jahre später werden die Bauarbeiten kriegsbedingt wieder eingestellt. **1924** endlich ist nach verlorenem Krieg und Inflation das **Klinikum bezugsbereit**, und ein Jahr später wird kurz nach der Berufung von Alfred Stühmer die neue Medizinische Fakultät offiziell eröffnet.

Abb. 1.5 zeigt die auf freiem Feld erbauten neuen Universitätskliniken. Zu diesem Zeitpunkt gibt es keine Hautklinik. Die Etablierung dieses Bereiches ist überhaupt nicht vorgesehen, da die Mittel fehlen. Der **erste Lehrstuhlinhaber für Dermatologie »besitzt« nichts als seinen Lehrstuhl**. Zwar teilt er dieses herbe Schicksal mit seinen Kollegen für Nerven-, für Kinder- und für Hals-Nasen-Ohren-Heilkunde, aber diese können mit ihren Patienten als Untermieter in die Chirurgie und die Innere Medizin einziehen. Die Haut- und Geschlechtskranken jedoch will keiner aufnehmen, weil darunter »sozial sehr bedenkliche Elemente, zu großem Teil Haltlose und Triebmenschen« sind (Krutmann 1987). Selbst Medizinprofessoren können sich nicht von der Jahrhunderte alten gesellschaftlichen Ächtung dieser Kranken frei machen (Eulner 1970).

Abb. 1.5. Luftaufnahme des neuen Universitätsklinikums Münster von 1928. (Aus Rothschuh 1957)

Die erste Hautklinik

Schließlich wurde als **Provisorium** (Abb. 1.6) ein halb verfallenes, unter Denkmalschutz stehendes Gebäude des ehemaligen Clarissenklosters angemietet, in dem sich Stühmer vorübergehend einrichten soll. Eigentlich waren es menschenunwürdige Räume, aber sie wurden für diese Kranken als gut genug angesehen. Zu damaliger Zeit war diese Situation durchaus der übliche Weg für die Dermatologie in die Selbstständigkeit (Stühmer 1955).

Allen Widrigkeiten zum Trotz verwandelt es Stühmer mit seinen Mitarbeitern Paul Schmidt und Vinzenz Wucherpfennig in wenigen Jahren in eine stark frequentierte Poliklinik und Klinik, die 62 Betten zählt. Der Aufbauwille dieser Pioniere, ihre Improvisationsfähigkeit und ihr Organisationstalent **machen aus einem Provisorium einen fast 20-jährigen Dauerzustand**, der zweifellos noch länger bestanden hätte, wenn er nicht durch Fliegerbomben 1943 brutal beendet worden wäre.

Abb. 1.6. Sog. Clarastift in der Stubengasse. 1925 von der Stadt Münster der Universität zur Verfügung gestellt für die provisorische Unterbringung der Universitäts-Hautklinik. (Aus Krutmann 1987, S. 29)

Abb. 1.7. Landesrat Dr. h.c. Maximilian Krass (links) und Professor Dr. Alfred Stühmer. (Aus Krutmann 1987, S.136)

Bekämpfung der Hauttuberkulose

Stühmer hat sich noch einer zweiten Aufgabe mit herausragendem Erfolg gestellt, nämlich der organisierten Bekämpfung der Hauttuberkulose. Hierbei konnte er auf die Unterstützung des damaligen Vorsitzenden der Landesversicherungsanstalt Dr. h.c. Maximilian Krass zählen (Abb. 1.7), mit dem er 1927 den »Westfälischen Verein für Krebs- und Lupusbekämpfung« gründete. (Genau genommen war es eine Wiedergründung).

Die vielen Lupuskranken im großen ländlichen Einzugsgebiet der Hautklinik wussten, dass sie unheilbar krank waren und hatten sich in ihr Schicksal ergeben. Doch Stühmer durchbrach diesen Fatalismus, indem er **auf die Kranken zuging** und sie in ihren Heimatorten aufsuchte. Durch regelmäßig abgehaltene **Lupussprechtage**, die vorher in den Zeitungen angekündigt wurden, gelang eine **flächendeckende Erfassung der Lupuskranken** und **eine gewisse Verlaufskontrolle**. Für die Lokalbehandlung entwickelte sein Mitarbeiter Wucherpfennig die **Diathermie-Schlinge** (Schulze 1955). Aber Stühmer schwebte eine Sanatoriumsbehandlung wie für die Lungentuberkulose vor, eine Art »Zauberberg« in Münster.

Gründung Haus Hornheide

Zusammen mit Dr. Krass wurde der Bau einer Lupusheilstätte geplant und in die Tat umgesetzt. Abb. 1.8 zeigt **»Haus Hornheide«**, benannt nach dem Waldgebiet Hornheide etwas außerhalb Münsters, kurz nach der Eröffnung 1932.

Hier konnten nun mehrmonatige Kuren durchgeführt werden mit kochsalzarmer Diät (nach Gerson, Sauerbruch und Hermannsdorfer), mit Sonnenbädern (falls verfügbar), und intensiver Lokalbehandlung mit Ätzsalben, Finsen-Bestrahlung und Schlingenexzision. Von Anfang an bildete auch die Versorgung der Gesichtsversehrten einen Schwerpunkt in Hornheide. Lupuskranke mit schwerer Entstellung (Abb. 1.9 a) waren verständlicherweise gesellschaftlich total isoliert. Mit Hilfe künstlicher Gesichtsteile, sog. Epithesen, die in Hornheide selbst angefertigt wurden (Abb. 1.9 b), konnten es die Betroffenen wieder wagen, sich in der Öffentlichkeit zu bewegen.

Abb. 1.8. Lupusheilstätte »Haus Hornheide« 1932. Zur Verfügung gestellt von Prof. Dr. M. Hundeiker, ehemaliger leitender Arzt der Fachklinik Hornheide für Tumoren und Wiederherstellung an Gesicht und Haut

1934 wird Stühmer nach Freiburg berufen, um die Leitung der dortigen Hautklinik zu übernehmen. Er hinterlässt in Münster bleibende Spuren, weshalb ihm zu Ehren die Straße, in der das Gesundheitsamt steht, seinen Namen trägt.

Als **Nachfolger** kommt **Julius K. Mayr aus München**. Ihm gelingt es nicht, die desolate Unterbringung der Hautklinik in der Stubengasse zu verbessern, auch kühlt sich das bislang harmonische Verhältnis zum »Westfälischen Verein für Krebs- und Lupusbehandlung« merklich ab. Als politisch Zuverlässiger wird er schon 1937 nach München zurückberufen, um die Nachfolge des legendären Leo Ritter von Zumbusch anzutreten, der von den Nationalsozialisten wegen seiner unbeugsamen Haltung als politisch unzuverlässig aus dem Amt entfernt worden war (Krüger 1988).

Für Julius Mayr kommt **1937 Carl Moncorps** nach Münster, ebenfalls aus München. Moncorps hatte aufgrund entsprechender Ausbildung auch besondere Fertigkeiten als **plastischer Chirurg** auf-

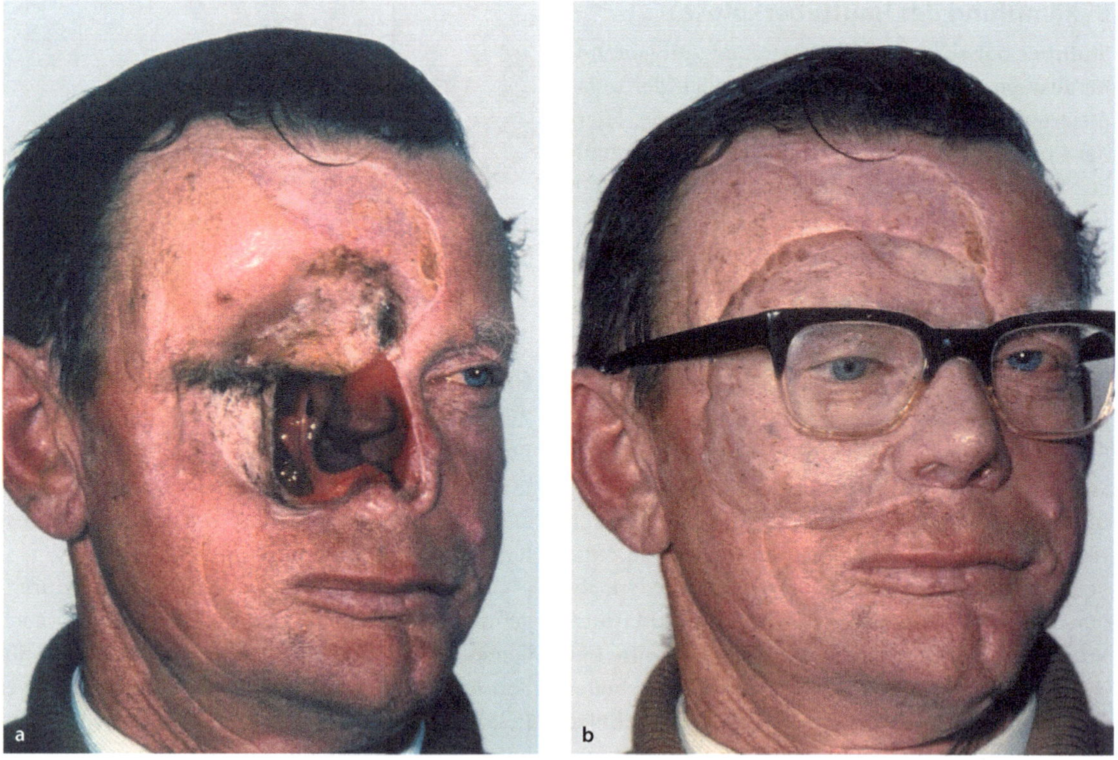

Abb. 1.9. **a** Defektheilung eines Lupus vulgaris nach mehrfacher operativer Behandlung. **b** Zufriedenstellendes kosmetisches Resultat nach Versorgung mit einer Epithese.

zuweisen, für die er in Hornheide ein dankbares Tätigkeitsfeld findet. Freie Transplantate zum Ersatz ganzer Wangen, Lid-, Nasen- und Ohrmuschelplastiken bei Lupuskranken, später auch Kriegsversehrten, gehörten zu seinem chirurgischen Repertoire. Zusammen mit seinem Oberarzt Karl Wilhelm Kalkoff erkennt er in Hornheide die Rolle der Lymphdrüsen-Tuberkulose als »Vorreiter« für den Lupus vulgaris, und ebenso einprägsam wie folgerichtig fordert er: **»die Prophylaxe des Lupus vulgaris muss im Kuhstall beginnen«** (Kalkoff 1952).

Pläne für eine neue Hautklinik

1939 hält Carl Moncorps die **Baupläne für eine neue Hautklinik** in den Händen, die das zählebige Provisorium in der Stubengasse endlich ersetzen soll. Doch der Ausbruch des Krieges macht diese Pläne zu Makulatur. Unglücklicherweise wird die in Stadtmitte und Bahnhofsnähe gelegene Klinik durch Bombenangriffe erst mehrfach beschädigt und 1944 total vernichtet. Damit gibt es **in Münster keine Hautklinik** mehr. Als Ausweichquartier werden in Ascheberg (20 km südlich von Münster) und Bad Salzuflen (50 km östlich) notdürftig Bettenstationen errichtet. Nach der Kapitulation werden in Moncorps' Privathaus im Parterre eine Ambulanz für Hautkranke und im 1. Stock eine Beratungsstelle für Geschlechtskranke eröffnet. Doch gerade jetzt – nach dem Krieg – wäre eine Hautklinik dringend nötig, denn ein Heer von Krätze- und Geschlechtskranken muss dringend behandelt werden. Moncorps wird von der Besatzungsmacht beauftragt, dies zu organisieren. Er erweist sich, wie vor ihm schon Stühmer, als tatkräftiger Organisator. Innerhalb weniger Wochen werden in ganz Westfalen 1000 Betten für Geschlechtskranke eingerichtet, bevor die Hautklinik im Altbau des Hüfferstifts im November 1945 ein neues Domizil findet.

Behandlung der Lupuskranken mit Thiosemicarbazone

Doch nicht nur von Zerstörung, Chaos und Untergang gibt es zu berichten, sondern auch von ungebrochenem Erkenntnisdrang. Gerhard Domagk (▫ Abb. 1.10), Mitglied der Medizinischen Fakultät, der für die Entdeckung der Sulfonamide 1939 mit dem Nobelpreis ausgezeichnet wurde, sucht für seine zweite große Entdeckung, die Thiosemicarbazone, geeignete Patienten zur klinischen Erprobung.

Er findet sie unter den Lupuskranken in Hornheide. Leiter dieser Therapiestudie – noch ohne Randomisierung und Plazebokontrolle – wird der damalige Oberarzt in Hornheide, Karl Wilhelm Kalkoff (▫ Abb. 1.11), der ein paar Jahre später in

▫ **Abb. 1.10.** Professor Dr. Gerhard Domagk (1895–1964). Für die Entdeckung der Sulfonamide 1939 mit dem Nobelpreis für Medizin ausgezeichnet

▫ **Abb. 1.11.** Professor Dr. Karl Wilhelm Kalkoff (1909–1981). Von 1939–1949 Oberarzt der Lupusheilstätte »Haus Hornheide«. Ab 1951 Ordinarius für Dermatologie in Marburg, ab 1960–1978 in Freiburg i.Br.

Marburg einen Lehrstuhl übernimmt und dermatologischer Lehrer des Autors wird. 26 Freiwillige nehmen täglich ihr »Pülverchen« (TBI/698, später Conteben genannt), und man kann ihnen den Therapieerfolg buchstäblich vom Gesicht ablesen. Medizinhistorisch war dies ein Wendepunkt zum Sieg im Kampf gegen die Tuberkulose (Kalkoff 1973).

Einzug in die neue Hautklinik

Für die immer noch obdachlose Hautklinik zeichnet sich inzwischen ein Lichtblick ab. Das ehemalige Standortlazarett in Münster, das zunächst von der Besatzungsmacht beschlagnahmt wurde, wird zur zivilen Nutzung freigegeben und der vordere Trakt als Domizil für die Hautklinik vorgesehen. Carl Moncorps befasst sich erneut mit Bauplänen, seine Mitarbeiter müssen aufzeichnen, wohin die Steckdosen verlegt werden sollen. **25 Jahre nach Gründung des Lehrstuhls wird die Klinik bezogen**, die dann im Ruf steht, die modernste der damaligen Zeit zu sein. Carl Moncorps hat sein Ziel erreicht, aber er kann sich der neuen Wirkungsstätte nicht lange erfreuen; nach 1½ Jahren erliegt er einem Krebsleiden.

Auf ihn folgt 1953 Paul Jordan, wiederum aus München, der aus seiner vorherigen Hamburger Zeit mit der organisierten Lupusbekämpfung bestens vertraut ist. Er hat in Deutschland in Anlehnung an Charpy die Vitamin-D-Behandlung des Lupus vulgaris eingeführt (Schirren 1962). Wie seine Amtsvorgänger übernimmt er gleichzeitig die Leitung der Lupusheilstätte Hornheide, in der nun Franz Ehring als Oberarzt für die unmittelbare Betreuung der Lupuskranken zuständig ist. Aus dieser fruchtbaren Zusammenarbeit geht Franz Ehring 1956 als erster Habilitant Jordans in Münster hervor (Niermann 1976).

In der modernen Hautklinik entwickeln sich unter Jordans Direktorat **Spezialabteilungen** für:
- Andrologie (Hans Niermann),
- Allergologie und dermatologische Strahlentherapie (Günter Forck) und
- dermatologische Mikrobiologie (Siegfried Nolting).

Diese Subspezialisierungen innerhalb eines Faches, das erst ein Jahrhundert zuvor selbst Spezialfach geworden war, (Dermatologie aus der Inneren Medizin, Venerologie aus der Chirurgie), ist die Folge **raschen medizinischen Fortschritts**. Jordan war für diese Entwicklung aufgeschlossen. Er hatte sie schon unter Marchionini erlebt, zuerst in Hamburg und dann später in München.

Das **persönliche wissenschaftliche Interesse Paul Jordans galt lebenslang der Lepra**. Er hatte in Sao Paulo in Brasilien zwei Jahre an der Forschungsstelle der Kaiser-Wilhelm-Gesellschaft tierexperimentell am Opossum über Lepra gearbeitet (Niermann 1967). Auch nach seiner Rückkehr nach Deutschland 1934 blieb er diesem Thema treu, zunächst am Tropeninstitut in Hamburg, dann an der Hamburger Hautklinik, und sogar in Münster setzte er mit Ferdinand Fegeler, den er aus Hamburg nachholte, die Lepraforschung fort.

Die kurze Rückschau zeigt den beschwerlichen Weg der Dermatologie in Münster zu einer professionellen, modernen Hautklinik. Nach Jordans Emeritierung 1971 wird die seit Stühmer bestehende Personalunion mit Hornheide aufgehoben und Franz Ehring wird nun Leiter einer »Fachklinik für Tumoren und Wiederherstellung an Gesicht und Haut«. **Der Lupus ist behandelbar.**

Auch die Dermatologie hat sich gewandelt. Die Haut wird nicht länger als passives Opfer der Auseinandersetzung des Gesamtorganismus mit der Umwelt angesehen, sondern als immunologisch aktiv handelndes Organ. Es gilt, die Geheimschrift zu entziffern, die dabei in der Haut geschrieben wird. Je professioneller dabei vorgegangen wird, um so größer ist die Aussicht auf Erfolg. Das erfordert, nicht länger allein auf die Forschung nach Dienstschluss zu setzen, sondern von klinischer Routine unbelastete Forschung zu institutionalisieren.

Der lange Weg der Dermatologie aus dem beschwerlichen Beginn des Faches in eine hellere Zukunft ist ein Weg ohne Ende. Der Weg ist das Ziel. Und vor uns liegt wiederum Zukunft.

Geschichte der Universitäts-Hautklinik Münster

Sonja Ständer, Hartmut Ständer

2.1 Chronologische Entwicklung der Universitäts-Hautklinik

01.05.1925. Gründung des Lehrstuhls Dermatologie in Münster. Zum ersten Direktor wird Alfred Stühmer (1885-1957) berufen (Abb. 2.1). Die Hautklinik wird zunächst provisorisch in einem Teil des städtischen Clemenshospitals, dem Clarastift, in der Stubengasse untergebracht.

Abb. 2.1. Prof. Dr. Alfred Stühmer, Amtszeit 1925–1934

November 1925. Nach Umbauten im Clarastift wird die Poliklinik in Betrieb genommen.

01.02.1926. Inbetriebnahme der Stationen mit zunächst 29 Betten.

18.02.1928. Ausbau der Stationen auf 62 Betten.

1932. A. Stühmer gründet die Lupusheilstätte »Haus Hornheide«.

1934. A. Stühmer erhält einen Ruf an die Universitäts-Hautklinik Freiburg. Sein Nachfolger wird Julius K. Mayr (1888–1965) (Abb. 2.2).

1937. J. Mayr folgt einem Ruf an die Ludwig-Maximilian-Universität München. Neuer Direktor wird Carl Moncorps (1896-1952) (Abb. 2.3). Er übernimmt eine Klinik, die im Ruf steht, »die am schlechtesten eingerichtete ihrer Art in Deutschland« zu sein.

10.10.1943. Die teilweise Zerstörung der Räumlichkeiten des Clarastifts durch einen Luftangriff zwingt zu einem Umzug der Stationen in ein Altersheim in Ascheberg (76 Betten).

23.03.1944. Vollständige Zerstörung des Clarastifts und somit der Hautklinik durch einen weiteren Bombenangriff.

Abb. 2.2. Prof. Dr. Julius K. Mayr, Amtszeit 1934–1937

Abb. 2.3. Prof. Dr. Carl Moncorps, Amtszeit 1937–1952

November 1944. Sämtliche Universitätskliniken Münsters werden nach Bad Salzuflen verlegt. Dort wird zusätzlich zu den Einrichtungen in Ascheberg eine dermatologische Abteilung mit 20 Betten und einer poliklinischen Sprechstunde eingerichtet.

Mai 1945. Moncorps richtet in seinem Münsteraner Privathaus (Görrestrasse 26) im Parterre eine poliklinische Sprechstunde ein. Im ersten Stock entsteht eine Beratungsstelle für Geschlechtserkrankte. Täglich suchen 80–100 Patienten Moncorps auf.

November 1945. Aufgrund des starken Anstiegs der Geschlechtserkrankungen wird im Altbau des Hüfferstifts eine Station mit 40 Betten eingerichtet.

Mai 1946. Einrichtung einer Ambulanz im Hüfferstift mit täglich 130 bis 150 Patienten. Damit zählt die dermatologische Poliklinik zu den am stärksten frequentierten Einrichtungen aller Universitätskliniken.

28.07.1950. Wiedervereinigung der gesplitteten dermatologischen Klinik durch den Neubezug des ehemaligen Standortlazaretts für die Luftwaffe an der von-Esmarch-Straße (130 Betten). In dem Ostflügel wird vorübergehend das »Clemenshospital« untergebracht.

17.01.1952. C. Moncorps verstirbt; Paul Jordan (1902-1975) wird an die Klinik berufen (Abb. 2.4).

01.02.1952. Beschlagnahmung des Ostflügels und der umliegenden Nebengebäude durch das britische Militär und Einrichtung eines britischen Militärhospitals. Die Hautklinik verliert dadurch nur wenige Räumlichkeiten.

1955. Umbau des alten Liegesaals zum Hörsaal (Abb. 2.5).

1969. Anbau der Allergie- und Strahlenabteilung. Bezug der Allergieabteilung durch Günther Forck.

01.05.1972. Nach P. Jordans Emeritierung 1971 wird Egon Macher (Abb. 2.6) berufen.

■ **Abb. 2.4.** Prof. Dr. Paul Jordan, Amtszeit 1953–1971

■ **Abb. 2.6.** Prof. Dr. Egon Macher, Amtszeit 1972–1990

■ **Abb. 2.5 a, b.** Alter Liegesaal (**a**); heutiger Hörsaal (**b**, nach der Modernisierung in 2003). Die Bestuhlung ist noch original aus den 50er Jahren

01.05.1972. Gründung der »Abteilung für Experimentelle Dermatologie«, Bezug von Laboratorien in der bislang leerstehenden Strahlenabteilung.

01.10.1972. Clemens Sorg wird wissenschaftlicher Leiter der »Abteilung für Experimentelle Dermatologie«.

1977–1984. Umbau der Klinik und Reduktion auf 100 Betten.

1986. Umwandlung der Abteilung zu dem selbständigen »Institut für Experimentelle Dermatologie« mit dem geschäftsführenden Direktor C. Sorg.

09.02.1990. Abschiedsvorlesung E. Machers.

01.04.1990. Thomas A. Luger wird Direktor der Klinik (■ Abb. 2.7)

01.05.1990. Einweihung der Tagesklinik (7 Betten).

2

Abb. 2.7. Prof. Dr. Thomas A. Luger, seit 1990 im Amt

1991/1992. Auszug des britischen Militärhospitals aus dem Ostflügel.

20.10.1992. Einweihung des »Ludwig-Boltzmann-Instituts für Zellbiologie und Immunbiologie« an der Hautklinik.

1992. Nach der Pensionierung G. Forcks erfolgt die Zusammenlegung der selbstständigen Allergieabteilung und dem seit ca. 1987 betriebenem Allergielabor der Klinik.

01.06.1994. Beginn des Umbaus der Räumlichkeiten im Ostflügel.

1995. Verlegung der Bibliothek und Moulagensammlung in den vierten Stock.

1997. Teilweise Renovierung der Klinik, Reduktion auf 75 stationäre Betten und Verlegung der Tagesklinik in den zweiten Stock (10 Betten).

27.10.98. Einweihung des »Zentrum für Molekularbiologie der Entzündung« (ZMBE) im Ostflügel des Gebäudes. Diese Entwicklung wurde wesentlich von C. Sorg und T.A. Luger initiiert und vorangetrieben.

Sommer 2003. Auszug der »Abteilung für Experimentelle Dermatologie«, Renovierung der Klinik (Verlegung der Küche, Schließung einer Station - Ostern 2004).

Juni 2004. Gründung des »Klinischen Zentrum für Innovative Dermatologie« (ZID) innerhalb der Hautklinik.

Seit Juli 2005. Umbau und Modernisierung der Klinik.

2.2 Münsteraner Stammbaum

Aufgeführt sind diejenigen, die von Münster aus Oberarzt oder Direktor einer Klinik/eines Instituts wurden.

Prof. Dr. Paul-Wilhelm Schmidt. Oberarzt in Freiburg (1934–1943), Direktor in Kiel (1943–1950).

Prof. Dr. Karl Wilhelm Kalkoff. Direktor in St. Georg, Hamburg (1949–1950), Direktor in Marburg (1951–1960), Direktor in Freiburg (1960–1978).

Prof. Dr. Hans-Joachim Heite. Oberarzt in Marburg (1952–1961), Oberarzt in Freiburg (1962–1976), Direktor Abteilung Andrologie der Hautklinik Freiburg (1976–1978).

Prof. Dr. Emil Heinz Graul. Direktor der Nuklearmedizin in Marburg (1954–1988).

Prof. Dr. Wilhelm Blaich. Direktor in Wuppertal-Elberfeld (1956–1962).

Prof. Dr. Franz Ehring. Leitender Arzt Fachklinik Hornheide, Münster (1971–1984).

Dr. Brigitte Bieß. Oberärztin der Fachklinik Hornheide, Münster (1968–1979). Leitende Ärztin der Fachklinik Hornheide, Münster (1979–1995).

Prof. Dr. Ludwig Suter. Leitender Arzt der Fachklinik Hornheide, Münster (1980–2001).

Prof. Dr. Fereydoun Vakilzadeh. Direktor in Hildesheim (1984–2003).

Prof. Dr. Peter Frosch. Leitender Oberarzt/C2 in Heidelberg (1984–1990), Direktor in Dortmund (seit 1990).

Prof. Dr. Christine Neumann. Oberärztin/C3 in Hannover (1986–1993), Direktorin/C4 in Göttingen (seit 1993).

Prof. Dr. Rudolf Happle. Direktor/C4 in Nijmegen (1986–1991), Direktor/C4 in Marburg (1991–2004).

Prof. Dr. Hans Joachim Schwanitz. Direktor/C3 in Osnabrück (1987–2004).

Prof. Dr. Beate Henz (Czarnetzki). Direktorin/C4 in Berlin (seit 1988).

Prof. Dr. Jürgen Knop. Direktor/C4 in Mainz (seit 1988).

Prof. Dr. Clemens Sorg. Direktor/C4 des Instituts für Experimentelle Dermatologie, Münster (1989–2005).

Prof. Dr. Swen Malte John. Leitender Oberarzt in Osnabrück (seit 1990), kommisarischer Direktor in Osnabrück (seit 2004).

Prof. Dr. Eva-Bettina Bröcker. Direktorin/C4 in Würzburg (seit 1992).

Prof. Dr. Henning Hamm. Leitender Oberarzt in Würzburg (seit 1992).

Prof. Dr. Gerhard Kolde. Oberarzt/C3 in Berlin (1993–2005, seit 2005 Dermatologisches Zentrum Berlin).

Prof. Dr. Sergij Goerdt. Oberarzt in Berlin (1994–1995), leitender Oberarzt/C3 in Berlin (1995–2000), Direktor/C4 in Mannheim (seit 2000).

Prof. Dr. Michael Raghunath. Direktor des Institutes für Bioengineering, Singapur (seit 2003).

Prof. Dr. Leena Bruckner-Tuderman. Direktorin/C4 in Freiburg (seit 2003).

Prof. Dr. Cord Sunderkötter. Leitender Oberarzt/C3 in Ulm (2003–2006), Oberarzt/W2 in Münster (ab 2006).

Prof. Dr. Thomas Schwarz. Direktor/C4 in Kiel (seit 2004).

Prof. Dr. Stephan Grabbe. Direktor/C4 in Essen (seit 2004).

Prof. Dr. Dorothee Nashan. Leitende Oberärztin in Freiburg (seit 2004).

Prof. Dr. Clemens Sorg. Rektor der Universität in Innsbruck (seit 2005).

2.3 Einrichtungen der Universitäts-Hautklinik (Stand Oktober 2005)

Stationen (77 Betten)

- Station 2: 11 Betten, 2 tagesklinische Betten
- Station 3: 18 Betten
- Station 4: 17 Betten
- Station 6: 19 Betten
- Tagesklinik: 10 Betten

Ambulanzen

- Allergologische Ambulanz mit Berufsdermatologie, Umweltmedizin
- Allgemeine Poliklinik mit Autoimmun-Dermatosen-Sprechstunde, Genodermatosen-Sprech-

stunde, Haar-Sprechstunde, Psoriasis-Sprechstunde
- Andrologie-Sprechstunde
- Ästhetische Dermatologie
- Dermatochirurgie, Operative Sprechstunde
- Lasermedizin
- Lymphom-Sprechstunde
- Melanom-Sprechstunde
- Phlebologie, Proktologie
- Photodermatologische Sprechstunde (Photobiologie und Phototherapie)
- Privatambulanz
- Pruritus/Prurigo-Sprechstunde (Klinische Neurodermatologie)
- Wundambulanz

Funktionsbereiche

- Allergologisches Labor
- Allergologische Ernährungsberatung
- Andrologisches Labor
- Dermatologische Mikrobiologie
- Elternschulung bei Neurodermitis nach AGNES e.V.
- Fotoabteilung
- Histologie, Immunhistochemie, Immunfluoreszenz und Elektronenmikroskopie
- Klinisches Zentrum für innovative Dermatologie (ZiD – Studienzentrum)
- Lymphomdiagnostik
- Medizinmanagement/Medizincontrolling
- Sozialdienst/Klinische Sozialarbeit

Forschungseinrichtungen

- Ludwig-Boltzmann-Institut für Zellbiologie und Immunbiologie der Haut mit den Forschergruppen von Prof. Dr. Luger, PD Dr. Böhm, Dr. Brozska, Dr. Schiller, PD Dr. Scholzen
- NIRK – Zentrale/Netzwerk für Ichthyosen und verwandte Verhornungsstörungen, Sprecher Prof. Dr. Traupe
- Forschungslabore der Gruppen von Prof. Dr. Beissert, Prof. Dr. Dr. Steinhoff, PD Dr. Schneider, Prof. Dr. Traupe

Zum Gebäude der Universitäts-Hautklinik: Das Standortlazarett von 1938

Rita Kauder-Steiniger

Münster – eine wichtige Garnisonstadt

Münster war **seit dem 19. Jh. eine wichtige Garnisonstadt**. Als nach dem Ende des 1. Weltkrieges die deutschen Truppen laut den Bedingungen des Versailler-Vertrages auf ein Berufsheer von 100 000 Mann reduziert werden mussten, war Münster mit 2 200–2 300 Mann immer noch eine der größten Garnisonstädte des Deutschen Reiches. Nach der Ernennung Adolf Hitlers zum Reichskanzler 1933 wurde das Heer wichtigster Faktor für die nationalsozialistische Expansionspolitik. Mit Duldung der anderen Weltmächte ignorierte die Reichsregierung die Rüstungsbegrenzungen des Versailler-Vertrages und erließ am 16. März 1935 das »Gesetz über den Aufbau der Wehrmacht« und führte die allgemeine Wehrpflicht wieder ein. In Münster wurden zusätzliche Kommandobehörden, Dienststellen und Truppenteile stationiert, darunter auch die laut Friedensvertrag von 1919 verbotene, jetzt aber verstärkt aufgebauten Luftstreitkräfte, die es hier vorher nie gegeben hatte.

Abb. 3.1. Fotografie des Standortlazaretts und der späteren Hautklinik an der »Von-Esmarch-Straße« aus den 50er Jahren. Deutlich sind noch die weißen Kreuze aus dem 2. Weltkrieg auf dem Dach (Pfeile) zu erkennen. Die Fotografie wurde freundlicherweise von Prof. Dr. C. Sorg zur Verfügung gestellt

Errichtung des Standortlazaretts

Das **Anwachsen der Truppenstärke in Münster** (1939 ca. 8 000 Mann) hatte eine rege Bautätigkeit für das Militär zur Folge (Galen 1995). In diesem Zusammenhang ist auch der Neubau des Standortlazaretts an der Von-Esmarch-Straße zu sehen (Abb. 3.1), da das vorhandene Lazarett von 1863 am Neutor zu klein geworden war. Nach Plänen der Regierungsbauräte Gettschlich und Marx von der Heeresbauverwaltung in Berlin wurde 1935–1938 westlich des Schlossgartens in einem damals städtebaulich kaum erschlossenen Gebiet in Gievenbeck, in dem auch ein Gauforum geplant war, ein Großkrankenhaus errichtet (Abb. 3.2). Auf einem gärtnerisch gestalteten Areal entstand das Hauptgebäude des Lazaretts als monumentale, symmetrische Anlage mit einer Gesamtlänge von

Abb. 3.2. Östliche Zufahrtstraße zum Standortlazarett Münster 1939

Abb. 3.3. Standortlazarett, Südfassade, Foto von 1938. (Stadtmuseum Münster, Inv. Nr. HF-1186-2)

Abb. 3.4. Hauptfront des Standortlazaretts Münster 1939

240 m, begleitet von einer Reihe kleinerer Funktionsbauten (Gutschow 1983).

Die Anlage entsprach den **Anforderungen, die nach 1933 an ein modernes, großes deutsches Militärkrankenhaus gestellt wurden**. Unter einem Dach sind zusammengefasst (Beck 1980, Murken 1988):

- Verschiedene medizinische Disziplinen,
- modernste medizinisch-technische Ausstattung,
- nach Süden ausgerichtete Krankenblöcke.

Die Bereiche für die Kranken sind nur dreigeschossig, weil – so meinten die nationalsozialistischen Militärmediziner – der kranke, empfindsame Mensch in großer Höhe das Erdgebundene vermisse und nicht die nötige seelische Ruhe fände (Beck 1980). Die ausgedehnten Außenanlagen und die Terrassen und Balkone wurden als erforderlich erachtet, weil Soldaten länger zur Rekonvaleszenz im Lazarett blieben. Sie wurden erst zu ihren Einheiten zurückgeschickt, wenn sie völlig gesund waren.

Architektonische Gestaltung

Die architektonische Gestaltung des Lazaretts ist darauf angelegt, die **Bedeutung der Wehrmacht** allein schon **durch die Baumasse hervorzuheben**. Das große Hauptgebäude ist über einem Sockelgeschoss aus Werkstein in dem in Westfalen üblichen Baumaterial, rotem Ziegelstein, aufgeführt. Die Ausdehnung der Anlage wird durch die langgestreckte, geschlossene Südfassade (Abb. 3.3), die als Schauseite zur Von-Esmarch-Straße ausgebildet ist, deutlich demonstriert. Ihr viergeschossiger, massiger Mittelteil wird von Werksteinpilastern eingefasst (Abb. 3.4). Die westlich und östlich anschließenden langen Seitenflügel sind nur dreigeschossig und springen leicht zurück. Die Länge der Fassade wird noch betont durch die einförmigen, werksteingerahmten Fenster und durch die vertikalen Bänder der Terrassen und Balkone.

Der riesige Baukörper erregte den Widerspruch des Stadtbaurates Venhofen. Daraufhin wurde für die Gestaltung des Mittelrisalits ein Wettbewerb unter den münsterischen Architekten ausgeschrieben, den Hans Ostermann (1898–1990) gewann (Gutschow 1983). Er gestaltete ihn fünfachsig mit kolossaler Pilasterordnung in Werkstein mit einem klassizistischen, flachen Dreiecksgiebelabschluss – ebenfalls in Werkstein – und steigerte damit die monumentale Präsenz des Baus, was sicher im Sinne der Bauherren war (Abb. 3.5). Heute

Abb. 3.5. Südfassade mit Giebel und Figuren

wird diese Wirkung der langen Fassade durch den Bestand von hohen Bäumen zwischen Straße und Gebäude gemildert.

Freie Künstlergemeinschaft Schanze

Hans Ostermann gehörte der 1919/1920 in Münster gegründeten Künstlergruppe »Freie Künstlergemeinschaft Schanze« an, einer Vereinigung (meist) junger Münsteraner Maler, Bildhauer und Architekten, die es sich zur Aufgabe gemacht hatten, der – wie sie meinten – **in Münster vernachlässigten bildenden Kunst mehr Geltung zu verschaffen**. Die Gruppe fand Lob und Anerkennung in der Stadt und der Region. Die Künstler und Architekten erhielten Aufträge. Wahrscheinlich haben sie sich gegenseitig unterstützt und empfohlen, denn an einigen größeren Bauprojekten in Münster und anderen westfälischen Städten in den 1920er und frühen 1930er Jahren waren oft mehrere Künstler der »Schanze« gemeinsam beteiligt (Kauder-Steiniger 1999, Rommé 2001). Die **Maler der Gruppe** pflegten zu der Zeit einen Stil, der der idyllischen, bürgerlichen Variante der Neuen Sachlichkeit zugerechnet werden kann. Die **Architekten** bauten modern und sachlich unter Berücksichtigung des traditionellen westfälischen Baumaterials Ziegel, so dass Kunst und Architektur der Gruppe den neuen Machthabern nach 1933 nicht anstößig waren. Der Übergang zu einer volkstümelnden oder heroisierenden Kunst – wenn vom Auftraggeber so gewünscht – war für die meisten Künstler der Gruppe kein Problem.

Künstlerische Gestaltung

Es ist durchaus möglich, dass die zwei weiteren Mitglieder der »Schanze«, Hermann Kissenkoetter (1897–1957) und Ernst Bahn (1901–1978), die zur Mitwirkung an der Gestaltung des Standortlazarettes herangezogen wurden, von Hans Ostermann vorgeschlagen worden waren. Der in Angelmodde lebende Bildhauer Hermann Kissenkoetter schuf die Skulpturen für das Giebeldreieck des Mittelrisalits (Gutschow 1983) (Abb. 3.5). Zwar handelt es sich bei den vier männlichen Figuren um Krieger, aber ihre Waffen haben sie abgelegt. Diese finden sich in den seitlichen spitzen Winkeln des Giebeldreiecks. Die Anordnung der Skulpturen ist klassisch:

- **Zwei Sitzende** wenden sich dem die Mitte bildenden Äskulapstab mit der sich darum windenden Schlange zu, der vom Reichsadler bekrönt wird.
- **Zwei Lagernde** schließen sich nach außen an, einer in Vorderansicht, der andere in Rückansicht dargestellt.

Die Figuren sind fast nackt, muskulös und heroisch. Mit ihrer antikisierenden Statuenhaftigkeit assoziieren sie die Gottgleichheit des gesunden heldischen Menschen.

Wandgemälde von Ernst Bahn

Ernst Bahn erhielt 1937 den Auftrag, die **Empfangshalle des Lazaretts** mit Wandgemälden zum Thema »Heilkräfte der Natur« auszugestalten (Rommé 2001). Bahn, geboren am 9. August 1901 in Bonn und seit 1922 in Münster als freischaffender Künstler tätig, hatte während seines Kunststudiums in Köln 1918–1921 eine handwerkliche Ausbildung zum Freskomaler absolviert. Seit 1927 hatte er sich einen Namen gemacht als entwerfender und ausführender Maler mehrerer großer Altarbilder und -fresken in schlichtem, aber monumentalem Stil für neue Kirchen- und Kapellenbauten in Westfalen, so dass er sich sowohl künstlerisch als auch technisch für einen solchen Auftrag empfahl. Die Wandgemälde ließ die englische Besatzung 1945 zerstören. Sie sind aber durch die erhaltenen Entwurfzeichnungen Bahns bekannt und durch Fotografien der ausgeführten Bilder aus

Abb. 3.6. Entwurf »Heilkräfte der Natur/Wasserfall und Heiltrunk«, Aquarell und Gouache auf Papier, 16,5 x 34,5 cm. Ernst Bahn, 1937. (Stadtmuseum Münster, Nachlass Ernst Bahn, Inv. Nr. ZE-1006-2)

seinem Nachlass gut dokumentiert. Die **»Heilkräfte der Natur« – Luft, Wasser, Erde und Pflanzen** – wurden durch Szenen im Gebirge, am Meer und im Wald veranschaulicht. Ihre Wirkung auf den Menschen machten idealisierte jugendliche nackte oder in leichte, antikisierende Gewänder gehüllte Frauen und Männer sinnfällig, die in stark stilisierten Landschaften oder Landschaftsausschnitten, wie etwa an Wasserfällen, posierten (Abb. 3.6 und Abb. 3.7). Außerdem zeigte ein Wandfeld die Darstellung einer Familie mit drei Kindern in archaisierender einfacher Kleidung unter einer Eiche – die Profanierung der Heiligen Familie (Abb. 3.8). Auch sie wurde offenbar zu den Naturheilmitteln gezählt. Der Spaten in der Hand des Familienvaters, die von dem Jungen dargebotene Schale mit Früchten und die hügelige Ackerlandschaft im Hintergrund wiesen auf den Wert bäuerlicher Arbeit für die Gesundheit hin.

Ein Wandfeld trug eine Szene im felsigen Hochgebirge mit einer Gruppe von Menschen auf einem Plateau über den Gipfeln. Am fliegenden Haar der Frauen war zu erkennen, dass ein kräftiger Wind weht. Es ging also um die **stärkende Wirkung reiner Luft**. Auf dem **Entwurf** zu diesem Wandfeld sitzt am linken Rand der Szene ein gebrechlicher alter, bärtiger Mann, der einen Stock mit beiden Händen umfasst hält (Abb. 3.9).

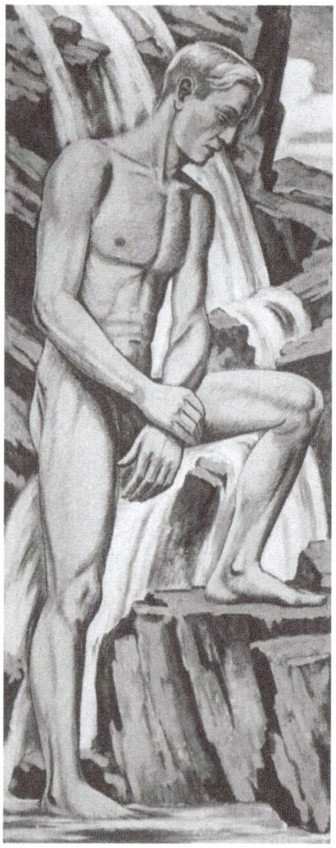

Abb. 3.7. Wandgemälde »Heilkräfte der Natur/Wasserfall«. Foto, 1938. (Stadtmuseum Münster, Nachlass Ernst Bahn, Inv. Nr. HF-1189-2)

Abb. 3.8. Wandgemälde »Heilkräfte der Natur/Familie«. Ernst Bahn, Foto, 1938. (Stadtmuseum Münster, Nachlass Ernst Bahn, Inv. Nr. HF-1189-2)

Anhand dieser Figur wird besonders deutlich, dass Bahn – wahrscheinlich auf Wunsch seiner Auftraggeber – die dargestellten Menschen immer mehr heroisierte, denn im **ausgeführten Fresko** wurde der alte Mann durch einen weiteren heldenhaften Jüngling ersetzt (Abb. 3.10). Auch bei anderen Szenen sind solche Veränderungen zu beobachten, wie etwa bei dem Jüngling am Wasserfall: Auf dem Entwurf steht er mit gebeugtem Nacken unter dem Schwall (Abb. 3.6). Sein rechter Fuß steht im Wasser, das linke Bein ist angewinkelt erhoben – eine natürliche, aber instabile Pose. Auf dem ausgeführten Wandbild floss das Wasser hinter seinem ungebeugten Nacken herunter, der rechte Fuß blieb trocken und das linke Bein stand auf einem Felsbrocken (Abb. 3.7). Der deutsche Mann steht fest und beugt seinen Nacken nicht – dies war die zu vermittelnde Botschaft.

Abb. 3.9. Entwurf »Heilkräfte der Natur/Gebirge«. Gouache und Aquarell auf Papier, 16,5 x 27,5 cm, Ernst Bahn, 1937. (Stadtmuseum Münster, Nachlass Ernst Bahn, Inv. Nr. ZE-1006-2)

Abb. 3.10. Wandgemälde »Heilkräfte der Natur/Gebirge«. Ernst Bahn, Foto, 1938. (Stadtmuseum Münster, Nachlass Ernst Bahn, Inv. Nr. HF-1189-2)

Abb. 3.11. Empfangshalle des Standortlazaretts, Foto, 1938. (Stadtmuseum Münster, Nachlass Ernst Bahn, Inv. Nr. HF-1189-2)

Ernst Bahn schuf in den 1930er Jahren viele gänzlich unpathetische Landschaftsradierungen. Seine Wandgemälde für das Stadtortlazarett dagegen sind ein gutes Beispiel für die Indienststellung der Kunst für nationalsozialistische ideologische Zwecke. Die Bilder negierten den Alltag des Lazaretts, ließen keinen Gedanken an Krankheit, Verletzungen, Gebrechen, Alter oder Tod aufkommen (Abb. 3.11). Bahn ist bei diesen Wandmalereien allen Forderungen nationalsozialistischer Kunstvorstellungen nach einer idealisierenden Erbauungsmalerei nachgekommen. Die Aussage der Darstellungen war für jedermann sofort erfassbar und verständlich: **Nach der nationalsozialistischen Ideologie ist der heldische (nordische) Mensch im Einklang mit der Natur gesund.**

Wer war von Esmarch?

Sonja Ständer

Die Hautklinik in Münster liegt in der »Von-Esmarch-Straße«. Aber wer war »Von Esmarch«?

Dr. Johann Friedrich August von Esmarch (1823–1908) (Abb. 4.1) war ein bekannter Kieler Chirurg, der 1873 ein verbessertes System zum Anlegen einer Blutleere und der Maskennarkose entwickelte.

Sein Hauptverdienst aber liegt auf dem Gebiet der Kriegschirurgie und des Samariterwesens. In den Kriegen 1848, 1864, 1866 und 1870/71 konnte er vielfältige Erfahrungen sammeln, die in sein umfassendes »Handbuch der Kriegschirurgischen Technik« von 1877 eingingen. Er führte das Verbandpäckchen und das Dreiecktuch sowie Beinschienen und Verbandstornister ein. Die Abbindung von Oberarm und Oberschenkel zur Blutstillung wurde nach ihm »Esmarch'sche Blutleere« genannt.

Die »Erste Hilfe« hatte er bereits in seiner vielfach aufgelegten Schrift »Der erste Verband auf dem Schlachtfelde« von 1869 propagiert. Seit 1882 widmete er sich dem Ausbau des Deutschen Samaritervereins, der die ersten Kurse für die Erste Hilfe an seinen Samariterschulen durchführte. Esmarchs Leitfaden für die Ausbildung an den Schulen »Die erste Hülfe bei plötzlichen Unglücksfällen« von 1882 wurde in fast 30 Sprachen übersetzt und erlebte 1931 seine 50. Auflage.

Esmarch war infolgedessen Ehrenmitglied zahlreicher Fachverbände des In- und Auslands,

Abb. 4.1. Dr. Johann von Esmarch

u. a. der Deutschen Gesellschaft für Chirurgie, der Clinical Society of London, der American Surgial Association und der Académie Royale de Médicine de Belgique, sowie Träger einer Reihe von Orden, u. a. war er Kommandeur des Dannebrog-Ordens, Träger des Kronenordens Erster Klasse und des schwedischen Nordsternordens. Aus diesem Grund wurde die neu geschaffene Straße, an der das Standortlazarett Münster liegt, nach ihm, einem der bedeutendsten Autoritäten der Erstversorgung von Verwundeten und der Militärchirurgie benannt.

Berühmter war er später allerdings als »Onkel des deutschen Kaisers«. In zweiter Ehe heiratete er 1872 Prinzessin Henriette von Schleswig-Holstein-Sonderburg-Augustenburg. Sie war die Tante der späteren deutschen Kaiserin Auguste Victoria. Esmarch kam nachfolgend als »Geheimrat«, »Exzellenz« und »Generalarzt 1. Klasse« zu Ehren und wurde am 1. Juni 1887 in den preußischen Adelsstand erhoben.

Moulagen in der Dermatologie

Sonja Ständer, Jeannette Crout

Was versteht man unter »Moulagen«?

Eine dermatologische Moulage ist eine **dreidimensionale, in Form, Farbe und Maßstab naturgetreue Nachbildung einer Hauterkrankung aus Wachs**. Moulagen (frz. mouler = formen, pressen, gießen) wurden seit dem 17. Jh. in der Medizin als **Anschauungsobjekte in der Lehre** der Anatomie eingesetzt. Besonders in dem neu entstandenen Fach Dermatologie wurden die Wachsmodelle gerne als Ergänzung zur plastisch-anatomischen Unterrichtsdemonstration und als **Dokumentations- und Forschungsmittel** verwendet (Ehring 1989, Meschig 1989, Schnalke 1995). Sie dienten bis in die 40er Jahre des letzten Jahrhunderts zusätzlich als **Vorlagen für Abbildungen in dermatologischen Lehrbüchern und Atlanten**. Hier wurden sie entweder als Aquarelle oder mit der eigens entwickelten Dreifarbdrucktechnik, dem Cytochromieverfahren, abgebildet. Der »Atlas der Hautkrankheiten« von Eduard Jacobi, der zwischen 1903 und 1920 sieben Auflagen erfuhr, benutzt als Bildmaterial ausschließlich Moulagen (Jacobi 1904).

Geschichte der Moulagensammlungen in Europa

Die medizinische Wachsbildnerei nahm ihren Anfang in Florenz und kam durch Kaiser Franz Josef II. 1786 nach Österreich. Er bezog 1176 anatomische und geburtshilfliche Wachsplastiken für den medizinischen Unterricht der Militärärzte und Hebammen, die im Josephinum, dem heutigen Institut für Geschichte der Medizin, noch immer besichtigt werden können (Schmidt 1997). Im frühen 19. Jh. kam es zur Nutzung der Moulagen als dermatologische Lehrmittel. In Wien war es Anton Elfinger, der mit Ferdinand von Hebra ab 1849 einzelne Moulagen herstellte. Die Produktion wurde jedoch zugunsten der neu entstandenen Technik der Fotografie nicht weiter verfolgt. Erst unter seinem Nachfolger Carl Henning wurde die Wachsbildnerei in Wien ausgebaut.

Auch in anderen europäischen Städten reifte die Moulagentechnik wie z. B. in London durch Joseph Towne. Das **Zentrum der Moulagenherstellung war jedoch in Paris** am Hôpital St. Louis mit dem dort tätigen **Jules Baretta**. Seine Moulagensammlung beeindruckte 1889 auf dem 1. Dermatologischen Weltkongress in Paris die Ordinarien derart, dass nachfolgend in vielen Universitätsstädten Europas, besonders in Berlin (unter dem Direktor der Klinik Oskar Lassar, Edmund Lesser), Freiburg (Eduard Jacobi), Breslau (Albert Neisser) und Zürich (Bruno Bloch) große Moulagensammlungen aufgebaut wurden. In Wien kam es auf Initiative von Moritz Kaposi zum Ausbau der bereits vorhandenen Moulagensammlung. Bald waren Mouleure an vielen europäischen Kliniken angestellt, die vormals, wie Baretta auch, auf anderen Gebieten künstlerisch tätig waren. Die bedeutendsten deutschsprachigen Moulagenbildner jener Zeit sind (Schnalke 1995):

- Carl Henning (Wien),
- Heinrich Kasten (Berlin),
- Fritz Kolbow (Berlin),
- Paul Berliner (Breslau),
- Alfons Kröner (Breslau),
- Theodor Johnson (Freiburg),
- Otto Vogelbacher (Freiburg),
- Luise Volger (Zürich),
- Elsbeth Stoiber (Zürich).

Nach dem Aufblühen der Wachsbildnerei **löste die Fotografie ab den 20er Jahren des letzten Jahrhunderts diese Kunst schnell ab**. Fotos sind nicht nur leichter zu reproduzieren, sie sind auch bedeutend günstiger herzustellen und platzsparender zu archivieren. Ganze Moulagensammlungen wurden aufgrund dessen ausrangiert und eingeschmolzen oder in Kellern gelagert. **Ein Großteil der deutschen Moulagenbestände wurde während des 2. Weltkrieges zerstört**. Die Kliniken in Berlin, Rostock und Leipzig verloren sogar sämtliche Bestände. Soweit dezimiert fanden Moulagen ab den 50er Jahren in nur wenigen Kliniken als Lehrmittel Beachtung. Obwohl sich Alfred Stühmer, zu diesem Zeitpunkt Direktor der Hautklinik Freiburg, sehr um die Erhaltung des Berufes des Mouleurs bemühte und sogar reguläre Lehrstellen einzurichten versuchte (Stühmer 1958), wurden **in Deutschland nach 1957 kaum noch Moulagen hergestellt**. Die Freiburger Klinik stellte die Produktion ganz ein. Nur einige wenige Kliniken, darunter Freiburg, Frankfurt, Zürich und Breslau, pflegten schon frühzeitig ihre umfangreichen Sammlungen (Frank 1986, Barlag 1992, Sebastian 1993).

Das allgemeine Interesse an dermatologischen Moulagen ist erst in den 80er Jahren des letzten Jahrhunderts wieder erwacht. Seit 1986 kommen auf dermatologischen Kongressen immer wieder Sammlungen zur Ausstellung. Die Wachsbilder spiegeln das Krankengut und die häufigsten Diagnosen der Anfangszeit unseres Faches Dermatologie wider. Neben dem kunsthistorischen besteht auch ein aktuell medizinisches Interesse, da durch die globale Verbreitung der HIV-Infektion und der zunehmenden iatrogenen Immunsuppression wieder Infektionserkrankungen wie die Syphilis oder Lupus vulgaris in Stadien auftreten, die zum Teil nur als Moulagen und nicht in Lehrbüchern bekannt sind. Außerdem erlangten im Jahr 2001 die Moulagen, die Anthrax und die Pocken zeigen, aufgrund der weltpolitischen Situation mit den drohenden Bio-Terroranschlägen wieder an Beachtung, da auch diese Erkrankungen in aktuellen Lehrbüchern nicht abgebildet sind und nur als Moulagen bekannt sind.

Entstehung der Münsteraner Moulagensammlung

Sonja Ständer, Hartmut Ständer

Aufbau der Sammlung

Anders als in anderen europäischen Hautkliniken war in Münster zu keiner Zeit ein Mouleur fest angestellt. Somit ist es dem Engagement der Klinikdirektoren zu verdanken, dass Moulagen anderer Kliniken oder Moulagenwerkstätten für die Klinik gekauft wurden und so eine Sammlung aufgebaut und gepflegt wurde. Dies war ein in Europa durchaus übliches Verfahren. Selbst die Freiburger Klinik, die eine umfangreiche Moulagenproduktion aufweisen konnte, bezog zur Komplettierung der Sammlung Modelle aus Breslau und Paris.

Moulagen von A. Stühmer

Die ersten Moulagen gelangten mit **Alfred Stühmer**, dem ersten Direktor des 1925 neu gegründeten dermatologischen Lehrstuhls an die Münsteraner Hautklinik. Dieser brachte sie vermutlich aus Breslau und Freiburg mit, wo er 1913 bzw. 1919 als Assistent tätig war. An beiden Kliniken gab es schon lange Moulagen und Mouleure. **Breslau war mit dem Mouleur Alfons Kröner führend in Deutschland**. Wie umfangreich die ursprüngliche Münsteraner Sammlung war, lässt sich nicht mehr rekonstruieren. Belegt ist, dass sich A. Stühmer, der in den 50er Jahren zum entscheidenden Förderer der Moulagenkunst wurde, über eine mangelnde Unterbringung der Moulagen beschwerte (Krutmann 1987). Lange kämpfte er für die Anstellung eines Mouleurs an der Klinik, was jedoch nie genehmigt wurde. Stattdessen konnte er den Münsteraner Fotografen Theodor Niehues für die Wachsbildnerei begeistern.

1934 erhielt Stühmer einen Ruf an die Freiburger Klinik. Da es in Freiburg eine umfangreiche Sammlung gab, ist es anzunehmen, dass er seine damaligen Moulagen an der Münsteraner Klinik beließ. Mit ihm wechselte auch Niehues nach Freiburg, der dort die Nachfolge Otto Vogelbachers antrat. Auf Drängen A. Stühmers weihte Vogelbacher, einer der damals renommiertesten Mouleure, zuvor Niehues ohne Entgelt in seine Technik ein. Dieses Vorgehen stellte eine große Ausnahme dar, da die Mouleure ihre »Rezepte« meist geheimhielten oder gegen eine hohe Gebühr (üblicherweise ein Jahresgehalt) weitergaben. In der Freiburger Sammlung sind noch 106 Moulagen von Niehues erhalten (▫ Abb. 6.1), die älteste ist auf Herbst 1934 datiert (Barlag 1992).

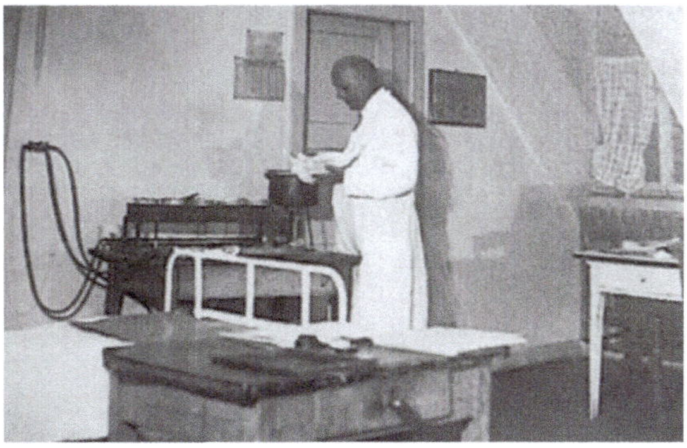

▫ **Abb. 6.1.** Theodor Niehues in seiner Freiburger Moulagenwerkstatt

Moulagen von C. Moncorps

C. Moncorps, der bis 1952 der Direktor der Münsteraner Hautklinik war, brachte ebenfalls Moulagen in die Sammlung ein. Nach dem Tod des berühmten Hamburger Dermatologen und Dermatohistologen Paul Gersson Unna kaufte er einen Teil seiner umfangreichen Bibliothek und auch einige Moulagen aus Hamburg auf (F. Ehring, persönliche Mitteilung). Die Bücher sind noch heute in der Bibliothek der Klinik enthalten (Abb. 6.2).

Moulagen von P. Jordan

P. Jordan ergänzte ebenfalls nach seinem Amtsantritt 1952 an der Münsteraner Hautklinik die vorhandene Moulagensammlung. Er hatte während seiner Assistenzarztzeit sowohl in Breslau als auch in Hamburg Kontakt mit den Wachsmodellen und benutzte sie als Lehrmittel (S. Nolting, persönliche Mitteilung).

1953 beauftragte P. Jordan als einer der ersten die gerade fertig ausgebildete, freiberuflich arbeitende Mouleurin **Elsbeth Stoiber** mit der Erstellung von Moulagen. E. Stoiber hielt sich zwei Monate an der Münsteraner Hautklinik auf (Abb. 6.3) und stellte bis Oktober 1953 sechs Moulagen fertig, die z. T. nach Patienten der Hornheider Klinik (► Kap. 11, Katalogteil »Lupus vulgaris«) entstanden sind. Vermutlich sind dies die letzten in Münster angeschafften Moulagen. Während ihres Aufenthaltes restaurierte Fr. Stoiber auch einige der bereits vorhandenen Wachsmodelle, die damals in den Schränken vor dem Hörsaal aufbewahrt wurden (E. Stoiber, persönliche Mitteilung).

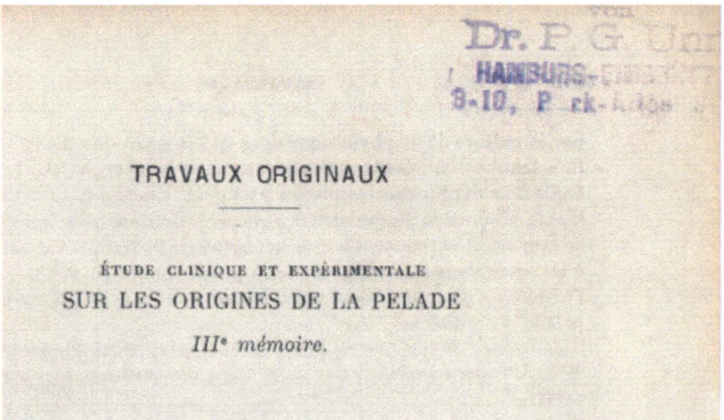
Dr. P. G.
HAMBURG-
TRAVAUX ORIGINAUX

ÉTUDE CLINIQUE ET EXPÉRIMENTALE
SUR LES ORIGINES DE LA PELADE
IIIe mémoire.

Abb. 6.2. Stempel P.G. Unnas in der rechten oberen Ecke eines Buches der Münsteraner Bibliothek

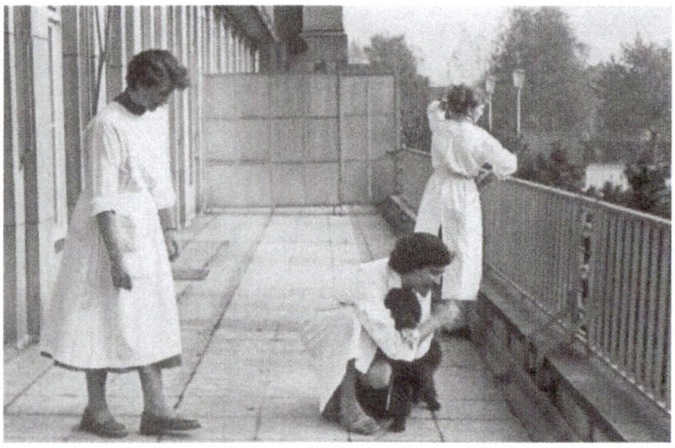

Abb. 6.3. E. Stoiber mit Hund im Oktober 1953 an der Münsteraner Hautklinik

Anlässlich des Arbeitstreffens »Moulagen und Epithesen« der Arbeitsgemeinschaft Geschichte der Dermatologie und Venerologie (AGDV, gegründet Juli 2002) in Münster (Abb. 6.4), besuchte **E. Stoiber** vom 16.–18. April 2004 »ihre Moulagen« und restaurierte dabei auch eine (Abb. 6.5 und Abb. 6.6). Sie erinnerte sich dabei sehr genau an den Patienten, »ein Westfale, der wegen eines Basalioms an der Wange Jahre vorher bestrahlt wurde und nun ein Spinaliom entwickelt hatte. Er hat ziemlich viel geredet und ausführlich von seinem Garten erzählt«.

Entwicklung der Sammlung

Später löste auch an der Münsteraner Hautklinik die Fotografie die Moulagen ab. Zunächst fanden sie noch vor dem Hörsaal zu Ausstellungszwecken Verwendung. **In den frühen 70er Jahren wurden die Moulagen aus Platzgründen in den Keller aussortiert und gerieten in Vergessenheit** (S. Nolting, F. Ehring, persönliche Mitteilung). Erst 1980 fanden F. Vakilzadeh, K. Brosa und C. Post auf der Suche nach Kellerräumlichkeiten für die histologische Abteilung mehrere Kartons mit den Wachsmodellen wieder. Zusätzlich waren viele alte Bücher eingelagert. Sie sichteten das Material und brachten Ende 1983 sowohl Bücher als auch die Hälfte der Moulagen in Glasvitrinen in der Bibliothek der Hautklinik unter. Die restlichen Moulagen wurden sorgfältig verpackt und wieder im Keller gelagert (F. Vakilzadeh, C. Post, persönliche Mitteilung). Bis 1995 befand sich die Bibliothek im Erdgeschoss der Klinik, danach zog sie einschließlich der Moulagen in den vierten Stock der Klinik.

Erst kürzlich, anlässlich der Erstellung dieses Kataloges, wurde der gesamte Moulagenbestand zum ersten Mal fotografiert, katalogisiert und sortiert ausgestellt (Abb. 6.7). Zwar sind einzelne Moulagen vergilbt und weisen Risse auf, aber die Mehrzahl der Moulagen ist sehr gut erhalten, was sicherlich ihrer hohen Qualität zu verdanken ist.

1. Arbeitstreffen der AGDV

„Moulagen und Epithesen"

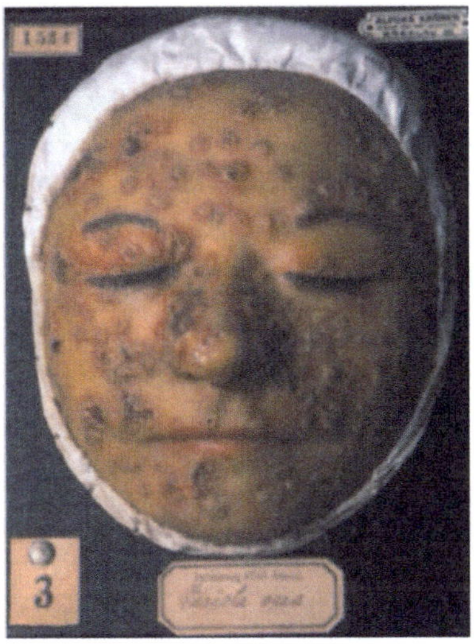

Dr. Sonja Ständer
Dr. Hartmut Ständer
Prof. Dr. Max Hundeiker

Klinik und Poliklinik für Hautkrankheiten Universitätsklinikum Münster

17. April 2004

a

Samstag, 17.04.2004:

9.00 h: Begrüßung
Prof. Dr. T. A. Luger, Direktor der Hautklinik, UKM Münster

Prof. Dr. A. Scholz, Vorsitzender der AGDV

9.15 h: Fr. E. Stoiber, Zürich
„Moulagen – Rückblick auf 50 Jahre Erfahrung"

10.00 h: Dr. S. Ständer, Münster
„Die Moulagensammlung der Münsteraner Hautklinik"

10.30 h: Kaffeepause

11.00 h: Prof. Dr. M. Hundeiker, Hornheide
„Die Frühzeit der Epithesen"

11.30 h: Prof. Dr. A. Scholz, Dresden
„Dokumentationsformen in der Dermatologie - Vom Holzschnitt zum Video"

12.00 h: Besichtigung der Moulagensammlung anschl. Imbiß

15.00 h: Besichtigung der historischen Instrumentesammlung, Hornheide

b

c

Abb. 6.4. a Cover des Programms, **b** Programm, **c** Organisatoren und Referenten des Arbeitstreffens »Moulagen und Epithesen« der Arbeitsgemeinschaft Geschichte der Dermatologie und Venerologie (von links nach rechts: E. Macher, M. Hundeiker, A. Scholz, E. Stoiber, T.A. Luger, S. Ständer, H. Ständer)

Abb. 6.5. Fr. Stoiber bei der Restauration der Moulage am 18.04.2004

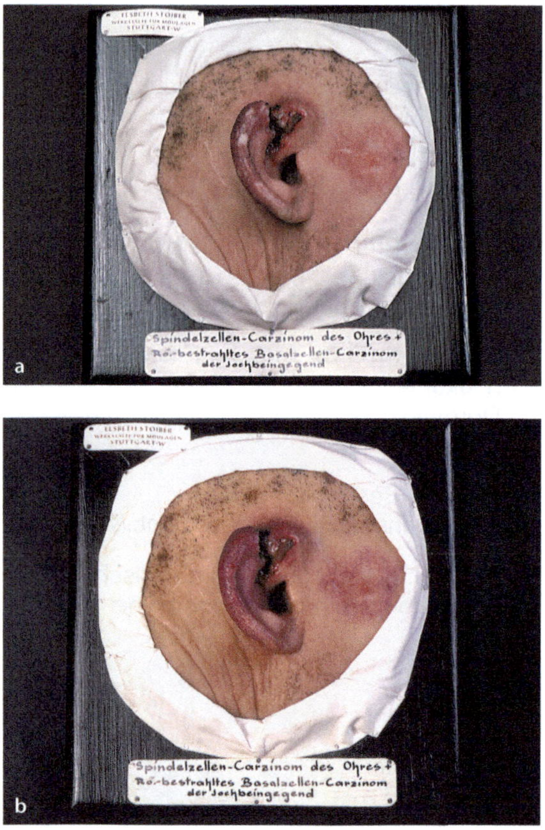

Abb. 6.6 a, b. »Das Ohr des Westfalen«. Die Moulage vor (**a**) und nach (**b**) der Restauration

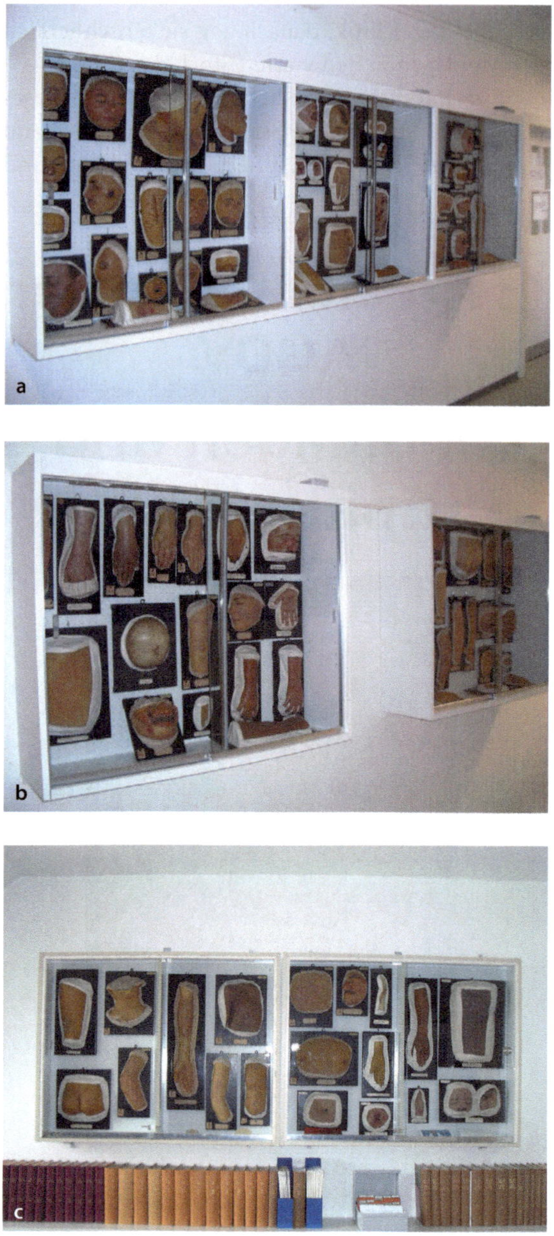

Abb. 6.7 a–c. Die Vitrinen der Münsteraner Moulagensammlung

Diagnosen der Münsteraner Moulagensammlung

Hartmut Ständer, Sonja Ständer

Die Diagnosen der Münsteraner Moulagensammlung sind sehr heterogen und folgen keiner gängigen Systematik, was dem Charakter einer durch mehrere Personen zusammengetragenen Sammlung entspricht (◘ Tab. 7.1). Diese Auswahl der Diagnosen veranschaulicht ferner die Zusammensetzung des Patientenguts der ersten Hälfte des letzten Jahrhunderts.

◘ **Tab. 7.1.** Diagnosen und deren Anzahl der Münsteraner Moulagen

Diagnosen	Anzahl der Moulagen (n=121)
Geschlechts-erkrankungen	27, davon: Syphilis 25
Infektions-erkrankungen	51, davon: Bakteriell: 24 Viral: 23 Mykosen: 4
Entzündliche Dermatosen	28
Anlagebedingte Hauterkrankungen	3, davon: Melanozytärer Nävus: 1
Maligne Hauterkrankungen	8, davon: Plattenepithelkarzinom: 1 Lymphom, Leukämie: 7
Keine Diagnose vermerkt	4

Geschlechtserkrankungen

Die dargestellten Diagnosen umfassen in erster Linie Infektionskrankheiten (n = 78). Davon stellen 27 Moulagen (35 %) Geschlechtserkrankungen dar. **Besonders um den 2. Weltkrieg bildeten die Geschlechtserkrankungen einen Hauptbestandteil des dermatologischen Krankengutes**, welches in Münster sogar zu einer Erweiterung der dermatologischen Abteilung führte. An erster Stelle ist hier die **Syphilis** zu nennen. In und nach dem 2. Weltkrieg kam es zu einem sprunghaften Anstieg dieser Erkrankung in ganz Europa. Somit ist sie nicht nur in der Münsteraner Sammlung überwiegender Gegenstand vieler Moulagen. Auch in der Freiburger Klinik stellte der Mouleur Otto Vogelbacher zwischen 1906 und 1936 hauptsächlich Syphilis-Moulagen her, von denen viele nach Münster gelangt sind.

Zum ersten Auftreten der Syphilis in Europa kam es 1493 in Barcelona. Diese breitete sich in der Folgezeit in ganz Spanien aus und wurde daher als die »spanische Krankheit« bezeichnet. In den folgenden Jahren fanden sich an Syphilis erkrankte Menschen auf dem gesamten europäischen Festland. 1495 wurden in Deutschland die ersten Fälle der Erkrankung bekannt und 1497 erreichte sie die britischen Inseln. Die Syphilis wurde wahrscheinlich von Seeleuten und Soldaten, die aus Amerika zurückkehrten, nach Europa und Asien eingeschleppt. 25 Münsteraner Moulagen zeigen vom Primäraffekt bis zur Sattelnase die verschiedenen Stadien der Erkrankung. Durch die **verbesserte serologische Diagnostik** und die nach dem 2. Weltkrieg eingeführte antibiotische Therapie mit **Penicillin** lässt sich die Syphilis mittlerweile frühzeitig behandeln. Daher traten späte klinische Stadien der Syphilis bis in die 90er Jahre nur noch selten auf und waren hauptsächlich anhand von Moulagen dokumentiert. **Die zunehmende Zahl an HIV-Infektionen führt heute zu einem Wiederanstieg der Syphilisrate**. Durch den Immundefekt ist der Verlauf der Erkrankung schneller und schwerwiegender. Da die dabei auftretenden klinischen Bilder heute kaum noch in den Lehrbüchern zu finden sind, erweisen sich die Moulagen bei der Diagnostik der Spätsyphilis wieder als hilfreich. Zwei weitere Moulagen stellen das Ulkus molle («weicher Schanker«) dar, eine Geschlechtserkrankung, die auch heute noch auftritt.

Bakterielle, virale und mykotische Infektionen

51 Moulagen präsentieren verschiedene bakterielle (n=24), virale (n=23) und mykotische (n=4) Infektionen. Davon setzen sich allein 9 Moulagen mit den verschiedenen Formen der **Hauttuberkulose** auseinander, unter denen sich auch eigene Münsteraner Patienten aus dem Jahre 1953 befinden. Diese Krankheit ist eng mit der Geschichte der Universitäts-Hautklinik Münster verbunden, was ihren hohen Anteil in der Sammlung erklärt. Des Weiteren gelten viele der dargestellten Infektionen durch die modernen Antibiotika und Chemotherapeutika heute als ausgestorben (z. B. die **Pocken**), durch konsequentes Impfen als stark reduziert (z. B. die **Hautdiphtherie**) oder treten nur noch sehr selten auf (z. B. die **Pest**). Viele dieser Diagnosen sind nur in Moulagen dokumentiert, wodurch ihnen ein wichtiger medizinhistorischer Stellenwert zukommt.

Entzündliche Dermatosen und maligne Erkrankungen

Das gesamte Spektrum der entzündlichen Dermatosen wird in der Moulagensammlung nicht dargestellt; zwei Moulagen bilden den **Lupus erythematodes** ab, nur eine die **atopische Dermatitis**. **Psoriasis** ist lediglich als Nagelbefall dargestellt. Andere heute häufige Diagnosen wie die Akne vulgaris oder Urtikaria fehlen gänzlich. Hauttumoren sind bis auf ein Plattenepithelkarzinom nicht vertreten.

Der Grund für den schmalen Bestand entzündliche Dermatosen darstellender Moulagen ist neben den geringen Therapiemöglichkeiten hauptsächlich in den fehlenden diagnostischen Möglichkeiten zu suchen. Viele der heute geläufigen Diagnosen waren zu der damaligen Zeit nicht bekannt und wurden u. a. als Erkrankungen der Syphilis subsummiert. Durch die Einführung der modernen Dermatohistologie, Immunhistochemie und molekularbiologischer Methoden konnten in den letzten Jahrzehnten viele Dermatosen besser charakterisiert, diagnostiziert und therapiert werden.

Herstellungstechnik von Moulagen

Elsbeth Stoiber, Sonja Ständer

Heute werden nur noch selten und fast ausschließlich in Zürich Moulagen hergestellt. Weltweit sind nur noch einzelne Mouleure bekannt. Eine davon ist die Autorin dieses Artikels, Elsbeth Stoiber, die lange an der Zürcher Hautklinik Moulagen herstellte (Abb. 8.1). Als letzte Schülerin Lotte Volgers erwarb die Autorin nach ihrer Ausbildung 1953 ein Rezept zur Herstellung von Moulagen. 1993 wurde das Rezept zum Nutzen von Präparatoren und Kunsthistorikern in groben Zügen bekanntgegeben (Stoiber 1993) und wird hier zum ersten Mal vollständig veröffentlicht (Abb. 8.2).

Moulagen-Techniken

Im Gegensatz zu den anatomischen Wachsmodellen wurden alle dermatologischen Moulagen nicht frei modelliert, sondern anhand eines **Gipsabdrucks vom Patienten** angefertigt. Der Gipsabdruck wurde mit einer Wachsmischung in der Hautfarbe des Patienten ausgegossen. Zur realistischen Darstellung der Hautfarbe und der Dermatose kamen verschiedene Methoden zur Anwendung. In der »**Übermaltechnik**« wurde das hautfarbene Positiv mit Ölfarben extern bemalt. Bei der »**Untermaltechnik**« wurde die Abdruckform in zwei Schritten mit dem Wachs ausgegossen. Dazwischen fügte der Mouleur eine Farbschicht ein, die einen durch das Wachs schimmernde annähernd natürliche Haut- und Krankheitsfarbe ergab. Die »Untermaltechnik« wurde von dem Breslauer Mouleur Alfons Kröner entwickelt und patentiert (Sticherling 1999). Jeder Mouleur verwandte eine eigene Wachsmischung, die immer ein gut gehütetes Geheimnis war und nur mündlich an die Schüler weitergegeben wurde. Dadurch erklärt sich die unterschiedliche Vergilbung der Moulagen einzelner Hersteller. Leider gab der Pionier der Moulagenherstellung Jules Baretta sein Rezept nicht weiter. Das hier erstmals komplett veröffentlichte Rezept geht auf den Berliner Mouleur Fritz Kolbow zurück und kam durch Lotte Volger an die Zürcher Hautklinik.

Abb. 8.1. Elsbeth Stoiber mit von ihr gefertigten Moulagen vor der Münsteraner Moulagensammlung am 16.4.2004 anlässlich des Arbeitstreffens »Moulagen und Epithesen« der Arbeitsgemeinschaft Geschichte der Dermatologie und Venerologie (AGDV)

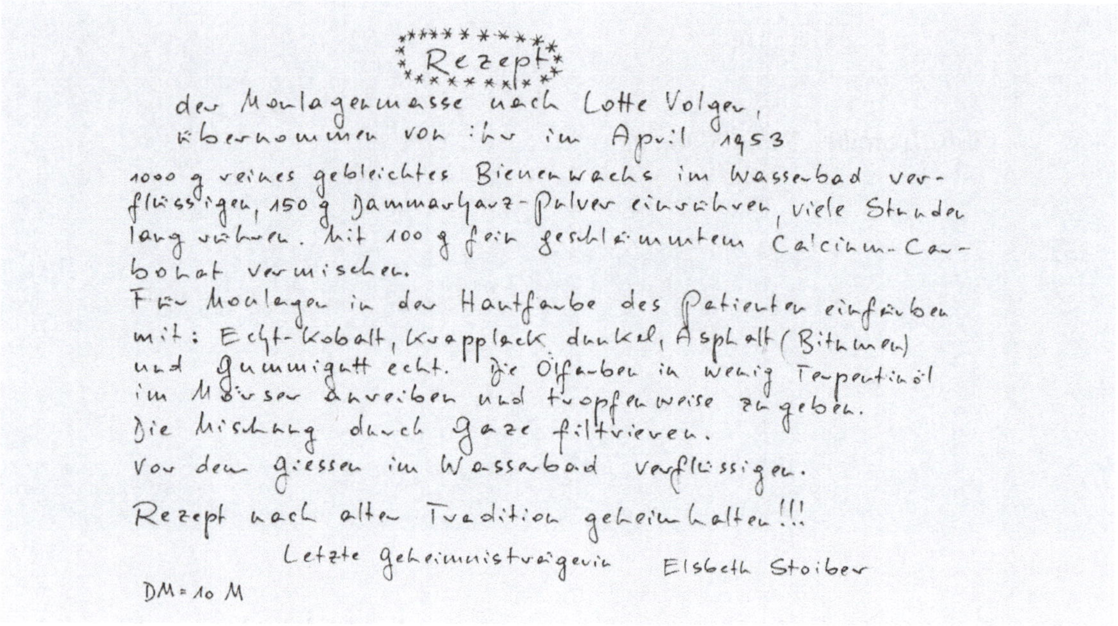
Rezept
der Moulagenmasse nach Lotte Volger,
übernommen von ihr im April 1953
1000 g reines gebleichtes Bienenwachs im Wasserbad verflüssigen, 150 g Dammarharz-Pulver einrühren, viele Stunden lang rühren. Mit 100 g fein geschlämmtem Calcium-Carbonat vermischen.
Für Moulagen in der Hautfarbe des Patienten einfärben mit: Echt-Kobalt, Krapplack dunkel, Asphalt (Bitumen) und Gummigutt echt. Die Ölfarben in wenig Terpentinöl im Mörser anreiben und tropfenweise zugeben.
Die Mischung durch Gaze filtrieren.
Vor dem giessen im Wasserbad verflüssigen.
Rezept nach alter Tradition geheimhalten!!!
Letzte Geheimnisträgerin Elsbeth Stoiber
DM = 10 M

Abb. 8.2. Handgeschriebenes Rezept von E. Stoiber zur Herstellung von Moulagen

Herstellung und Anwendung der Moulagen-Mischung

Zu Beginn der Moulagenherstellung werden 1 000 g reines gebleichtes Bienenwachs in einem Wasserbad verflüssigt und mit 150 g Dammarharz-Pulver vermischt. Danach werden 100 g fein geschlämmtes Calciumcarbonat hinzugefügt.

Vor Verwendung der Mischung wird sie der **Hautfarbe des Patienten** entsprechend mit den Malfarben eingefärbt und durch eine Gaze filtriert. Die aus dieser Wachsmischung gegossene Moulage wird anschließend möglichst in Anwesenheit des Patienten in Farbe, Textur und Applikationen ausgearbeitet. Zunächst wird in übereinander liegenden Schichten mit den vier lasierenden Ölfarben Echt Kobalt, Krapplack, Bitumen und Gummigutt bemalt, bis das Krankheitsbild mit demjenigen am Patienten übereinstimmt (Abb. 8.3). **Oberflächliche Strukturveränderungen** wie Schuppen, Krusten oder Blasen werden mit Wachmischungen, Leimen, Harzen, Lacken oder Glas nachmodelliert. **Kopf- und Barthaare, Wimpern und Augenbrauen** werden abschließend einzeln eingesetzt. Hierzu eignen sich am besten Tierhaare unterschiedlicher Spezies. Die Autorin benutzte häufig Haare ihrer Pudel.

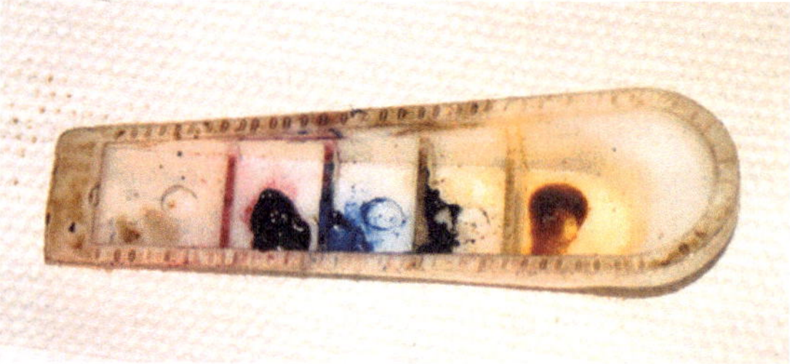

Abb. 8.3. Die vier Grundfarben. Farbpalette von E. Stoiber, der Moulagensammlung Münster zur Ausstellung überlassen

Fertigstellung der Moulagen

Nach Fertigstellung wird die Moulage auf ein schwarzes Holzbrett aufgeschmolzen und traditionellerweise mit weißem Leinen umrahmt. Eine Abweichung findet sich bei den alten Wiener Moulagen, die mit gestreiftem Stoff umrandet sind. Die Diagnose wurde fast immer auf einem Etikett unterhalb des Modells angebracht. Einige Mouleure signierten die fertige Moulage handschriftlich, andere brachten Firmenschilder an. Unregelmäßig und nur selten erfolgte eine Datierung auf der Rückseite, die heute eine exakte zeitliche Einordnung erschwert.

Hersteller der Münsteraner Moulagen

Sonja Ständer, Hartmut Ständer, Jeannette Crout

In der Münsteraner Moulagensammlung stammen 54 Moulagen von Alfons Kröner aus der Breslauer Klinik, 32 von Otto Vogelbacher aus Freiburg im Breisgau. Sechs Moulagen sind von Elsbeth Stoiber angefertigt. Drei Moulagen stammen aus dem Lehrmittelbetrieb von »Marcus Sommer«, einer noch heute existenten Firma in Coburg. Weitere Moulagen haben Paul von der Forst (Hamburg) und Hugo Emanuel Becher (München) angefertigt. 24 Moulagen sind ohne Herstellerangabe. Die **Herstellungsdaten sind auf den wenigsten Moulagen ausgewiesen**. Auf einer Moulage findet sich auf der Rückseite die Angabe »VI.1950« (kein Hersteller, Epidermodysplasia verruciformis), die auf ein Datum hinweisen könnte. E. Stoiber hat zwei Moulagen mit Oktober 1953 (Morbus Brill-Symmers, Mykosis fungoides + Morbus Kaposi) datiert. Bei allen anderen Moulagen lassen die Lebens- und Wirkdaten der Hersteller lediglich eine ungefähre Einschätzung zu (Tab. 9.1).

Moulagen von Alfons Kröner

Alfons Kröner (unbek.–1937) war als zweiter Mouleur an der Dermatologischen Universitätsklinik in Breslau unter Albert Neisser tätig. Er schuf zwischen 1897 und 1937 etwa 2 700 Moulagen, die sich durch Verkauf und Schenkungen in Europa verteilten. In Breslau befinden sich noch 282 Stücke. Bis 1910 signierte er seine Moulagen mit weißer Farbe, danach brachte er ein Firmenschild mit der Aufschrift »Alfons Kröner, Atelier für me-

Tab. 9.1. Hersteller und Datierung der Münsteraner Moulagen

Mouleur	Anzahl der Moulagen	Herstellungsdatum
Alfons Kröner	54	Zwischen 1910 und 1937
Otto Vogelbacher	32	1935 / 36
Elsbeth Stoiber	6	1953
Marcus Sommer	3	Unbekannt
Hugo Emanuel Becher	2	Zwischen 1904 und 1926
Paul von der Forst	1	Unbekannt
Ohne Herstellerangabe	23	Unbekannt

Abb. 9.1. Firmenschild von A. Kröner

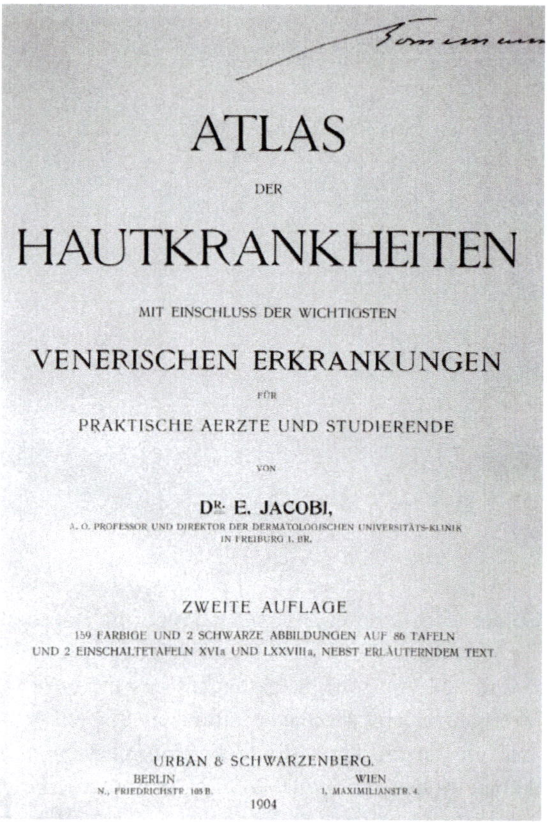
ATLAS

DER

HAUTKRANKHEITEN

MIT EINSCHLUSS DER WICHTIGSTEN

VENERISCHEN ERKRANKUNGEN

FÜR

PRAKTISCHE AERZTE UND STUDIERENDE

VON

DR. E. JACOBI,

A. O. PROFESSOR UND DIREKTOR DER DERMATOLOGISCHEN UNIVERSITÄTS-KLINIK IN FREIBURG I. BR.

ZWEITE AUFLAGE

159 FARBIGE UND 2 SCHWARZE ABBILDUNGEN AUF 86 TAFELN UND 2 EINSCHALTETAFELN XVIa UND LXXVIIIa, NEBST ERLÄUTERNDEM TEXT

URBAN & SCHWARZENBERG

BERLIN N., FRIEDRICHSTR. 105 B. WIEN I., MAXIMILIANSTR. 4

1904

Abb. 9.2. Impressum »Atlas der Hautkrankheiten« von E. Jacobi, 2. Auflage von 1904

dizinische Lehrmittel Breslau XVI« an (Schnalke 1995) (Abb. 9.1). Da Kröner oft kein reines Bienenwachs für seine Moulagen verwandte, vergilben diese schnell. Kröner stellte neben Originalen auch Duplikate her, die er jedoch nicht als solche kennzeichnete. In der Münsteraner Sammlung finden sich überwiegend Originale. Im Vergleich mit der Sammlung in Breslau sind 4 der dortigen Originalmoulagen als **Duplikate in der Münsteraner Sammlung** vorhanden:
- Nr. 1304 Original aus dem Jahr 1913,
- Nr. 1371 aus dem Jahr 1914,
- Nr. 1340 aus dem Jahr 1914,
- Nr. 1412 aus dem Jahr ca. 1914/1915.

Die Originale einiger Münsteraner Kröner-Moulagen finden sich als Abbildungen in dem »Atlas der Hautkrankheiten« von E. Jacobi, zweite Auflage von 1904 wieder (Jacobi 1904) (Abb. 9.2). Die Moulagen, die dort spiegelverkehrt abgebildet sind, zeigen:
- Varicellen (Tab. XXXV, No. 66) (Abb. 9.3).
- Scarlatina (Tab. XXXVII, No. 69) (Abb. 9.4),
- Anthrax (Tab. XXXVIII, No. 70) (Abb. 9.5).

Die Münsteraner Moulage »Varicellen« zeigt die gleiche Verteilung der Effloreszenzen, jedoch ein fortgeschritteneres Stadium. Der folgende Text ist der Moulage Varicellae in adulto, Tab. XXXV, No. 66 (Abb. 9.3) von E. Jacobi angemerkt: »Moulage der Neisserschen Klinik in Breslau (Kröner); 43 jähr. Patientin erkrankte vor 5 Tagen unter hohem Fieber und schweren Allgemeinerscheinungen. Dass es sich um Varicellen handelte, wurde dadurch erwiesen, dass der behandelnde Arzt an typischen Windpocken erkrankte.«

Der Diagnose Anthrax ist folgender Kommentar beigefügt: »Moulage der Neisserschen Klinik in Breslau (Kröner). Pat. (Schäfer), dessen Krankengeschichte in Arch. F. Dermatologie, Bd. LXII, Heft 2 und 3 von Dr. Herrmann publiziert ist, hatte sich vor 8 Tagen beim Sezieren einer verendeten Kuh an einem spitzen Knochen gerissen; die meisten Pusteln sind entsprechend dem Riss angeordnet. Starke Schwellungen der Achseldrüsen, Exitus 2 Tage später.«

Moulagen von Otto Vogelbacher

Otto Vogelbacher (1869–1943), gelernter Dekorationsmaler, produzierte ab 1905 Moulagen an der Freiburger Hautklinik (Abb. 9.6). Er wurde vermutlich von dem damaligen Klinikleiter Eduard

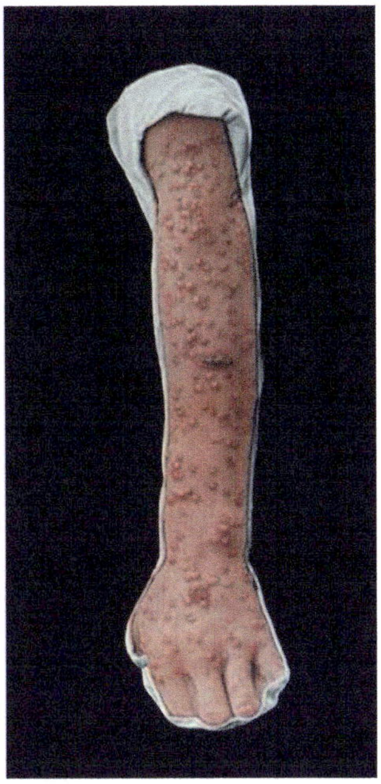

Abb. 9.3. »Varicellen« (Tab. XXXV, No. 66); Windpocken

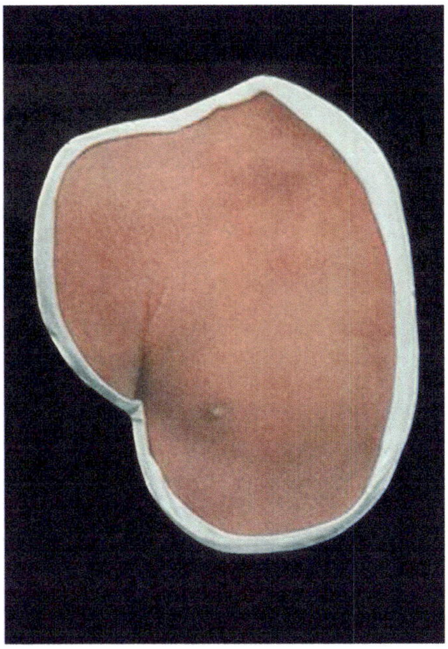

Abb. 9.4. »Scarlatina« (Tab. XXXVII, No. 69); Scharlach

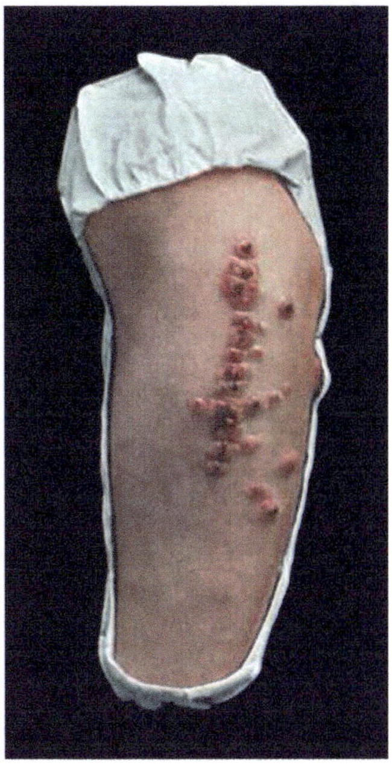

Abb. 9.5. »Anthrax« (Tab. XXXVIII, No. 70); Milzbrand

Abb. 9.6. Firmenschild von Otto Vogelbacher

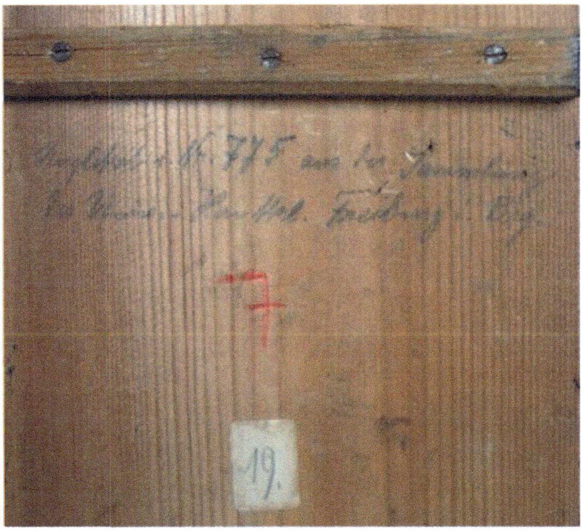

Abb. 9.7. Die Rückseite der Moulage »Lues nodosa« mit der Angabe »Duplikat v. Nr. 775 aus der Sammlung der Univ.-Hautkl. Freiburg i. Brg.«

Jacobi selbst angelernt. Vogelbacher erweiterte und archivierte die Freiburger Moulagensammlung, die im Jahr 1932 schon 1 000 Modelle umfasste. Trotz seiner Pensionierung 1935 stellte er noch bis 1936 Duplikate seiner Moulagen her. Insgesamt fertigte er 1 200 Moulagen an, ca. 600 sind noch in Freiburg vorhanden (Schnalke 1995).

Viele der von ihm gefertigen Moulagen der Münsteraner Sammlung tragen den Vermerk auf der Rückseite: »Duplikat von Nr. ... aus der Sammlung der Universitäts-Hautklinik Freiburg i. Brg.«. Vermutlich stammen diese aus der Serie von Duplikaten, die Vogelbacher 1935/36 vor allem für die Würzburger Hautklinik herstellte. Die angegebenen Inventarnummern sind in dem Katalog der Freiburger Moulagensammlung wiederzufinden (Barlag 1992) (Abb. 9.7). Die dazugehörigen Originalvorlagen sind zwischen 1903 und 1924 entstanden.

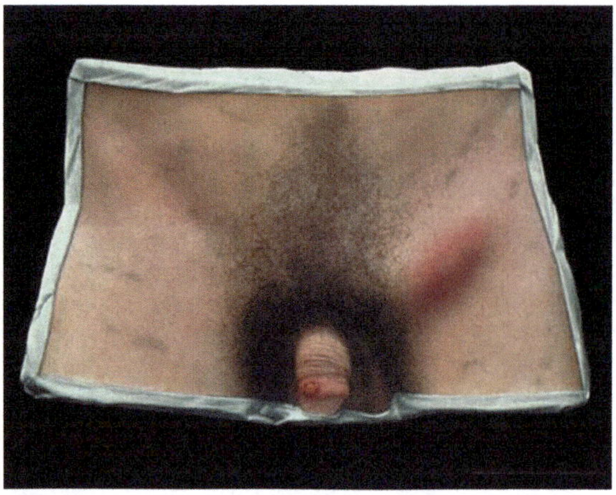

Abb. 9.8. Ulcus molle elevatum (Tab. LXXI, No. 129) aus dem Jacobi-Atlas. In der Münsteraner Sammlung findet sich eine identische Moulage. Die Moulagen im Atlas sind aufgrund der Reproduktionstechnik seitenverkehrt abgebildet

Abb. 9.9. Firmenschild von E. Stoiber 1953

Abb. 9.10. Beschriftung von E. Stoiber auf der Rückseite der von ihr gefertigten Moulagen: »Oktober 1953. Fall der UHK (Universitäts-Hautklinik) Münster/W.«

Interessanterweise erschien das Original der Moulage »Ulcus molle elevatum« (Tab. LXXI, No. 129) in der ersten Ausgabe des »Atlas der Hautkrankheiten« von Eduard Jacobi von 1903 (Abb. 9.8).

Als Hersteller des Originals ist Theodor Johnson, der Vorgänger Vogelbachers, benannt. 1935 wurde laut Freiburger Katalogtext diese Moulage von Vogelbacher restauriert und evtl. sogar zu dem Zeitpunkt dupliziert.

Moulagen von Elsbeth Stoiber

Elsbeth Stoiber (geboren 1924), die letzte Mouleuse von internationalem Ruf, stellte seit 1953 freiberuflich in Stuttgart, Madras und Bombay Moulagen für verschiedene Kliniken, u. a. im August bis Oktober 1953 für Münster her (Abb. 9.9 und Abb. 9.10). Ab 1956 war sie an der Zürcher Hautklinik tätig und produzierte dort die jüngsten Moulagen dieser Sammlung. Später katalogisierte und restaurierte sie dort die ca. 650 Moulagen umfassende Sammlung, die mittlerweile in einer ständigen Ausstellung zu besichtigen ist. Zusätzlich fertigte sie Epithesen an und verbesserte deren Herstellungstechnik. Seit Mai 1998 befindet sie sich im Ruhestand und betreut ihren berühmten Züricher Garten und ihr Naturschutzgebiet mit großem Kakteengarten auf Mallorca.

Moulagen von Marcus Sommer

Marcus Sommer (1845–1899) gründete 1876 im thüringischen Sonneberg eine Werkstatt für naturwissenschaftliche Lehrmittel («Somso«: Sommer, Sonneberg), die zunächst anatomische und zoologische Moulagen anbot. Sein Sohn, Fritz Sommer (1879–1934), erweiterte das Lehrmittelangebot nachfolgend um ca. 209 dermatologische Moulagen (Abb. 9.11). Diese wurden in Kooperation mit der Universitäts-Hautklinik Jena angefertigt und bis in die 50er Jahre angeboten. Die Familie führt die Firma »Somso« als Anbieter von medizinischen Lehrmitteln mittlerweile in der vierten Generation fort (Information der Firma »Somso«).

Moulagen von Hugo Emanuel Becher

Hugo Emanuel Becher (1871–1942) wurde in Leipzig geboren und kam 1904 nach München. Dort war er bis mindestens 1926 als akademischer Bildhauer tätig und stellte für die Universitäts-Hautklinik München Moulagen her (Information des Stadtarchiv München, Aktenzeichen 32/8952000).

Moulagen von Paul von der Forst

Über Paul von der Forst, Hamburg, liegen keine Informationen vor, vermutlich handelt es sich um

Abb. 9.11. Firmenschild von Markus Sommer

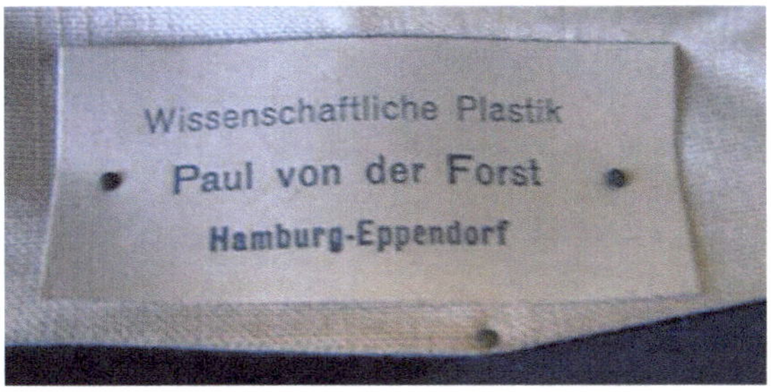

Abb. 9.12. Firmenschild von Paul van der Forst

einen selbständigen Lehrmittel-Hersteller, da er in keinem Universitätsverzeichnis aufzufinden war (Abb. 9.12).

Nummerierungssystem der Münsteraner Moulagensammlung

Beachtet man das Nummerierungssystem der Moulagen auf der Vorder- und Rückseite, lässt sich interessanterweise feststellen, dass die Münsteraner Moulagen mindestens 3-mal verschieden sortiert und beziffert wurden und damit evtl. drei verschiedenen Sammlern zuzuordnen sind (Abb. 9.13).

Die erste, vermutlich älteste Nummerierung umfasst bis auf eine alle Moulagen von Otto Vogelbacher. Auf der Rückseite findet sich eine Nummer, die in schwarzer Tinte (gelegentlich in Bleistift)

Abb. 9.13. Schild der Universitäts-Hautklinik Münster. Einige Moulagen tragen in der oberen rechten Ecke ein metallenes Schild der Universitäts-Hautklinik Münster, jedoch ohne eingestanzte Nummer

auf einem weißen Aufkleber geschrieben ist. Diese Nummern lassen sich von 1–58 nachverfolgen mit einzelnen fehlenden Ziffern. Interessant ist, dass auf zwei dieser in dieses Nummernsystem eingereihten Moulagen die Herstellerangabe fehlt. Diese beiden Moulagen sind möglicherweise auch Vogelbacher zuzuschreiben. Das Brett, welches auf der Rückseite die Nummer 53 trägt, wurde von E. Stoiber nach Entfernung der alten, zerstörten Moulage 1953 für eine neue, von ihr gefertigten Moulage verwendet (E. Stoiber, persönliche Mitteilung).

Die meisten der Nummern auf den weißen Aufkleber sind mit einem roten Buntstift durchgestrichen. Neben dem Aufkleber findet sich eine andere Nummer, die in dem gleichen roten Buntstift geschrieben wurde (Abb. 9.7). Es liegt nahe zu vermuten, dass hier eine ältere Sammlung aufgelöst wurde und in eine neue Sammlung mit neuer Nummerierung eingegliedert wurde. Die in rot geschriebenen Nummern beginnen bei 1 und enden bei 48, wobei nicht jede Zahl vergeben ist. Unter den Herstellern finden sich neben Werken von Vogelbacher Moulagen von Sommer und Becher (die keinen vorherigen weißen Aufkleber tragen). Wie bei dem vorherigen System auch, folgt das Nummernsystem keiner Diagnosesystematik. Vermutlich ist hierin die Chronologie der Moulagensammlung zu sehen.

Sämtliche Moulagen von Kröner tragen eine Produktionsnummer, die zumeist vierstellig ist, und vermutlich ein von ihm selbst angebrachtes Nummerierungssystem darstellt. Die Nummer ist sowohl in der linken oberen Ecke auf einem bedruckten Schild als auch mit Buntstift oder Bleistift auf der Rückseite angegeben. Zusätzlich findet sich auf fast allen Kröner-Wachsmodellen eine ein-

oder zweistellige Nummer in der linken unteren Ecke, die sich von 1–57 verfolgen lässt. Die Zahl ist auf ein mit einer Heftzwecke angebrachtes Schild aufgedruckt. Dieses Nummerierungssystem ist vermutlich das Jüngste aufgrund des fortschrittlichen Druckverfahrens. Die Moulage von Paul von der Forst trägt ebenfalls ein bedrucktes Schild mit der Nummer 61, vermutlich die letzte Nummer in diesem System.

Bis heute bleibt es jedoch Spekulation, durch welchen Direktor die einzelnen Teile der Sammlung an die Hautklinik gebracht wurden. Diese Informationen sind in den letzten 50 Jahren verloren gegangen. Es bleibt zu hoffen, dass dieses Buch einen Beitrag zur Erhaltung des Wissens über die Moulagen leisten kann.

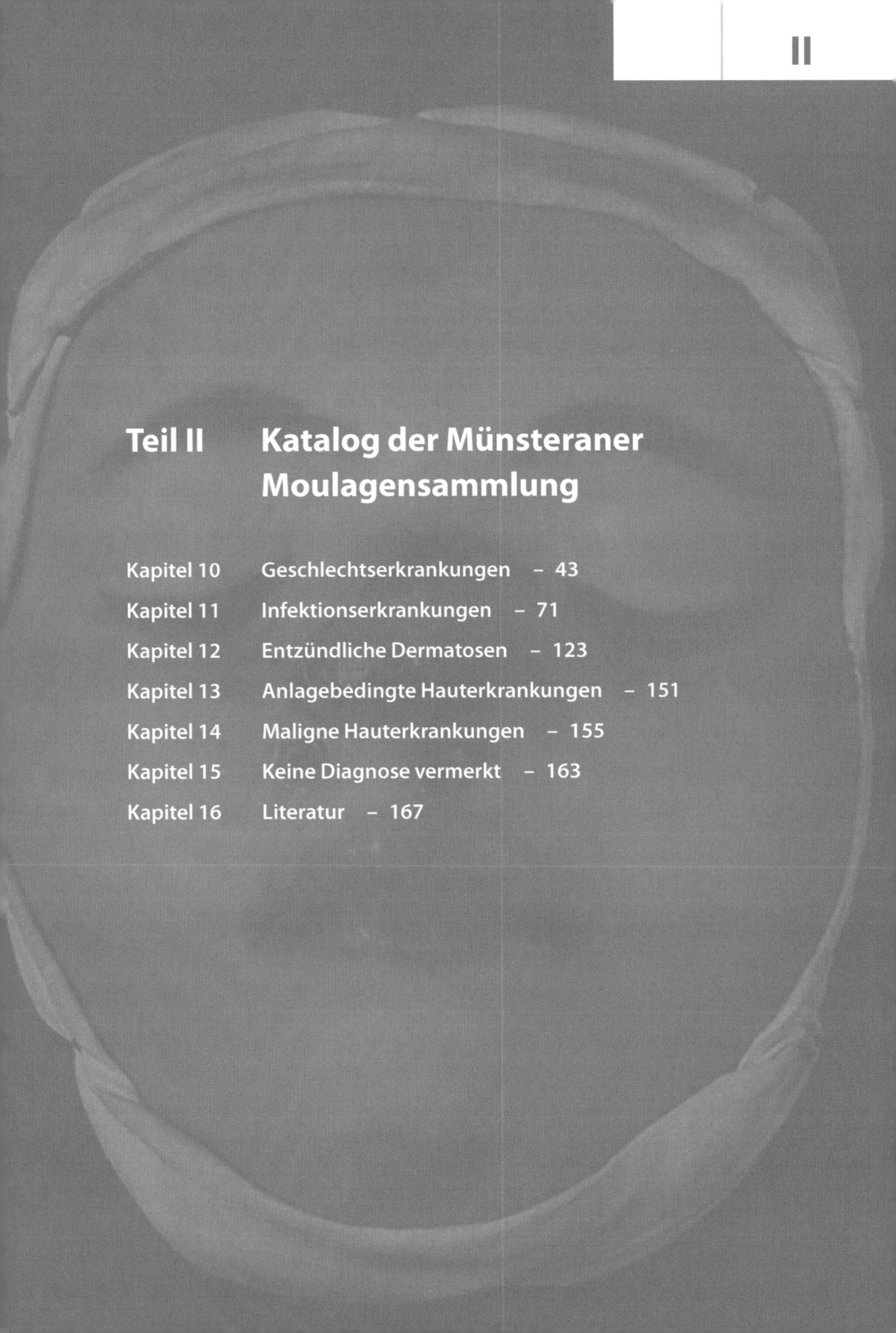

Teil II Katalog der Münsteraner Moulagensammlung

Geschlechtserkrankungen

10.1 Syphilis

Frühsyphilis

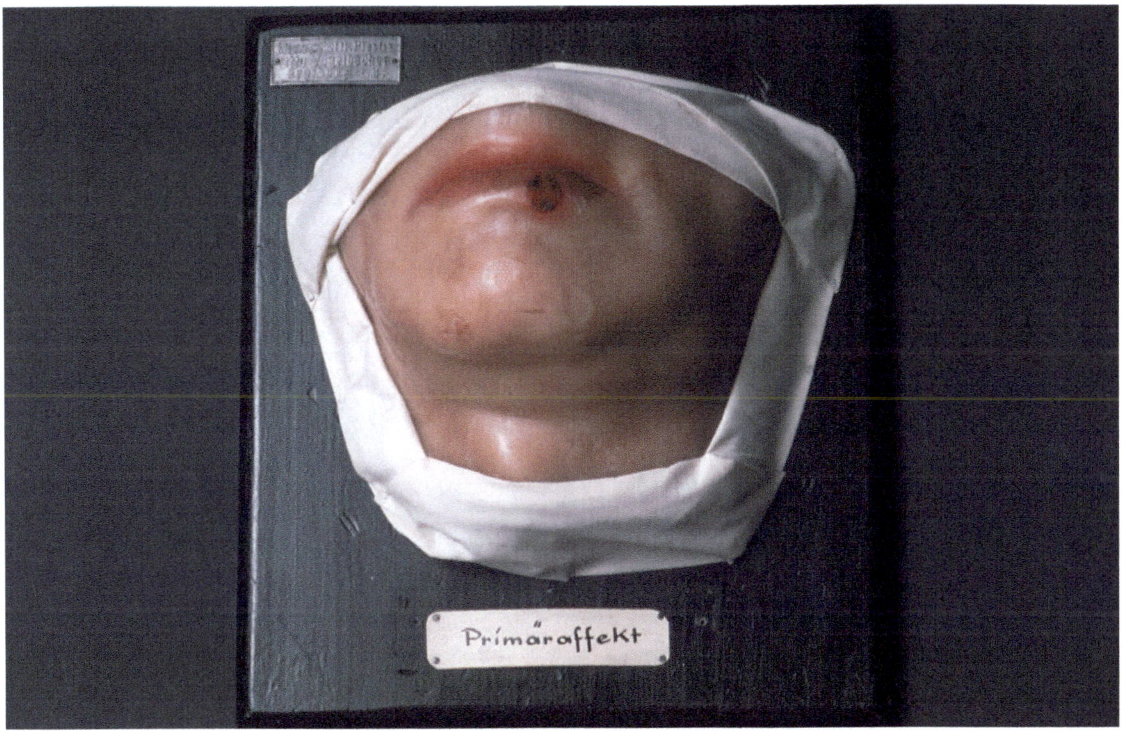

Abb. 10.1. Primäraffekt
Hersteller, Datum: Otto Vogelbacher, 1935/36
Größe des schwarzen Bretts: 19 (Breite) x 22 (Höhe) cm
Rückseite: schwarz bemalt
Bemerkung: Duplikat v. Nr. 687 aus der Sammlung der Univ.-Hautkl. Freiburg i. Brg.
Nummer: 33 (in rotem Buntstift)

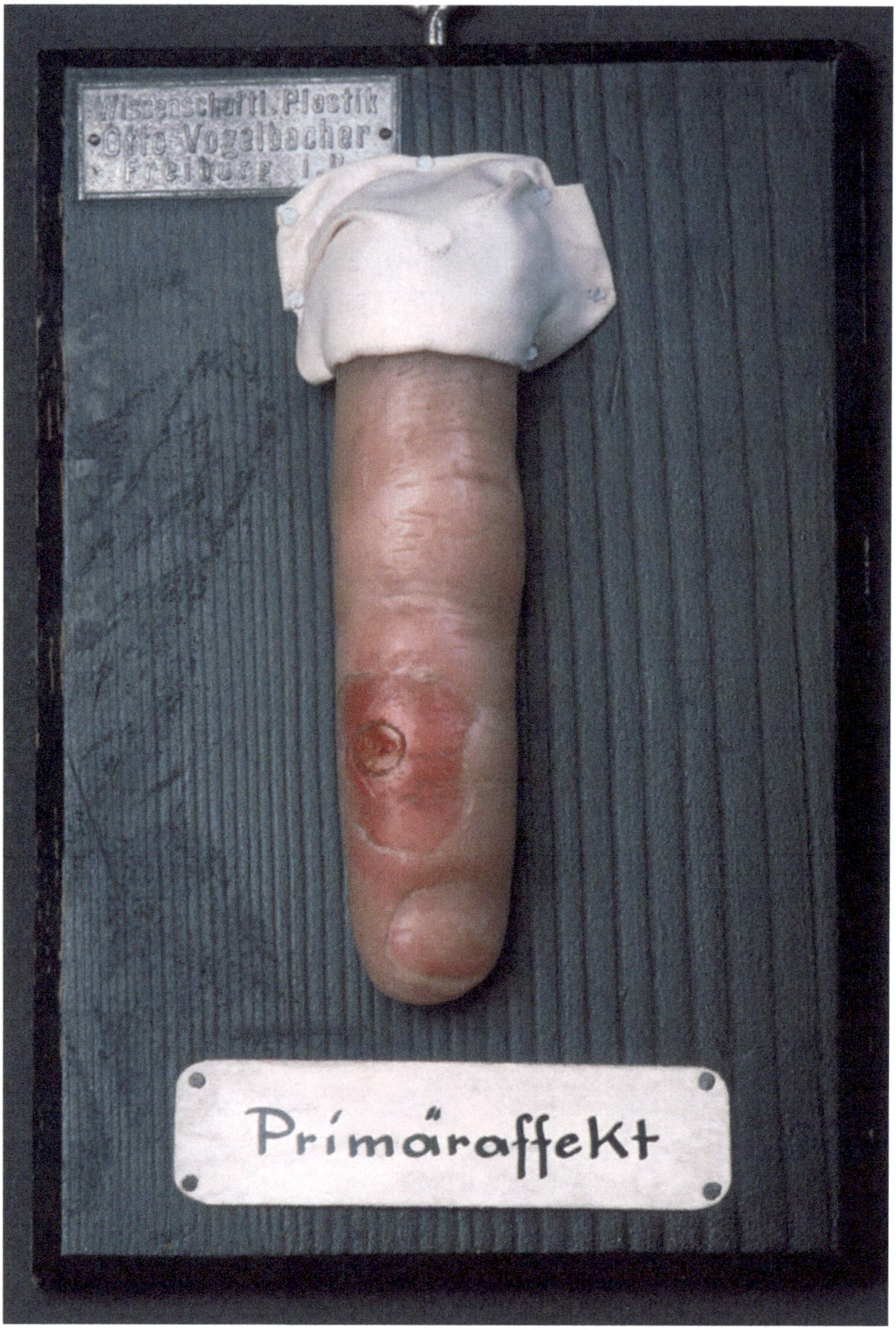

Abb. 10.2. Primäraffekt
Hersteller, Datum: Otto Vogelbacher, 1935/36
Größe: 9,5 x 15 cm
Rückseite: unbemalt
Bemerkung: Duplikat v. Nr. 765 aus der Sammlung der Univ.-Hautkl. Freiburg i. Brg.
Nummer: 9 (schwarze Tinte auf weißem Aufkleber), 21 (in rotem Buntstift)

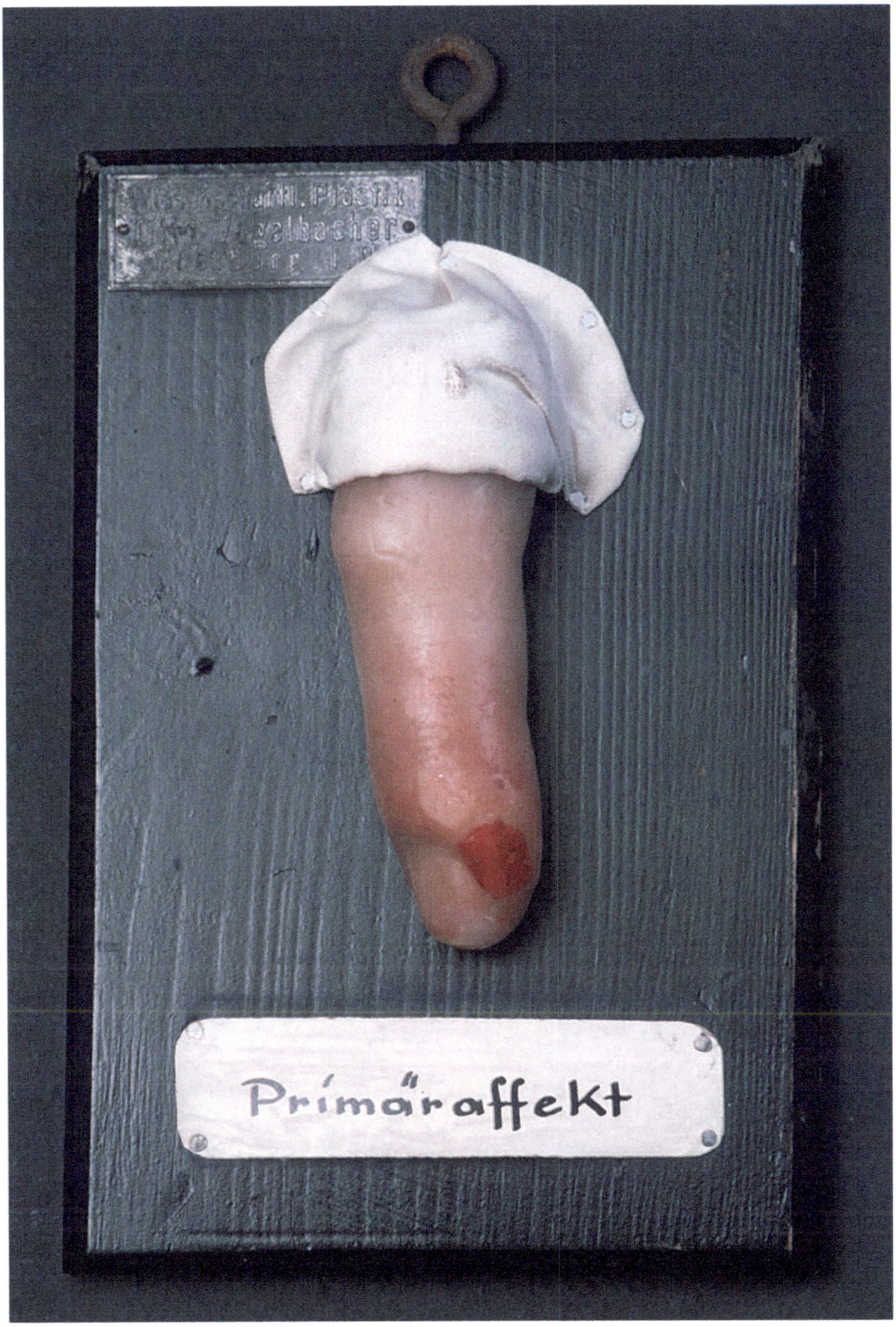

Abb. 10.3. Primäraffekt
Hersteller, Datum: Otto Vogelbacher, 1935/36
Größe: 9 x 14 cm
Rückseite: unbemalt
Bemerkung: Duplikat v. Nr. 783 aus der Sammlung der Univ.-Hautkl. Freiburg i. Brg.
Nummer: 2 (schwarze Tinte auf weißem Aufkleber), 45 (in rotem Buntstift)

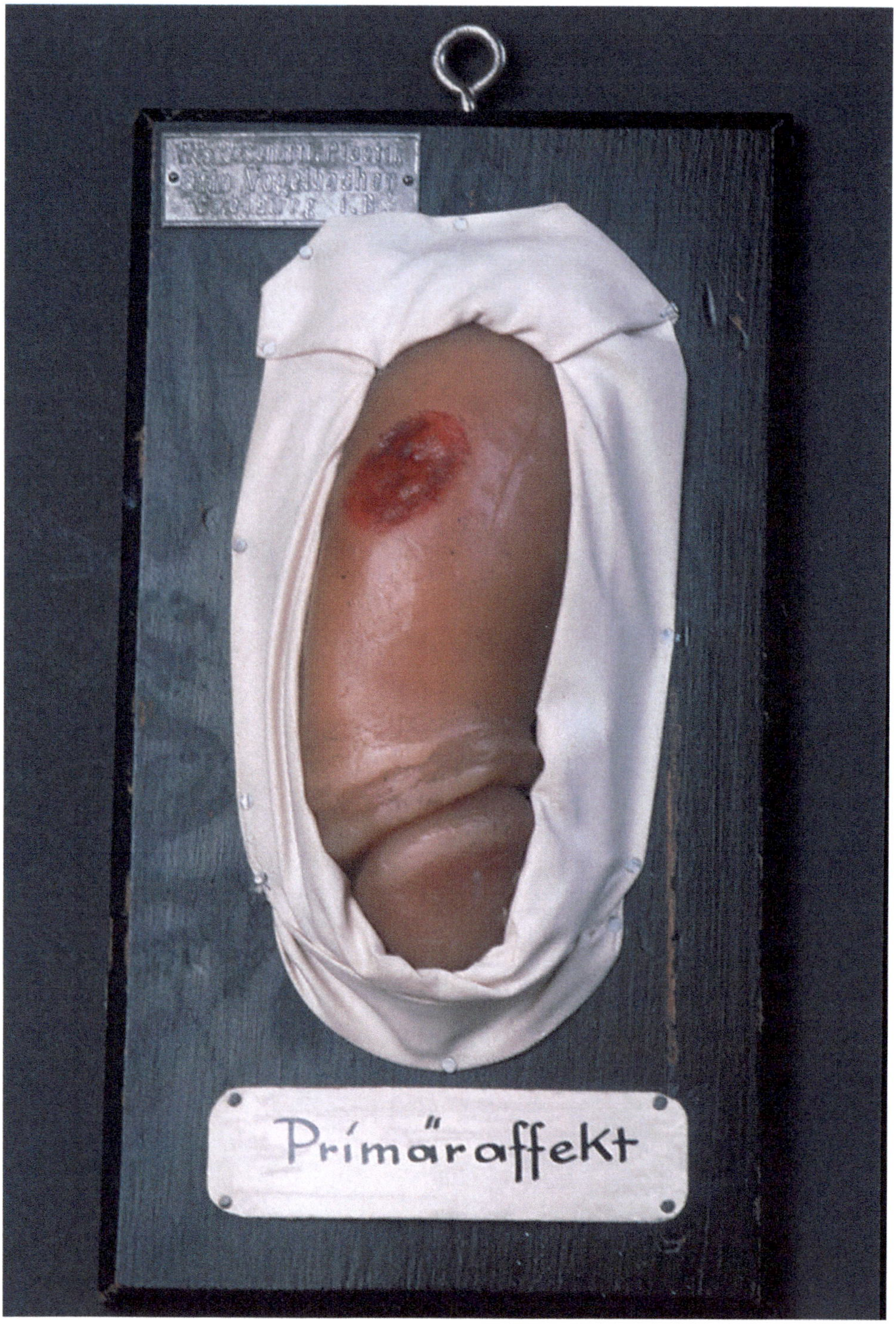

Abb. 10.4. Primäraffekt
Hersteller, Datum: Otto Vogelbacher, 1935/36
Größe: 9,5 x 19 cm
Rückseite: unbemalt
Bemerkung: Duplikat v. Nr. 735 aus der Sammlung der Univ.-Hautkl. Freiburg i. Brg.
Nummer: 1 (schwarze Tinte auf weißem Aufkleber), 16 (in rotem Buntstift)

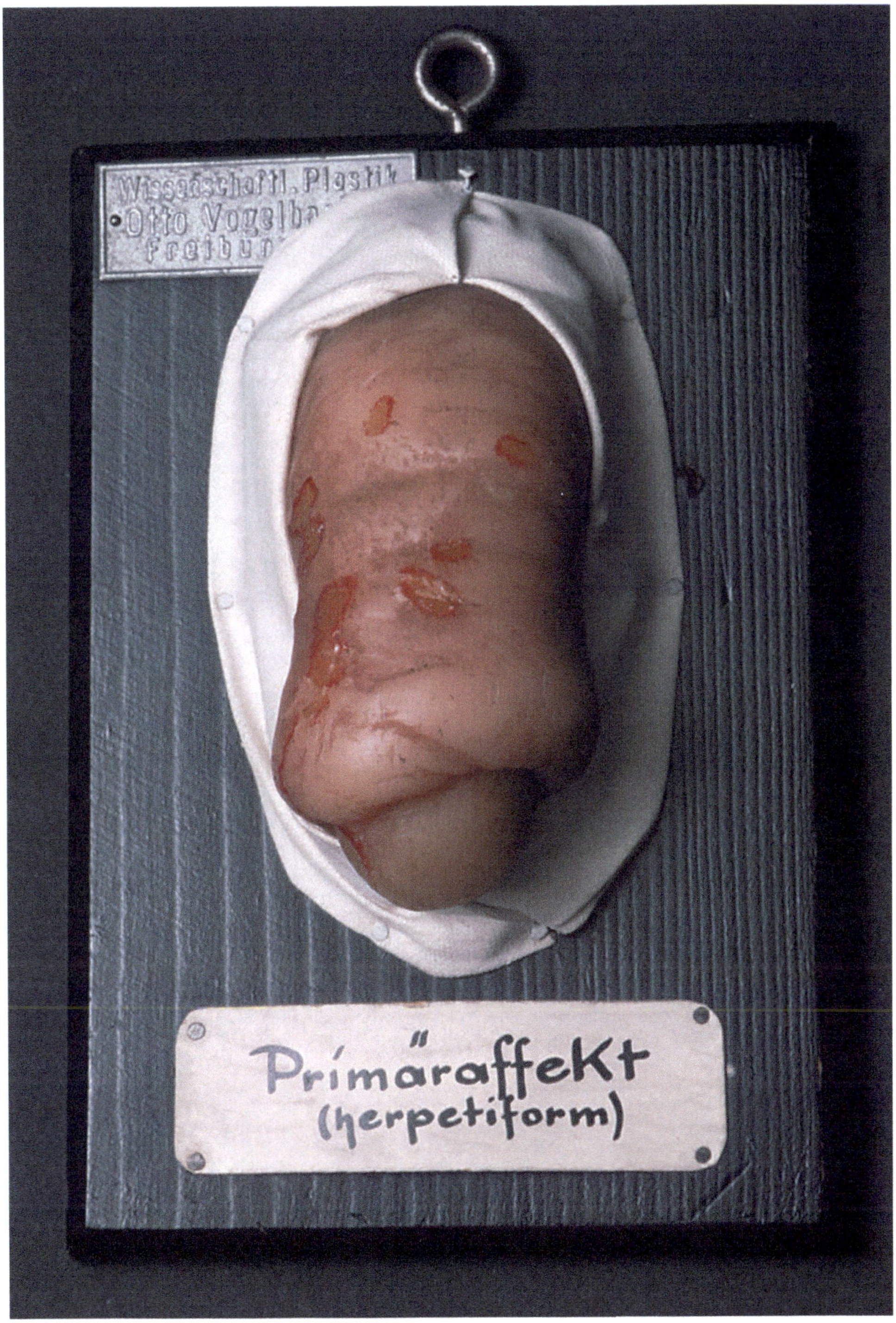

Abb. 10.5. Primäraffekt (herpetiform)
Hersteller, Datum: Otto Vogelbacher, 1935/36
Größe: 9,5 x 14 cm
Rückseite: unbemalt
Bemerkung: Duplikat v. Nr. 713 aus der Sammlung der Univ.-Hautkl. Freiburg i. B.
Nummer: 5 (schwarze Tinte auf weißem Aufkleber), 10 (in rotem Buntstift)

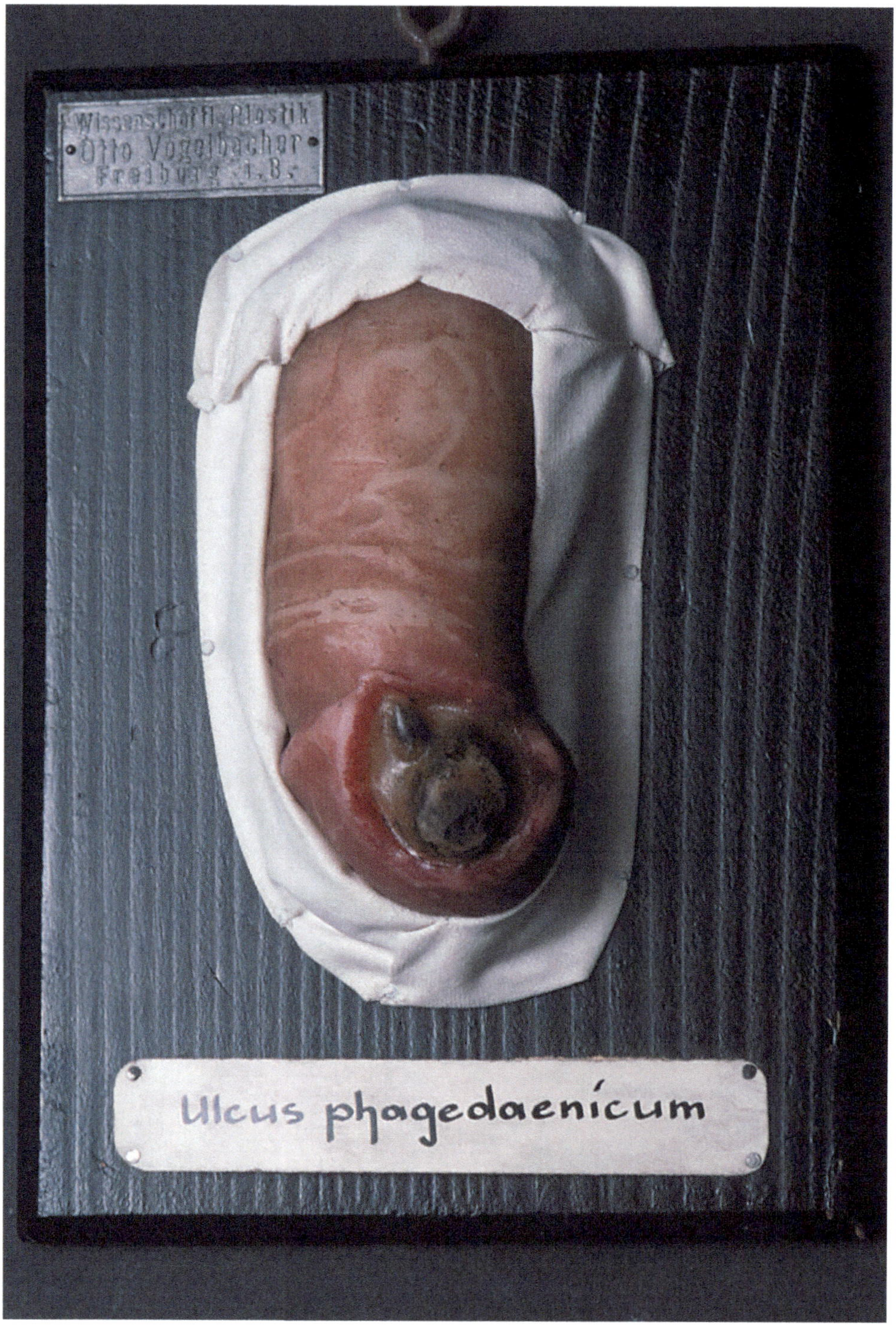

Abb. 10.6. Ulcus phagedaenicum
Hersteller, Datum: Otto Vogelbacher, 1935/36
Größe: 12 x 17 cm
Rückseite unbemalt
Bemerkung: Duplikat v. Nr. 491 aus der Sammlung der Univ.-Hautkl. Freiburg i. Brg.
Nummer: 8 (schwarze Tinte auf weißem Aufkleber), 32 (in rotem Buntstift)

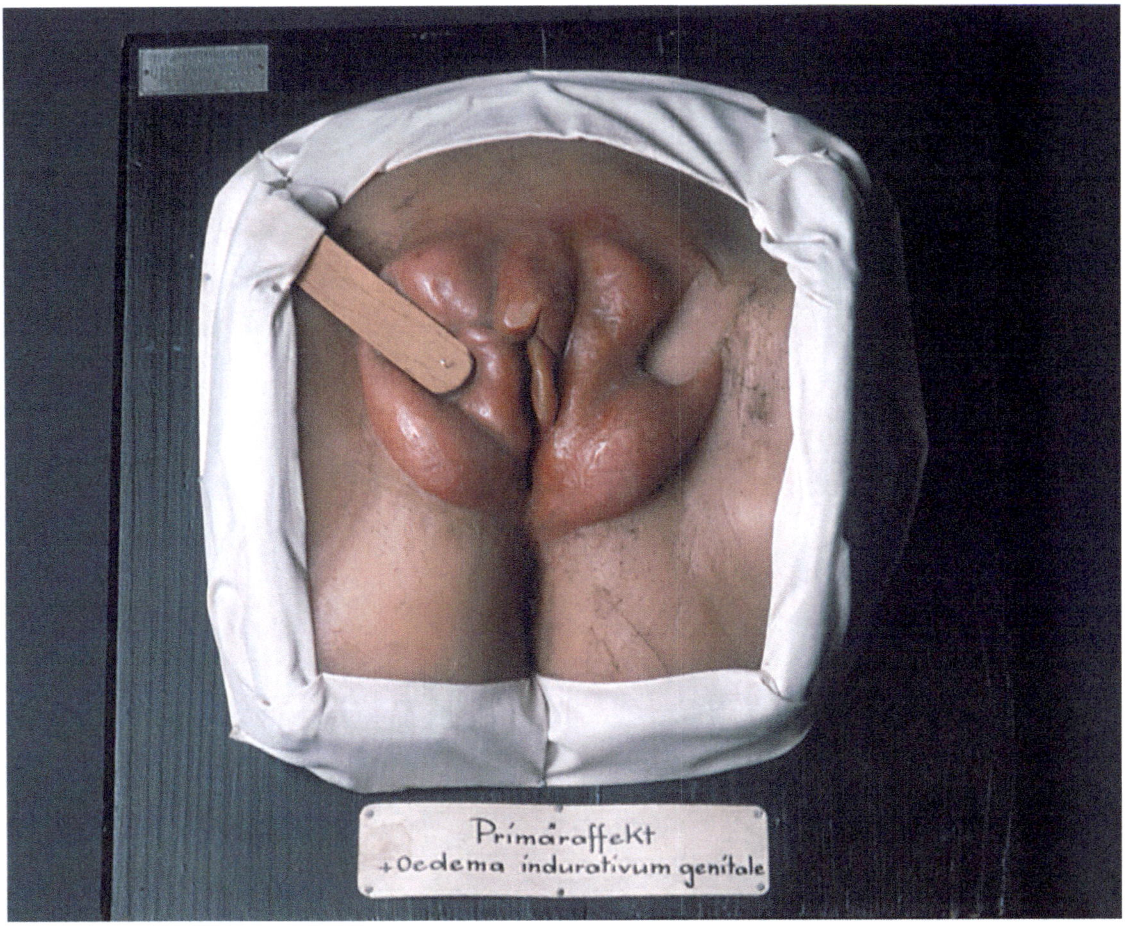

Abb. 10.7. Primäraffekt + Oedema indurativum genitale
Hersteller, Datum: Otto Vogelbacher, 1935/36
Größe: 26,5 x 28 cm
Rückseite: unbemalt
Bemerkung: Duplikat v. Nr. 729 aus der Sammlung der Univ.-Hautkl. Freiburg i. Brg.
Nummer: 10 (schwarze Tinte auf weißem Aufkleber), 17 (in rotem Buntstift)

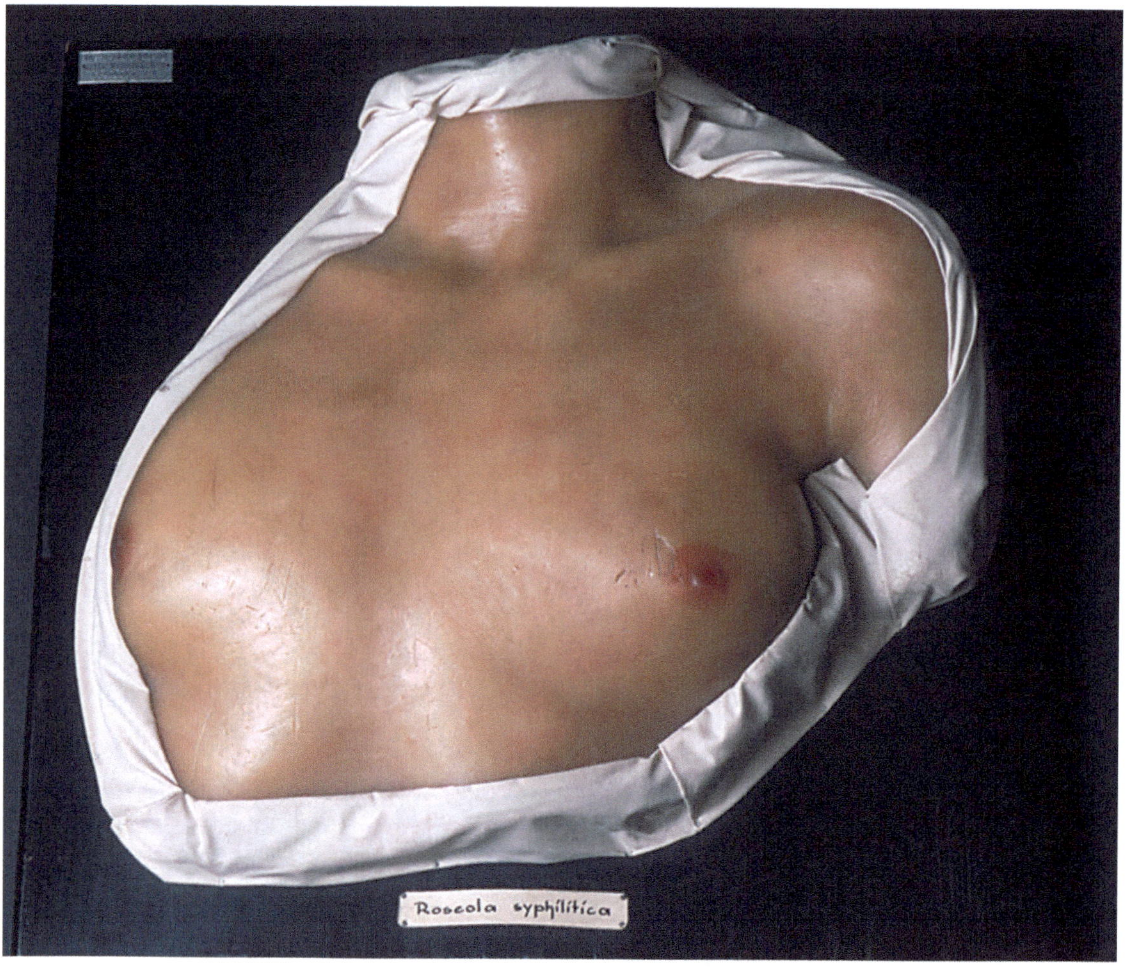

Abb. 10.8. Roseola syphilitica
Hersteller, Datum: Otto Vogelbacher, 1935/36
Größe: 40 x 40,5 cm
Rückseite: unbemalt
Bemerkung: Duplikat v. Nr. 475 aus der Sammlung der Univ.-Hautkl. Freiburg i. Brg.
Nummer: 11 (Bleistift auf weißem Aufkleber), 47 (in rotem Buntstift)

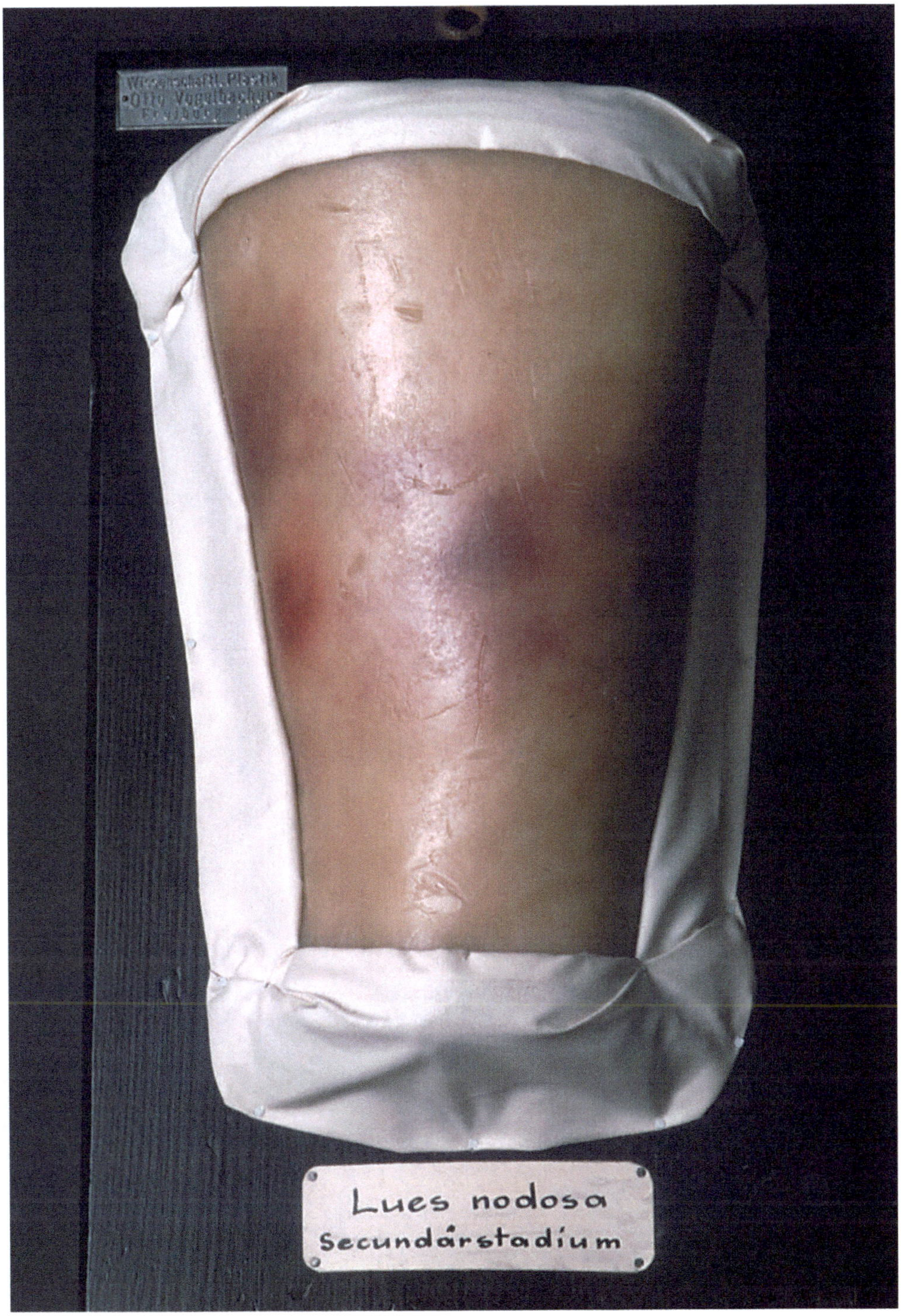

Abb. 10.9. Lues nodosa – Secundärstadium
Hersteller, Datum: Otto Vogelbacher, 1935/36
Größe: 17 x 30 cm
Rückseite: unbemalt
Bemerkung: Duplikat v. Nr. 775 aus der Sammlung der Univ.-Hautkl. Freiburg i. Brg.
Nummer: 19 (schwarze Tinte auf weißem Aufkleber), 7 (in rotem Buntstift)

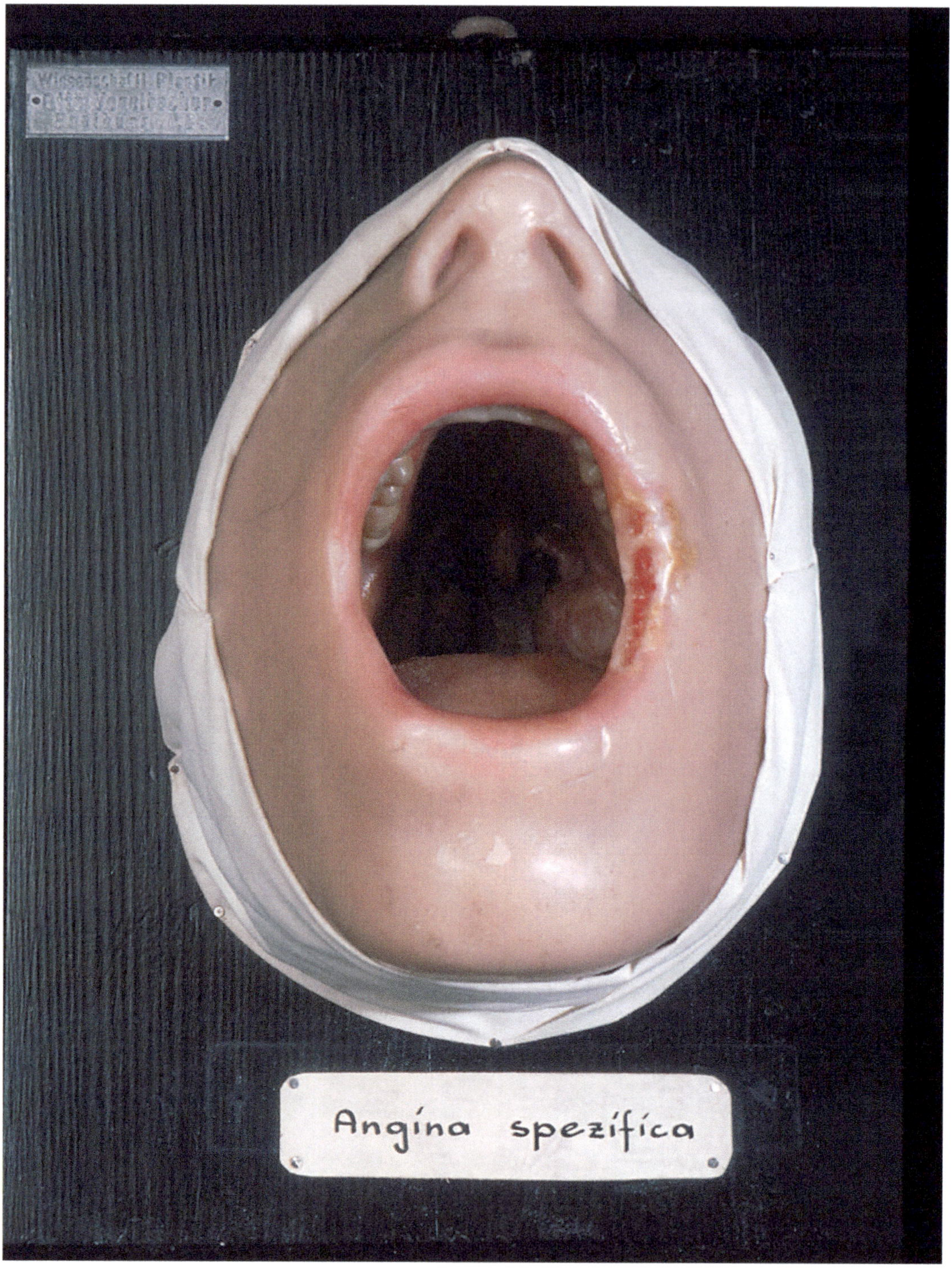

Abb. 10.10. Angina spezifica
Hersteller, Datum: Otto Vogelbacher, 1935/36
Größe: 20 x 24 cm
Rückseite: unbemalt
Bemerkung: Duplikat v. Nr. 730 aus der Sammlung der Univ.-Hautkl. Freiburg i. Brg.
Nummer: 32 (schwarze Tinte auf weißem Aufkleber, durchgestrichen), 36 (in rotem Buntstift)

Spätsyphilis

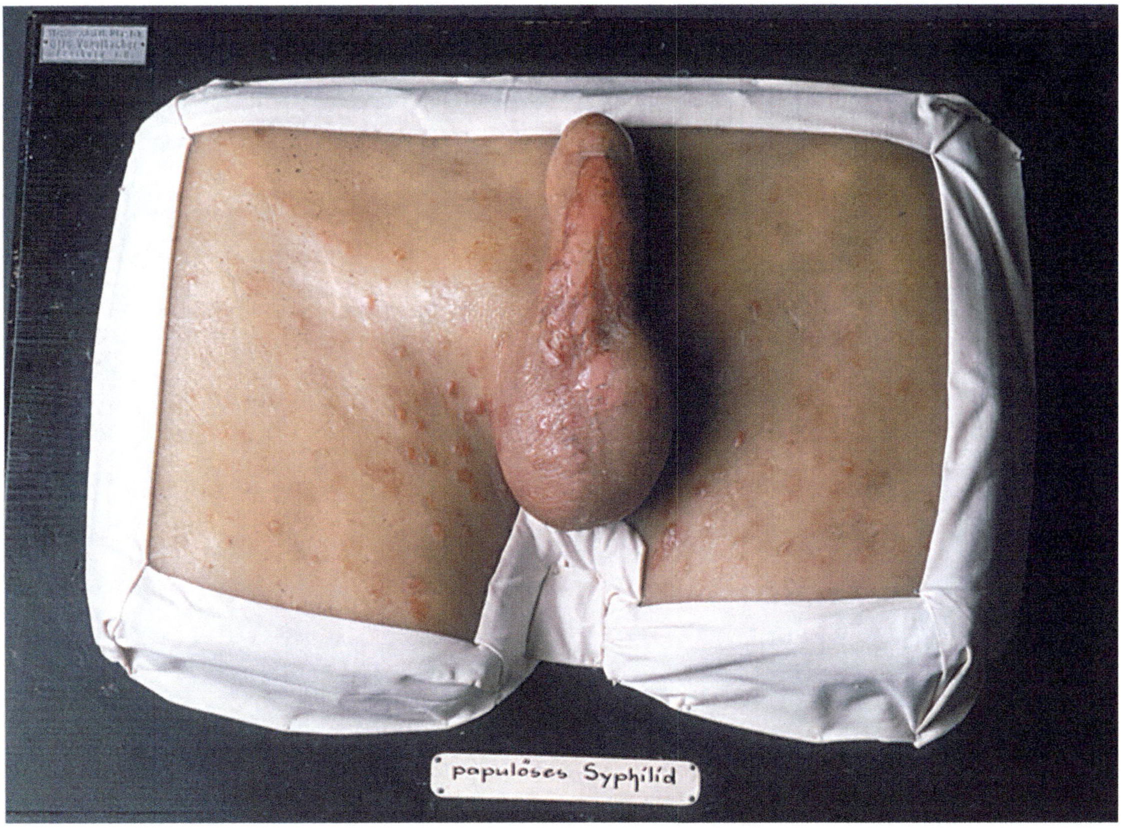

Abb. 10.11. Papulöses Syphilid
Hersteller, Datum: Otto Vogelbacher, 1935/36
Größe: 40 x 31,5 cm
Rückseite: unbemalt
Bemerkung: Duplikat v. Nr. 486 aus der Sammlung der Univ.-Hautklinik Freiburg i. Brg.
Nummer: 19 (Bleistift auf weißem Aufkleber), 39 (in rotem Buntstift)

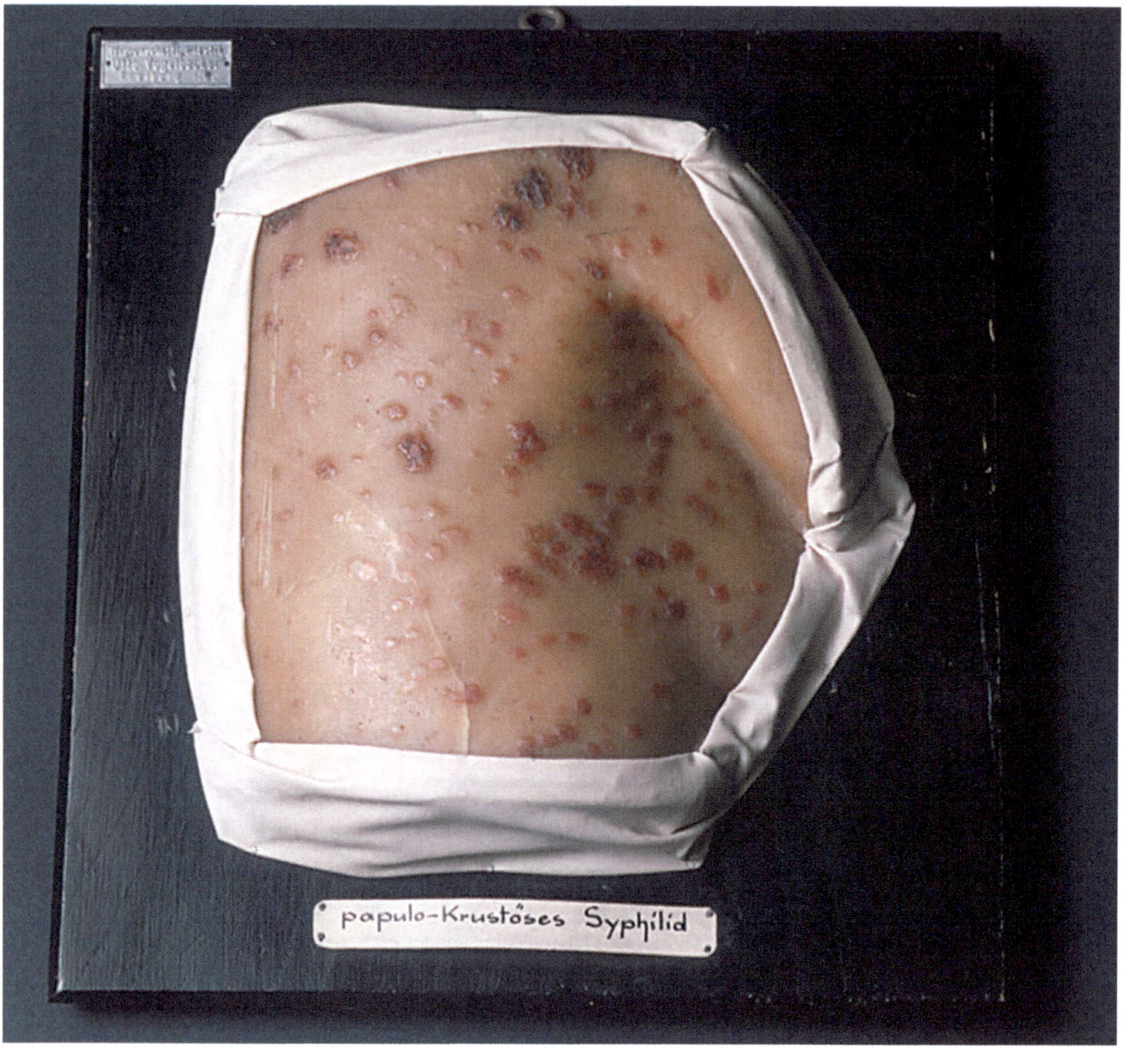

Abb. 10.12. Papulo-krustöses Syphilid
Hersteller, Datum: Otto Vogelbacher, 1935/36
Größe: 27 x 29,5 cm
Rückseite: unbemalt
Bemerkung: Duplikat v. Nr. 456 aus der Sammlung der Univ.-Hautkl. Freiburg i. Brg.
Nummer: 20 (schwarze Tinte auf weißem Aufkleber, durchgestrichen), 25 (in rotem Buntstift)

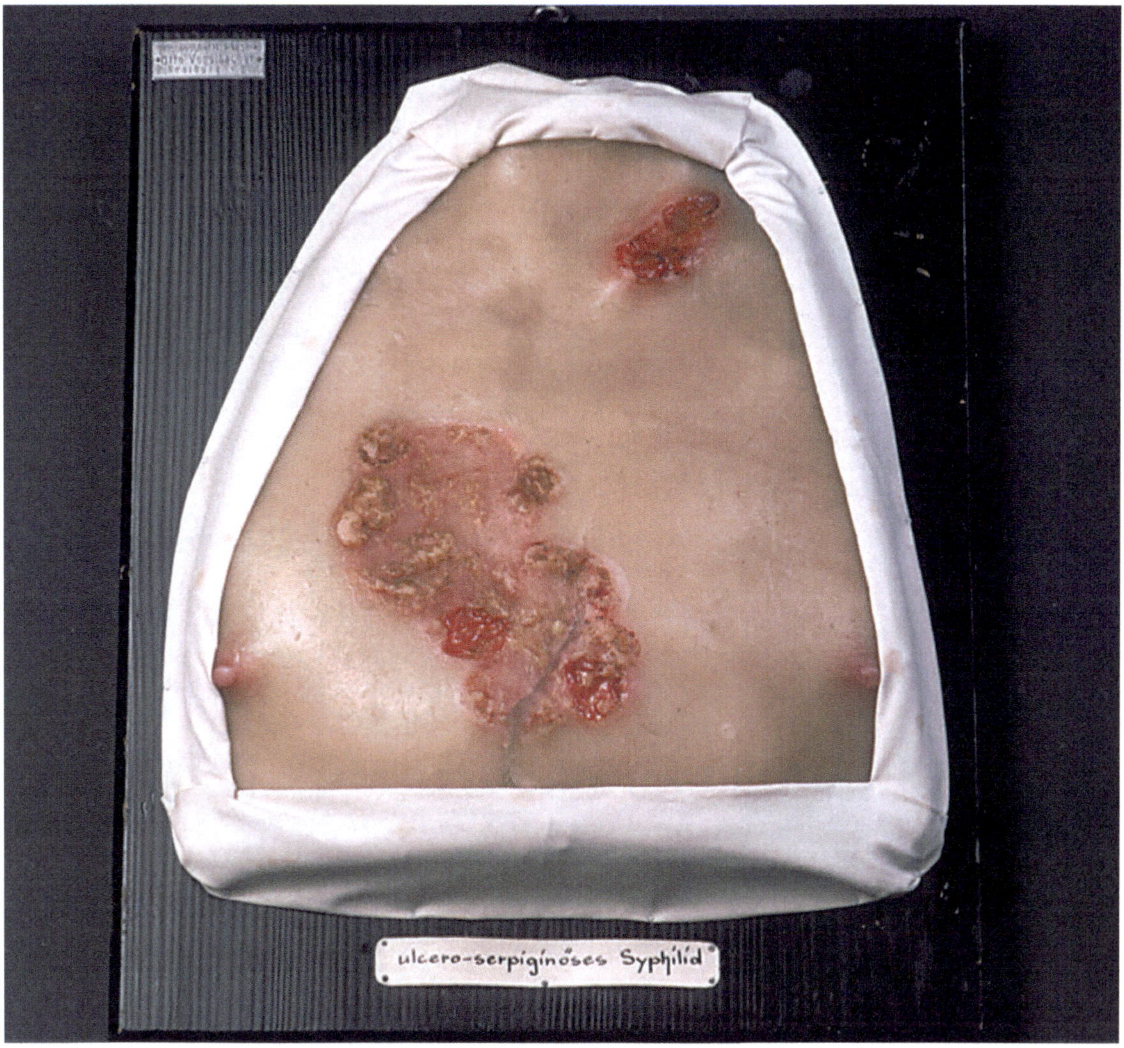

Abb. 10.13. Ulcero-serpiginöses Syphilid
Hersteller, Datum: Otto Vogelbacher, 1935/36
Größe: 29,5 x 37 cm
Rückseite: unbemalt
Bemerkung: Duplikat v. Nr. 428 aus der Sammlung der Univ.-Hautklinik Freiburg i. Brg.
Nummer: 23 (schwarze Tinte auf weißem Aufkleber, durchgestrichen), 30 (in rotem Buntstift)

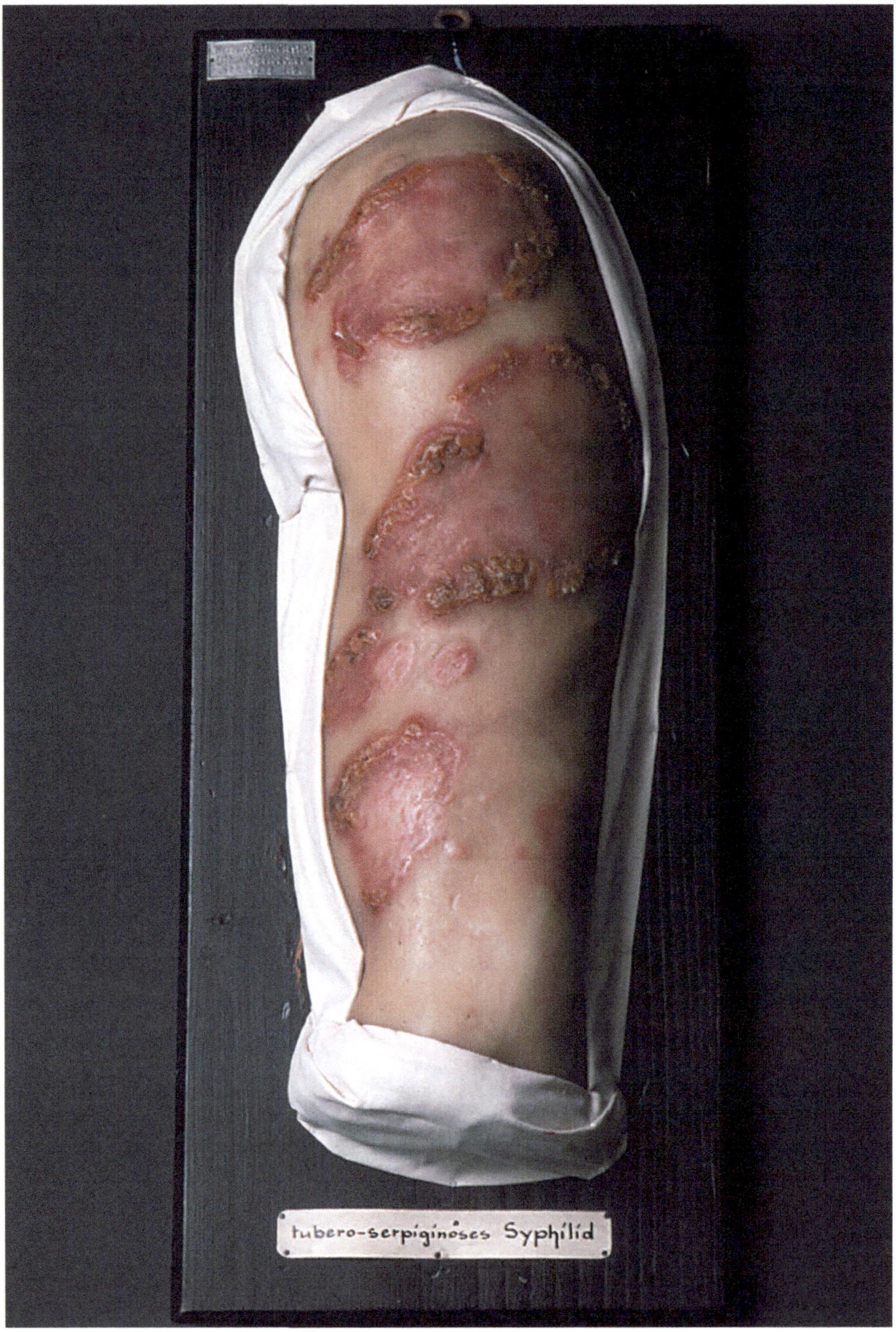

Abb. 10.14. Tubero-serpiginöses Syphilid
Hersteller, Datum: Otto Vogelbacher, 1935/36
Größe: 19 x 46,5 cm
Rückseite: unbemalt
Bemerkung: Duplikat v. Nr. 430 aus der Sammlung der Univ.-Hautkl. Freiburg i. Brg.
Nummer: 22 (schwarze Tinte auf weißem Aufkleber), 27 (in rotem Buntstift)

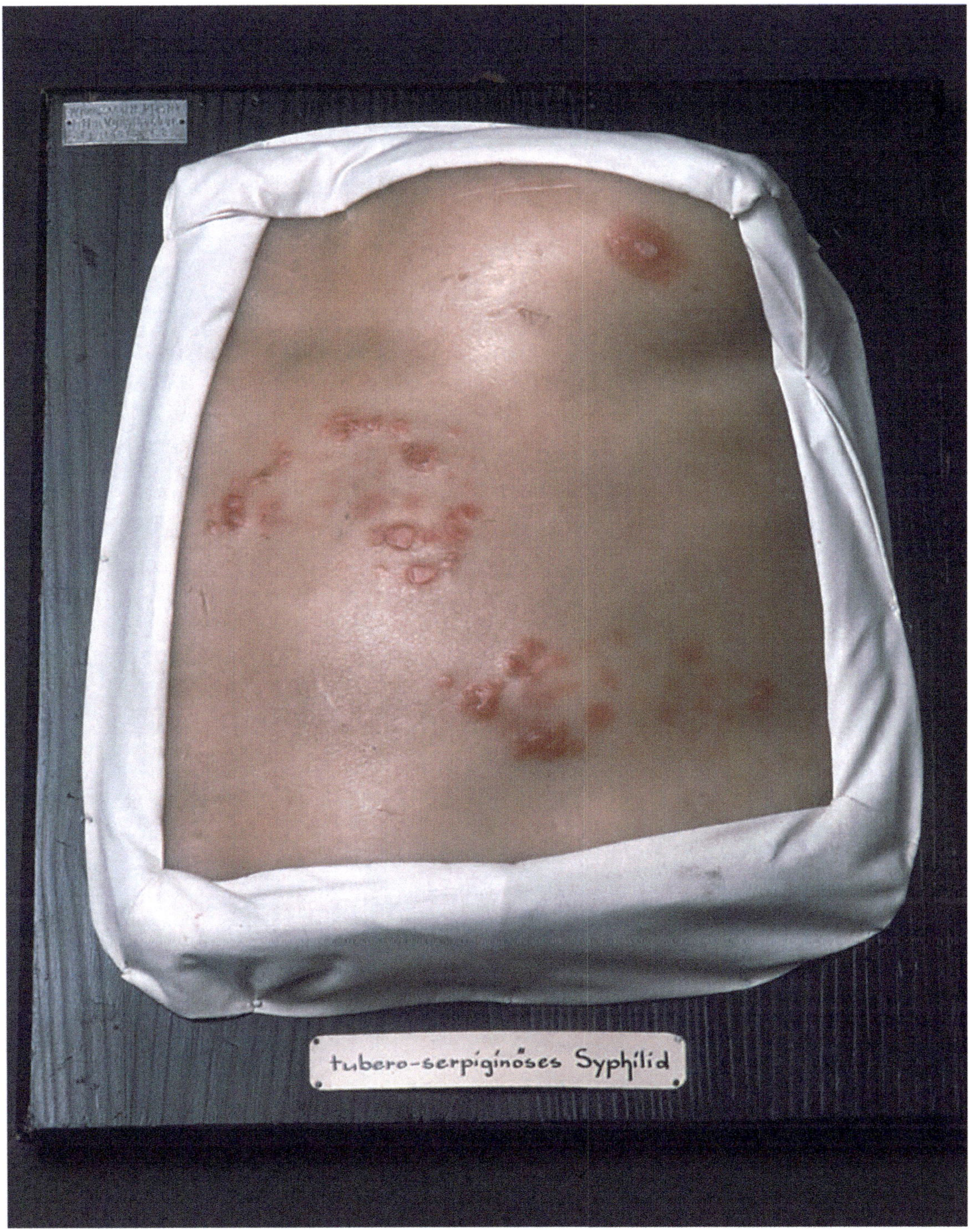

Abb. 10.15. Tubero-serpiginöses Syphilid
Hersteller, Datum: Otto Vogelbacher, 1935/36
Größe: 28,5 x 34 cm
Rückseite: unbemalt
Bemerkung: Duplikat v. Nr. 443 aus der Sammlung der Univ.-Hautkl. Freiburg i. Brg.
Nummer: 29 (schwarze Tinte auf weißem Aufkleber)

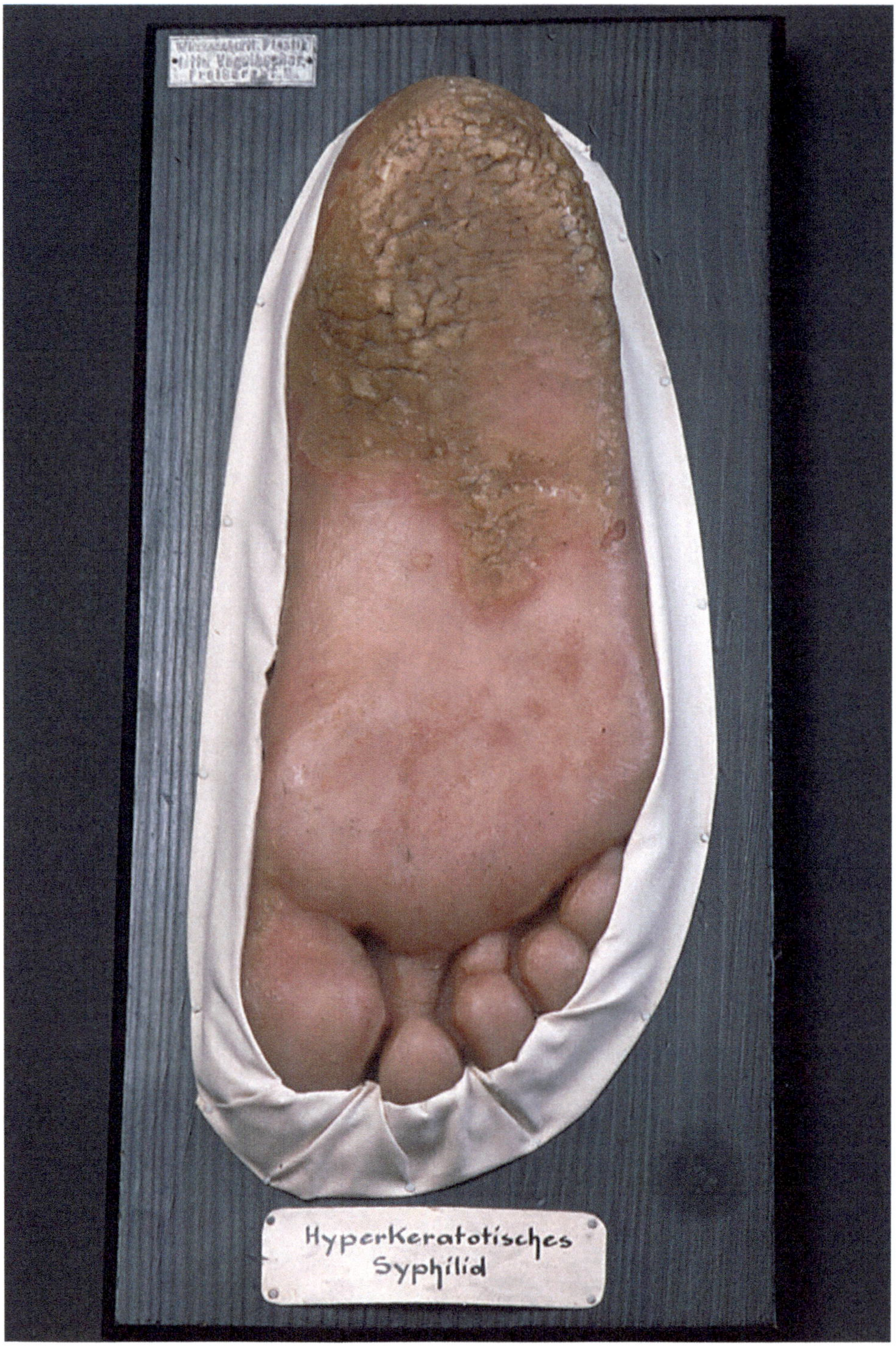

Abb. 10.16. Hyperkeratotisches Syphilid
Hersteller, Datum: Otto Vogelbacher, 1935/36
Größe: 16,5 x 35 cm
Rückseite: unbemalt
Bemerkung: Duplikat v. Nr. 459 aus der Sammlung der Univ.-Hautkl. Freiburg i. Brg.
Nummer: 14 (schwarze Tinte auf weißem Aufkleber), 41 (in rotem Buntstift)

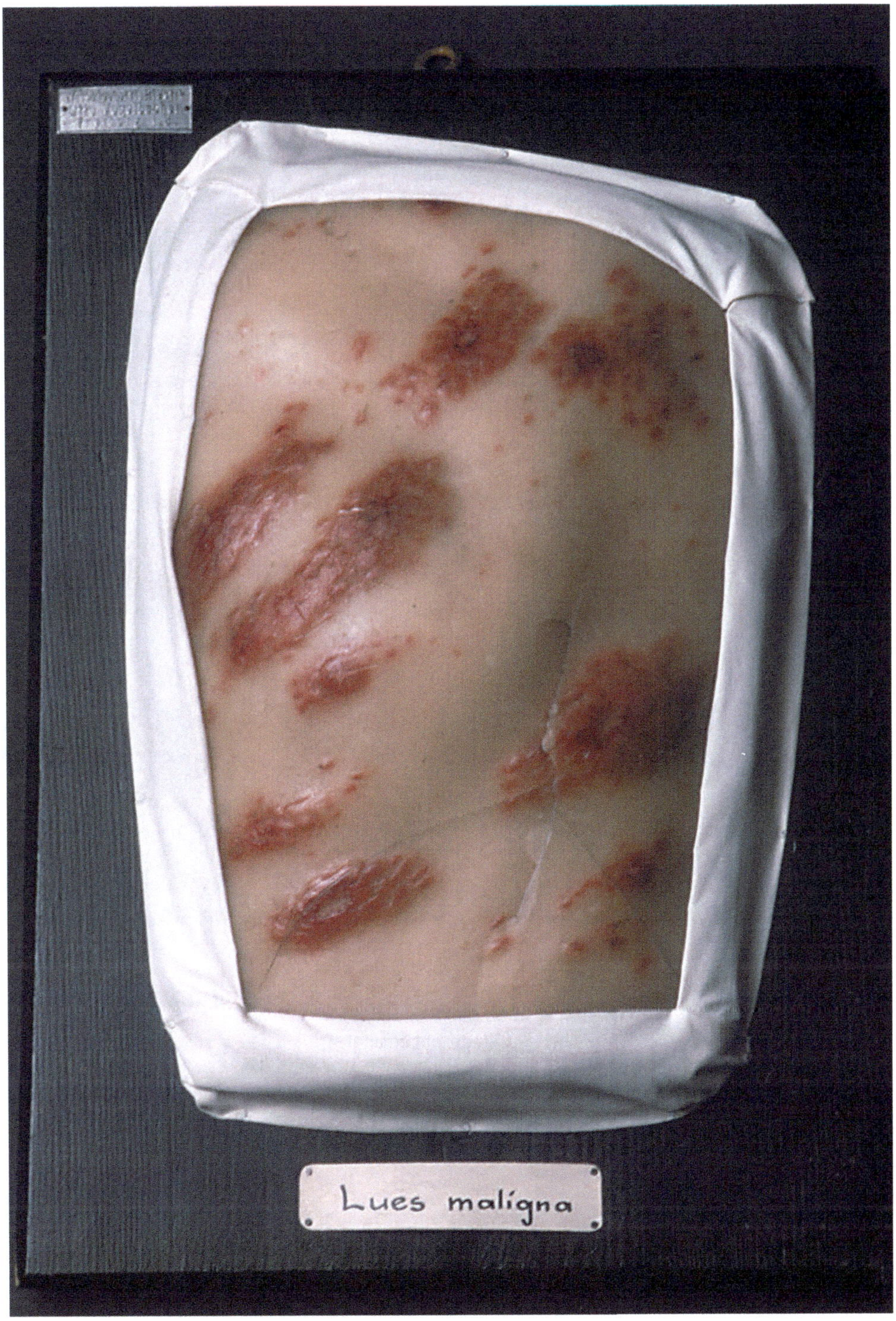

Abb. 10.17. Lues maligna
Hersteller, Datum: Otto Vogelbacher, 1935/36
Größe: 24 x 36 cm
Rückseite: unbemalt
Bemerkung: Duplikat v. Nr. 433 aus der Sammlung der Univ.-Hautkl. Freiburg i. Brg.
Nummer: 25 (schwarze Tinte auf weißem Aufkleber, durchgestrichen), 18 (in rotem Buntstift)

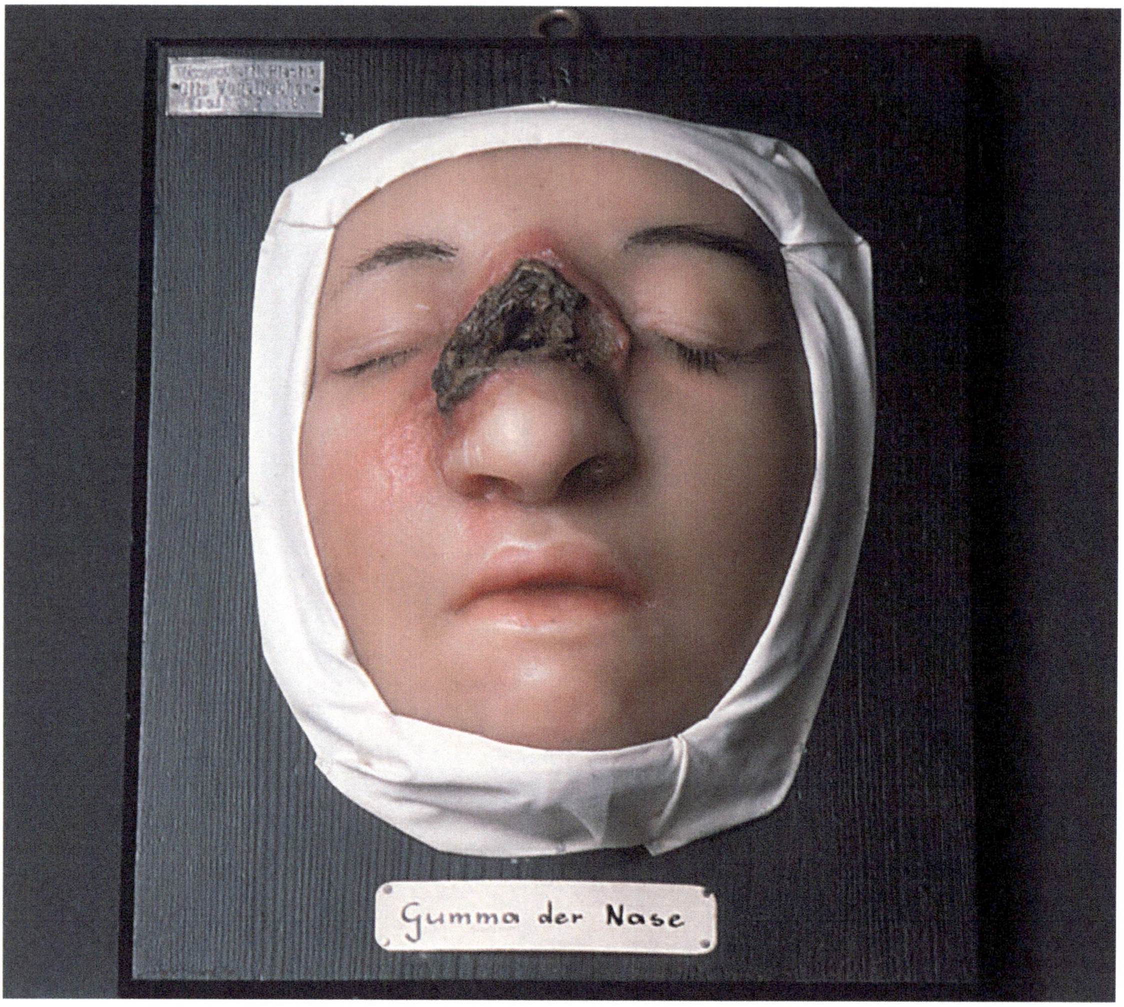

Abb. 10.18. Gumma der Nase
Hersteller, Datum: Otto Vogelbacher, 1935/36
Größe: 20,5 x 24 cm
Rückseite: unbemalt
Bemerkung: Duplikat v. Nr. 756 aus der Sammlung der Univ.-Hautklinik Freiburg i. Brg.
Nummer: 21 (schwarzer Bleistift auf weißem Aufkleber, durchgestrichen), 34 (in rotem Buntstift)

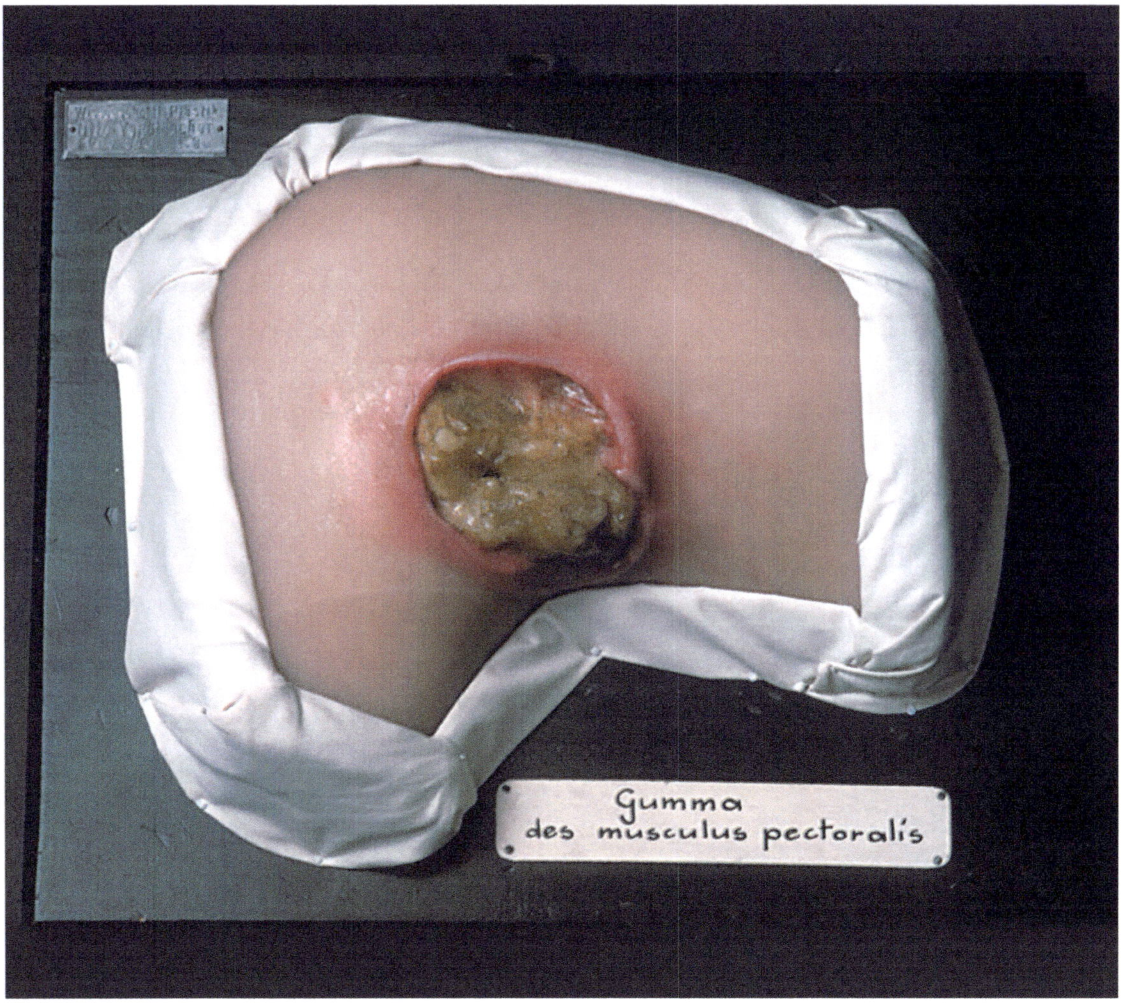

Abb. 10.19. Gumma des musculus pectoralis
Hersteller, Datum: Otto Vogelbacher, 1935/36
Größe: 25 x 21,5 cm
Rückseite: unbemalt
Bemerkung: Duplikat v. Nr. 342 aus der Sammlung der Universitäts-Hautklinik Freiburg i. Brg.
Nummer: 16 (schwarze Tinte auf weißem Aufkleber, durchgestrichen), 9 (in rotem Buntstift)

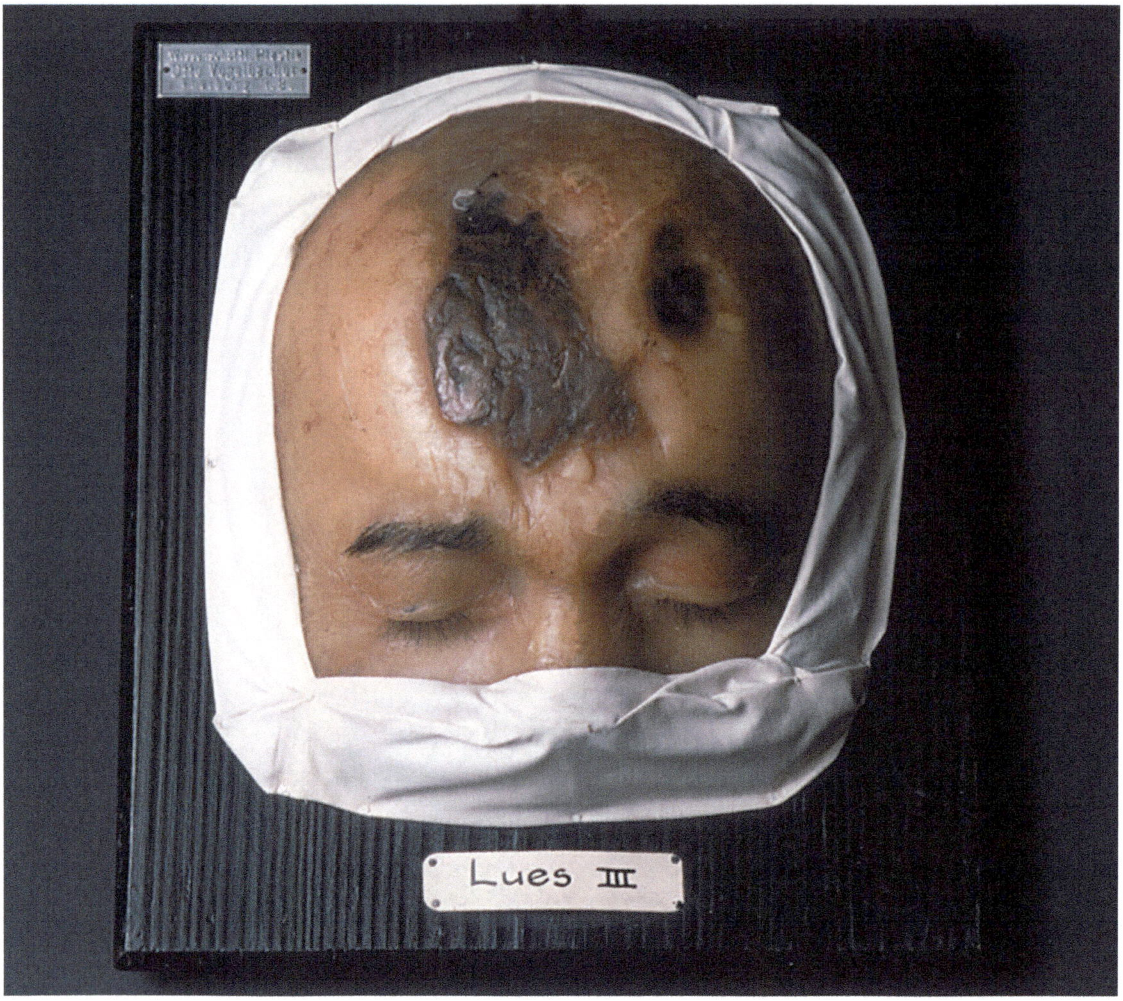

Abb. 10.20. Lues III
Hersteller, Datum: Otto Vogelbacher, 1935/36
Größe: 21,5 x 25 cm
Rückseite: unbemalt
Bemerkung: Duplikat v. Nr. 391 aus der Sammlung der Univ.-Hautkl. Freiburg i. Brg.
Nummer: 30 (schwarze Tinte auf weißem Aufkleber, durchgestrichen), 1 (in rotem Buntstift)

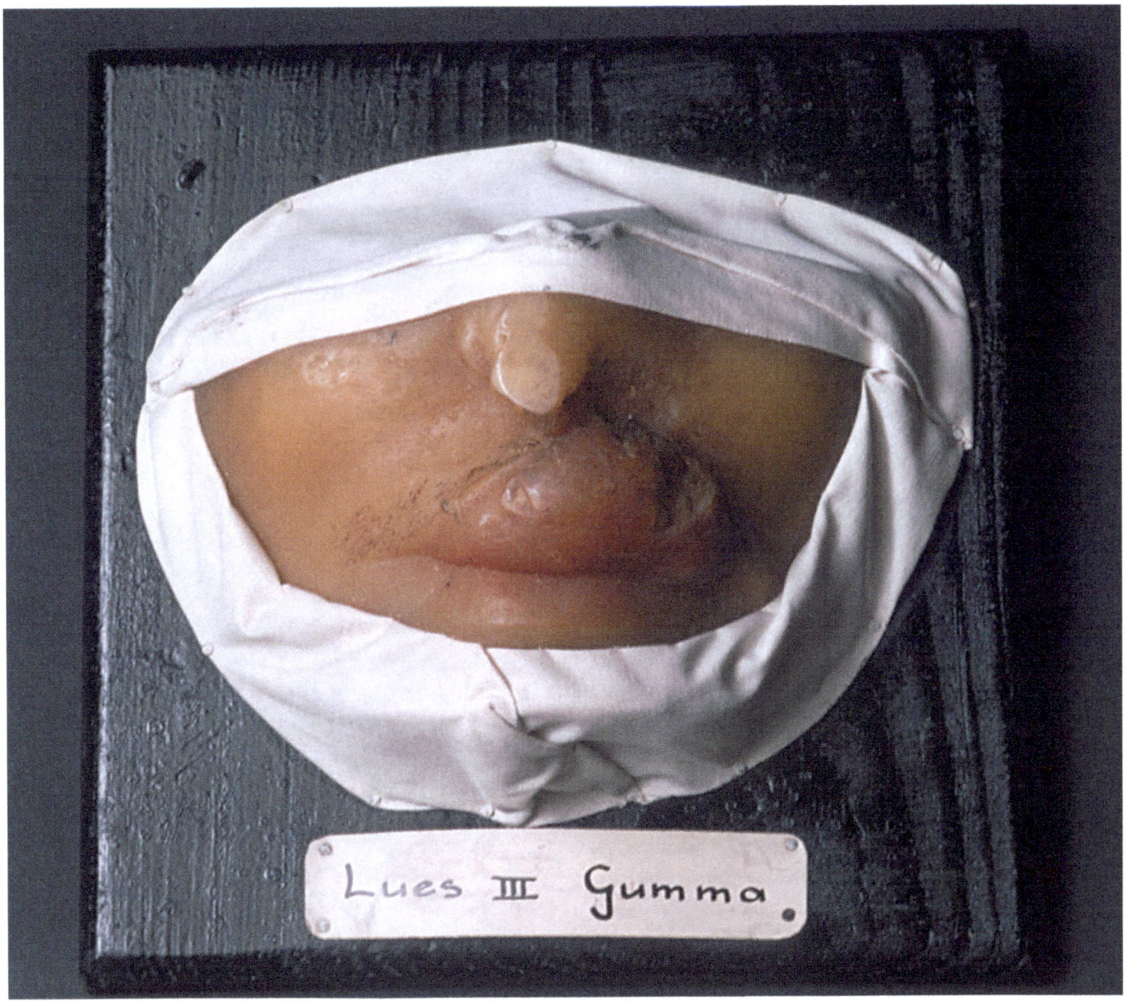

Abb. 10.21. Lues III Gumma
Hersteller: unbekannt
Größe: 17 x 17 cm
Rückseite: unbemalt
Bemerkung: Lues III (in Bleistift)
Nummer: keine

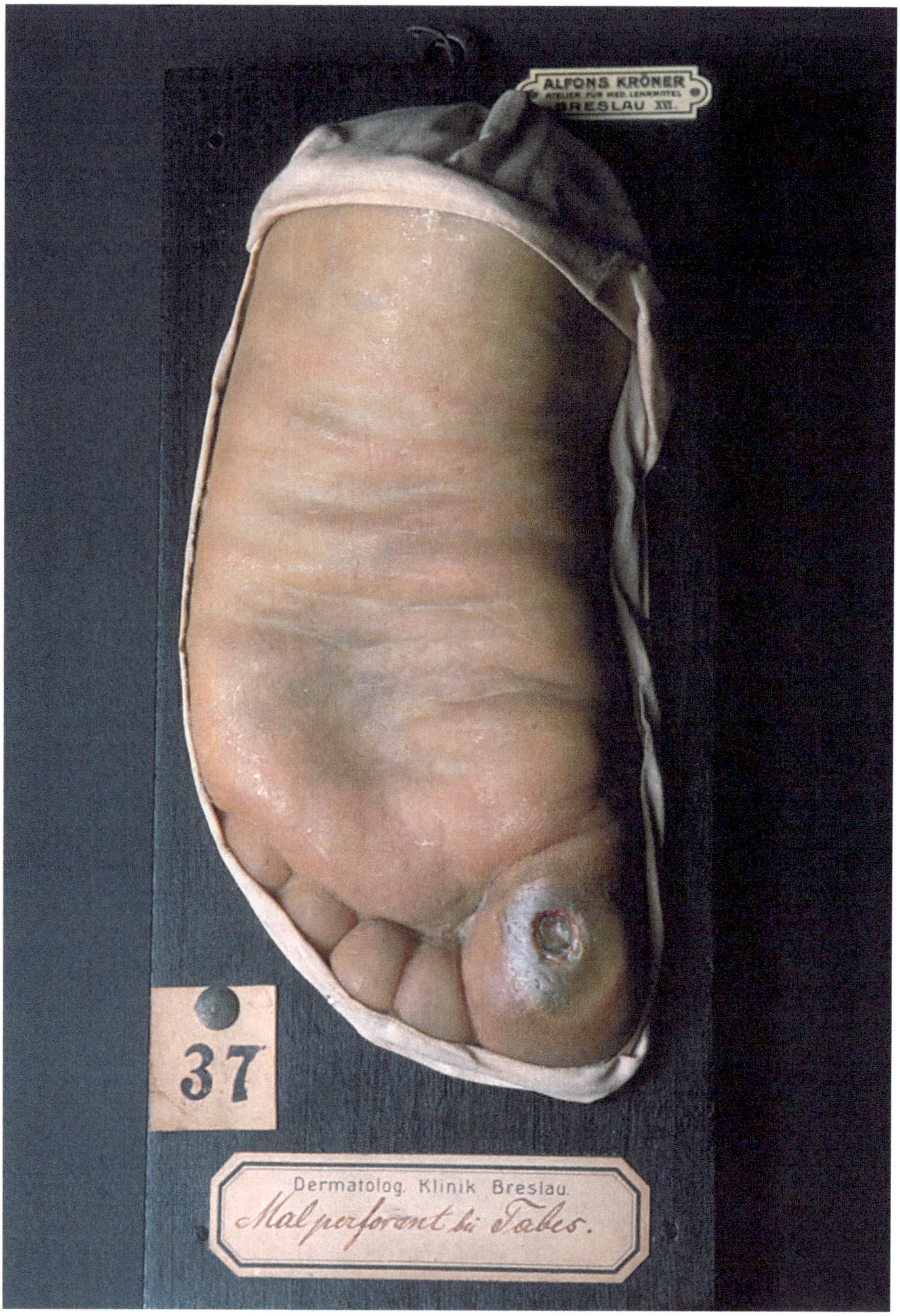

Abb. 10.22. Malperforant bei Tabes
Hersteller, Datum: Alfons Kröner, zwischen 1910 und 1937
Größe: 12,5 x 28 cm
Rückseite: schwarz bemalt
Nummer: 37 (aufgeheftetes Schild), 425 (in rotem Buntstift)

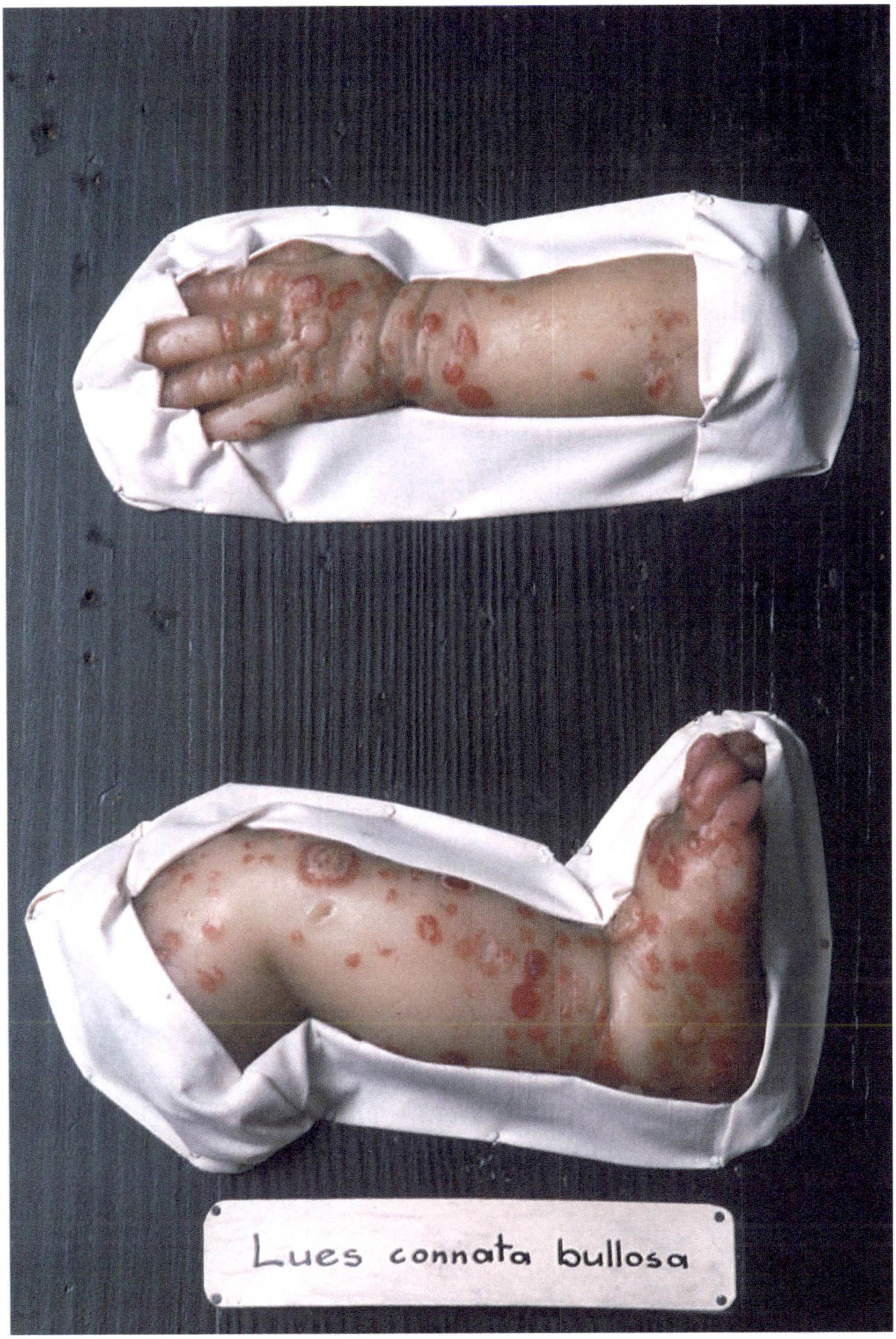

Abb. 10.23. Lues connata bullosa
Hersteller, Datum: Otto Vogelbacher, 1935/36
Größe: 31,5 x 32 cm
Rückseite: unbemalt
Bemerkung: Duplikat v. Nr. 522 aus der Sammlung der Univ.-Hautklinik Freiburg i. Brg.
Nummer: 26 (schwarze Tinte auf weißem Aufkleber, durchgestrichen), 2 (in rotem Buntstift)

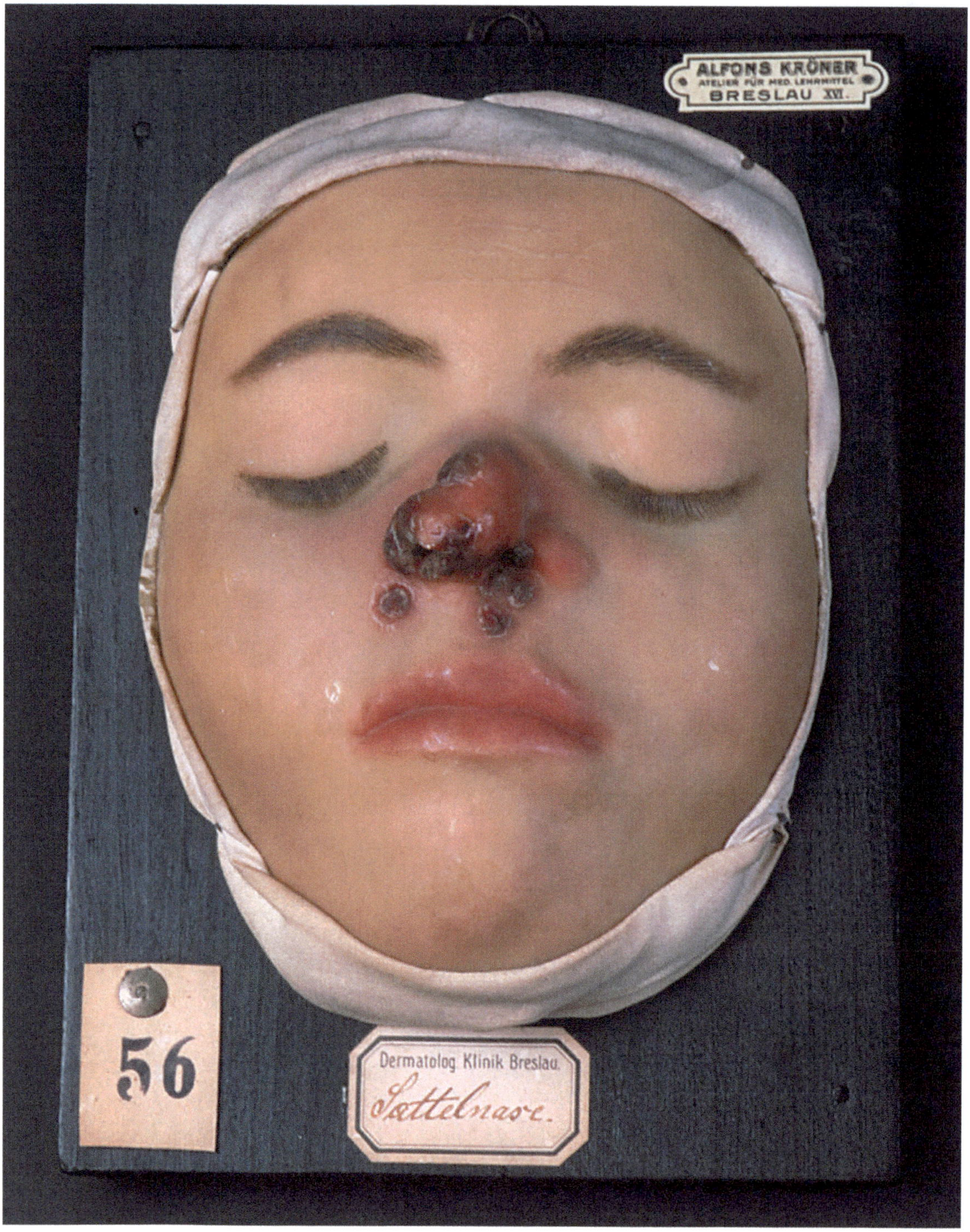

Abb. 10.24. Sattelnase
Hersteller, Datum: Alfons Kröner, zwischen 1910 und 1937
Größe: 16,5 x 23 cm
Rückseite: schwarz bemalt
Nummer: 56 (aufgeheftetes Schild), 1799 (in rotem Buntstift)

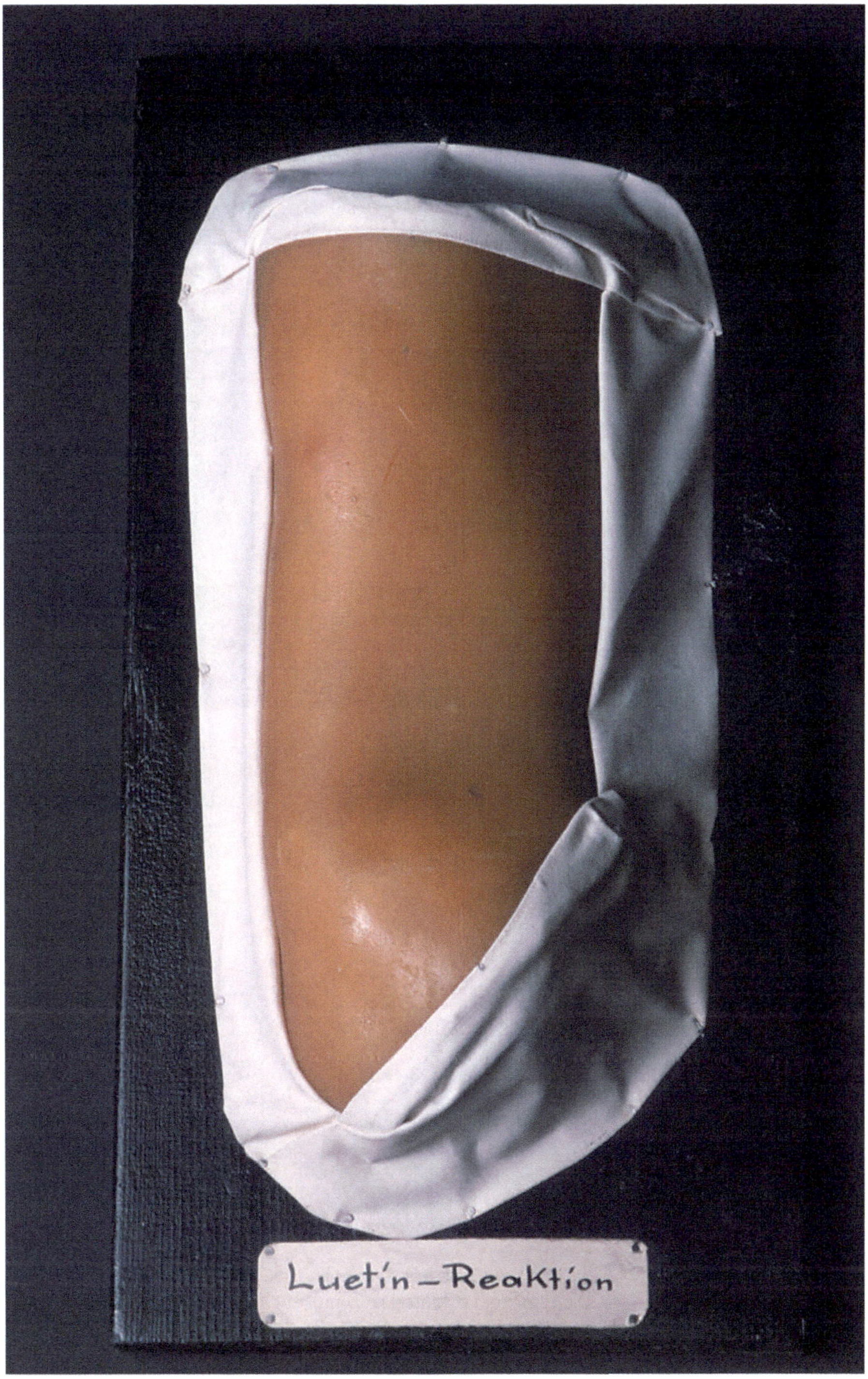

Abb. 10.25. Luetin-Reaktion
Hersteller: unbekannt
Größe: 16 x 30,5 cm
Rückseite: unbemalt
Bemerkung: Luetin Reaktion (in Bleistift)
Nummer: keine

10.2 Weitere Geschlechtserkrankungen

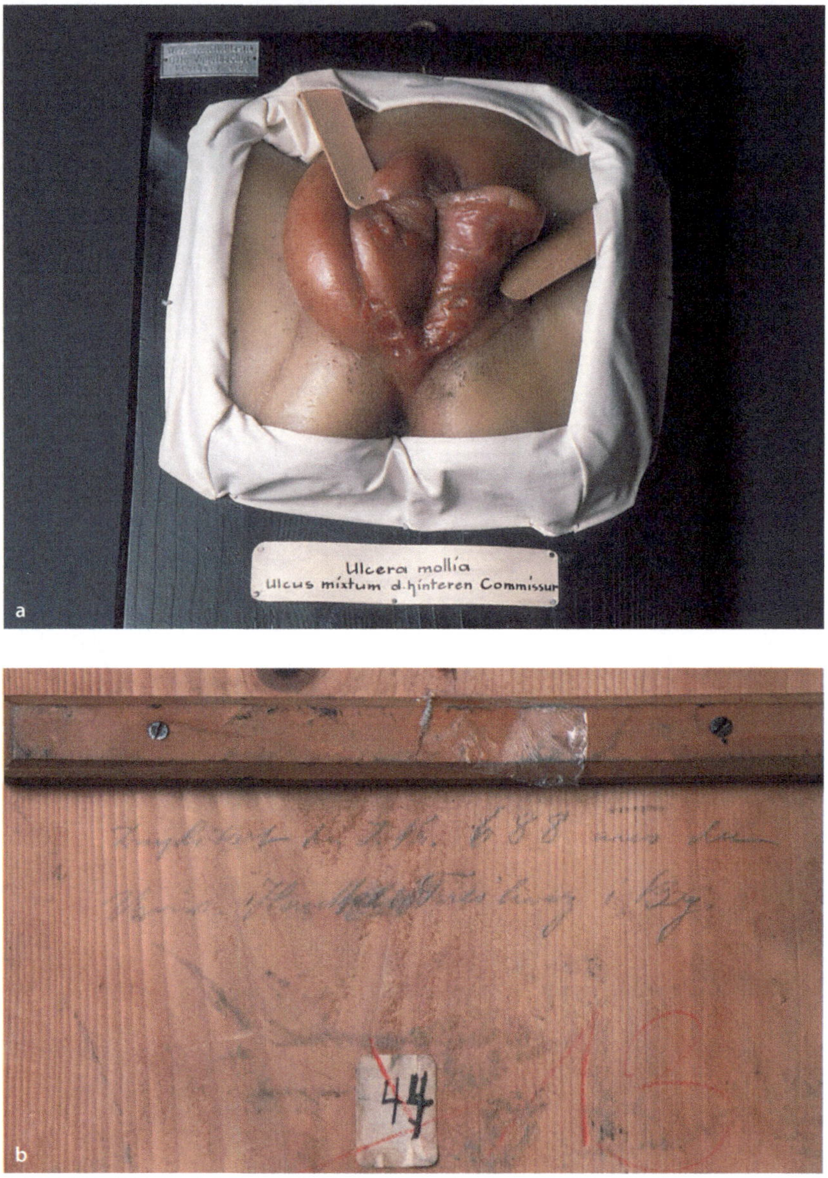

Abb. 10.26. a Ulcera mollia
Ulcus mixtum d. hinteren Commissur
Hersteller, Datum: Otto Vogelbacher, 1935/36
Größe: 22,5 x 25 cm
Rückseite: unbemalt
Bemerkung: Duplikat der I. Nr. 688 aus der Univ. Hautkl. Freiburg i. Brg.
Nummer: 44 (schwarze Tinte auf weißem Aufkleber, durchgestrichen), 13 (in rotem Buntstift)
b Ulcera mollia
Ulcus mixtum d. hinteren Commissur-Rückseite
«Duplikat der I. Nr. 688 aus der Univ. Hautkl. Freiburg i. B.«
Nummer 13 in rot neben der durchgestrichenen Nummer 44 vermerkt

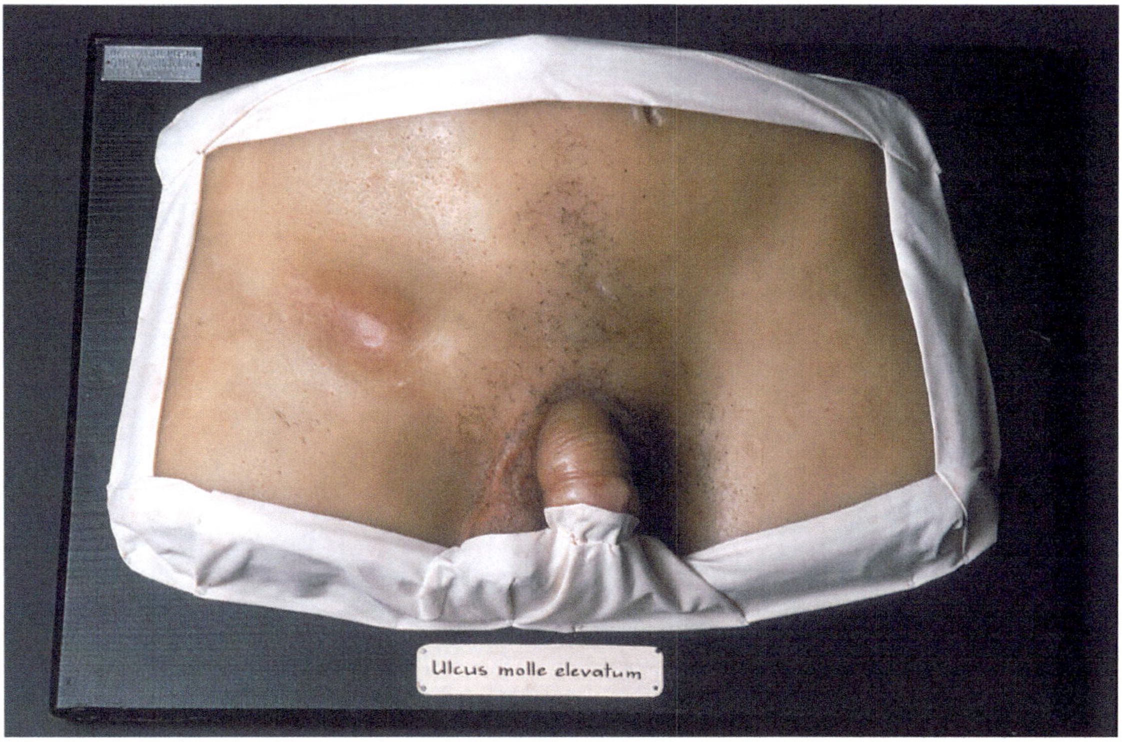

Abb. 10.27. Ulcus molle elevatum
Hersteller, Datum: Otto Vogelbacher, 1935/36
Größe: 38 x 27,5 cm
Rückseite: unbemalt
Bemerkung: Duplikat der I. Nr. 521 aus der Univ.-Hautkl. Freiburg i. B.
Nummer: 36 (schwarze Tinte auf weißem Aufkleber), 38 in rotem Buntstift

Infektionserkrankungen

11.1 Bakteriell verursachte Erkrankungen

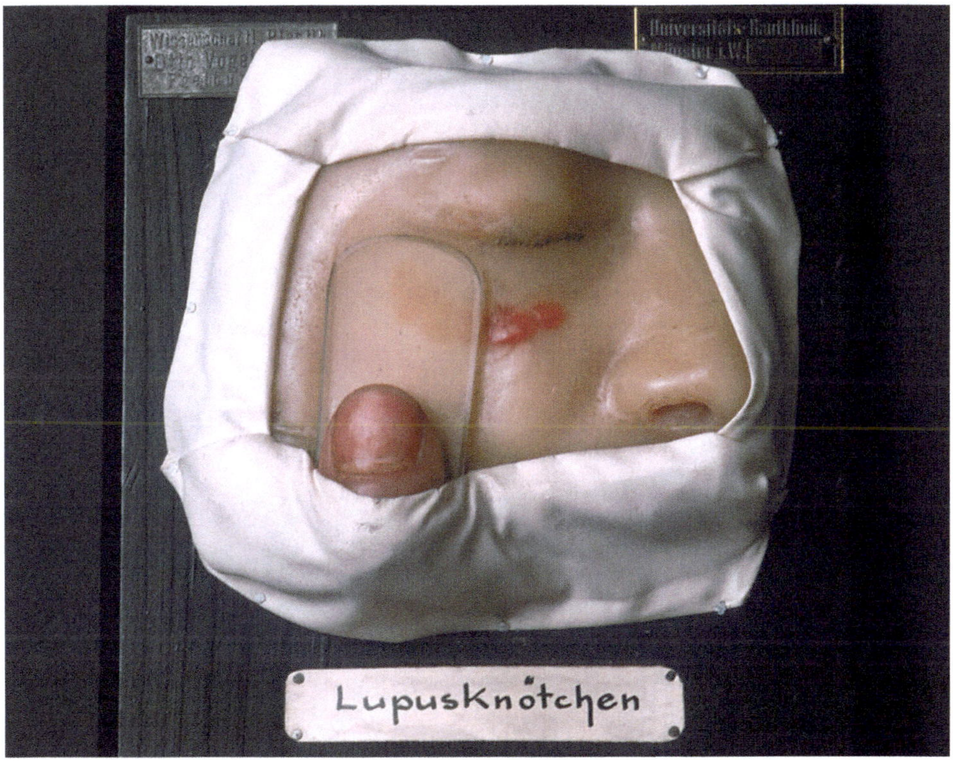

Abb. 11.1. Lupusknötchen
Hersteller, Datum: Otto Vogelbacher, 1935/36
Größe: 15 x 16,5 cm
Rückseite: unbemalt
Bemerkung: Duplikat der I. Nr. 805 aus der Univ. Hautkl. Freiburg i. Brg.
Nummer: 41 (schwarze Tinte auf weißem Aufkleber, durchgestrichen), 19 (in rotem Buntstift)

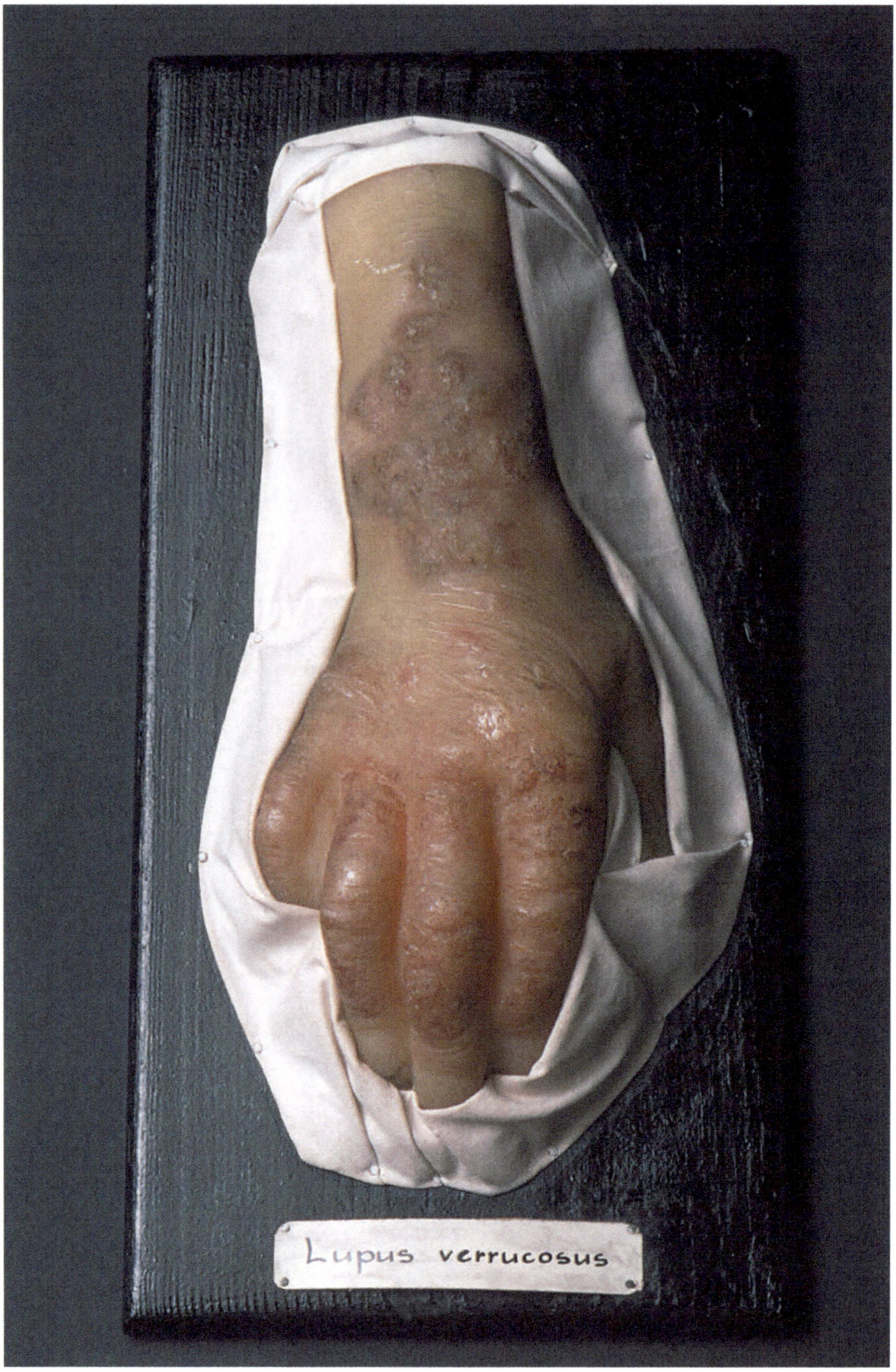

Abb. 11.2. Lupus verrucosus
Hersteller: unbekannt
Größe: 16 x 33 cm
Rückseite: unbemalt
Bemerkung: Lupus verrucosus (in Bleistift)
Nummer: keine

11

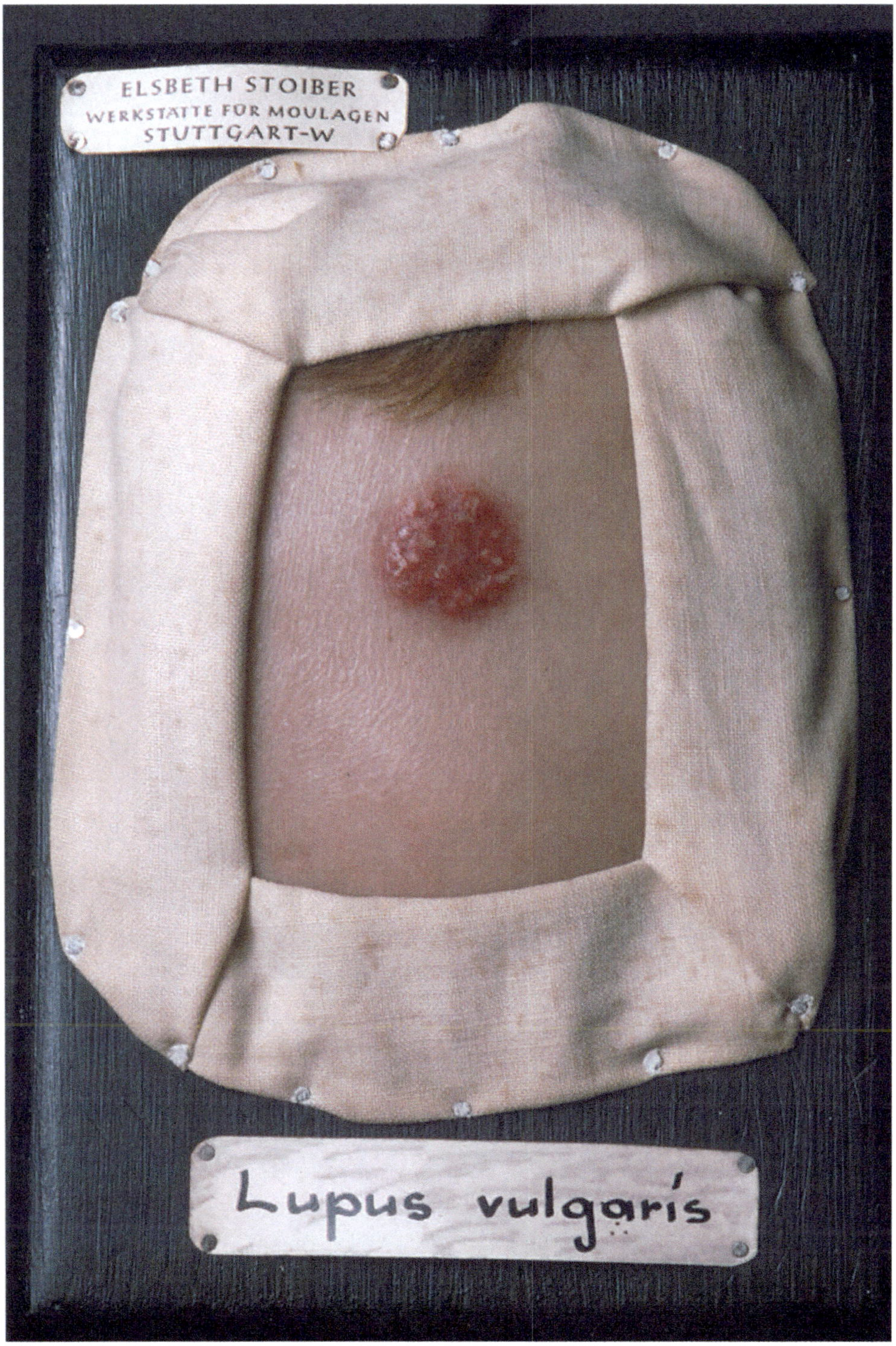

Abb. 11.3. Lupus vulgaris
Hersteller, Datum: Elsbeth Stoiber, 1953
Größe: 12 x 17 cm
Rückseite: unbemalt
Nummer: keine

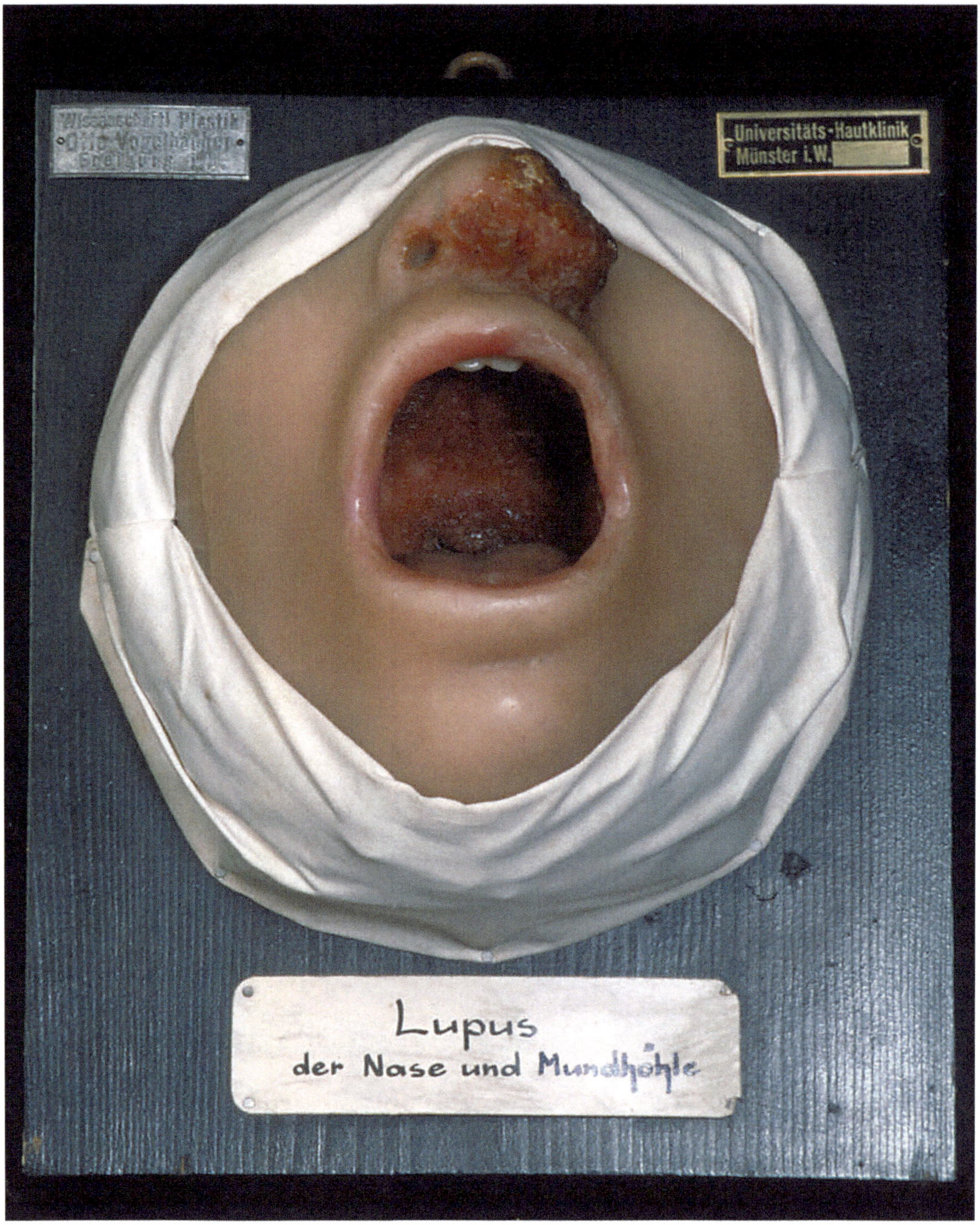

Abb. 11.4. Lupus der Nase und Mundhöhle
Hersteller, Datum: Otto Vogelbacher, 1935/36
Größe: 18,5 x 22
Rückseite: unbemalt
Bemerkung: Duplikat der I. Nr. 127 aus der Sammlung der Univ.-Hautkl. Freiburg i. Brg.
Nummer:50 (schwarze Tinte auf weißem Aufkleber, durchgestrichen), 26 (in rotem Buntstift)

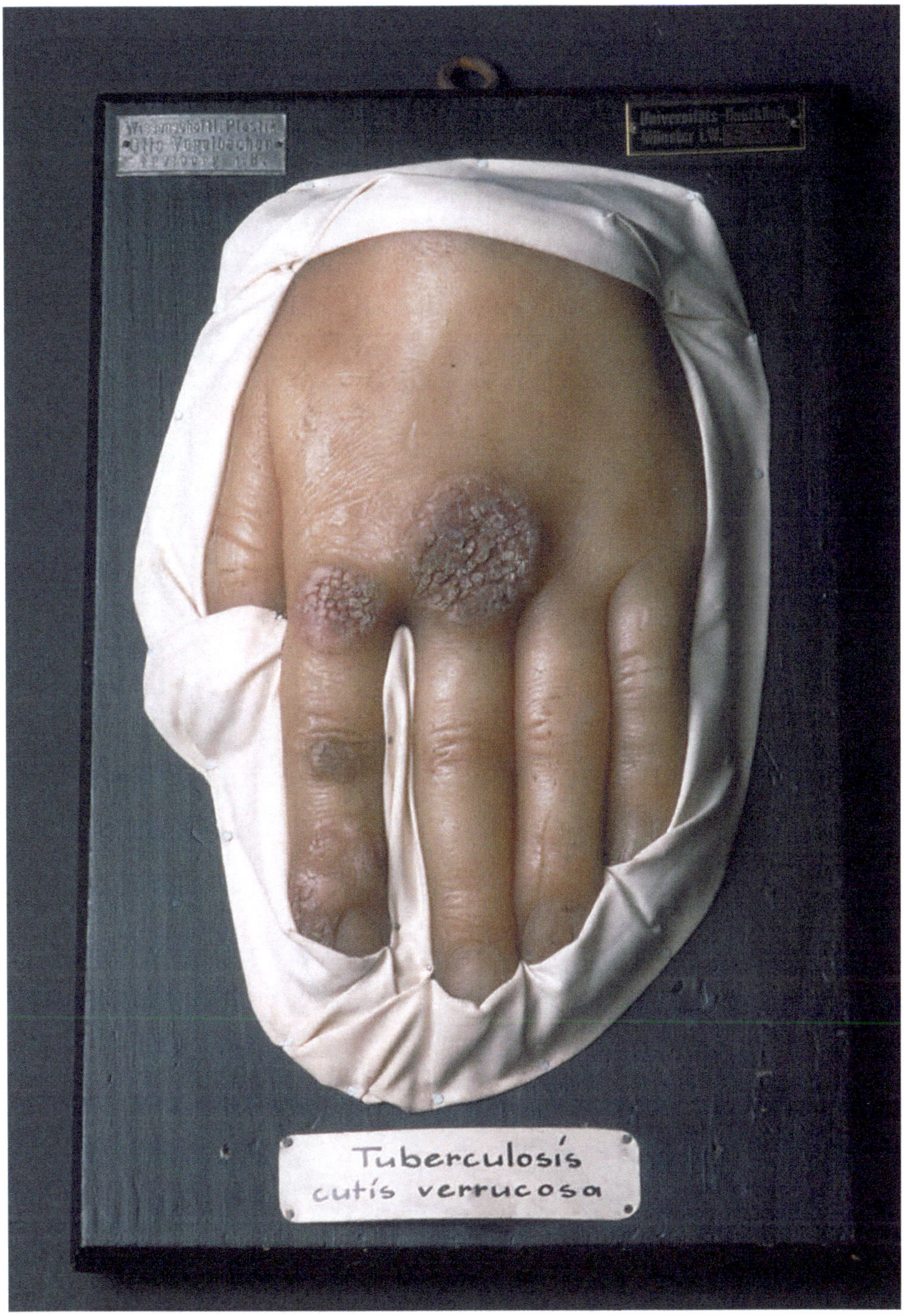

Abb. 11.5. Tuberculosis cutis verrucosa
Hersteller, Datum: Otto Vogelbacher, 1935/36
Größe: 17,5 x 27 cm
Rückseite: unbemalt
Bemerkung: Duplikat der I. Nr. 132 aus der Univ. Hautklinik Freiburg i. Brg.
Nummer: 45 (schwarze Tinte auf weißem Aufkleber, durchgestrichen), 46 (in rotem Buntstift)

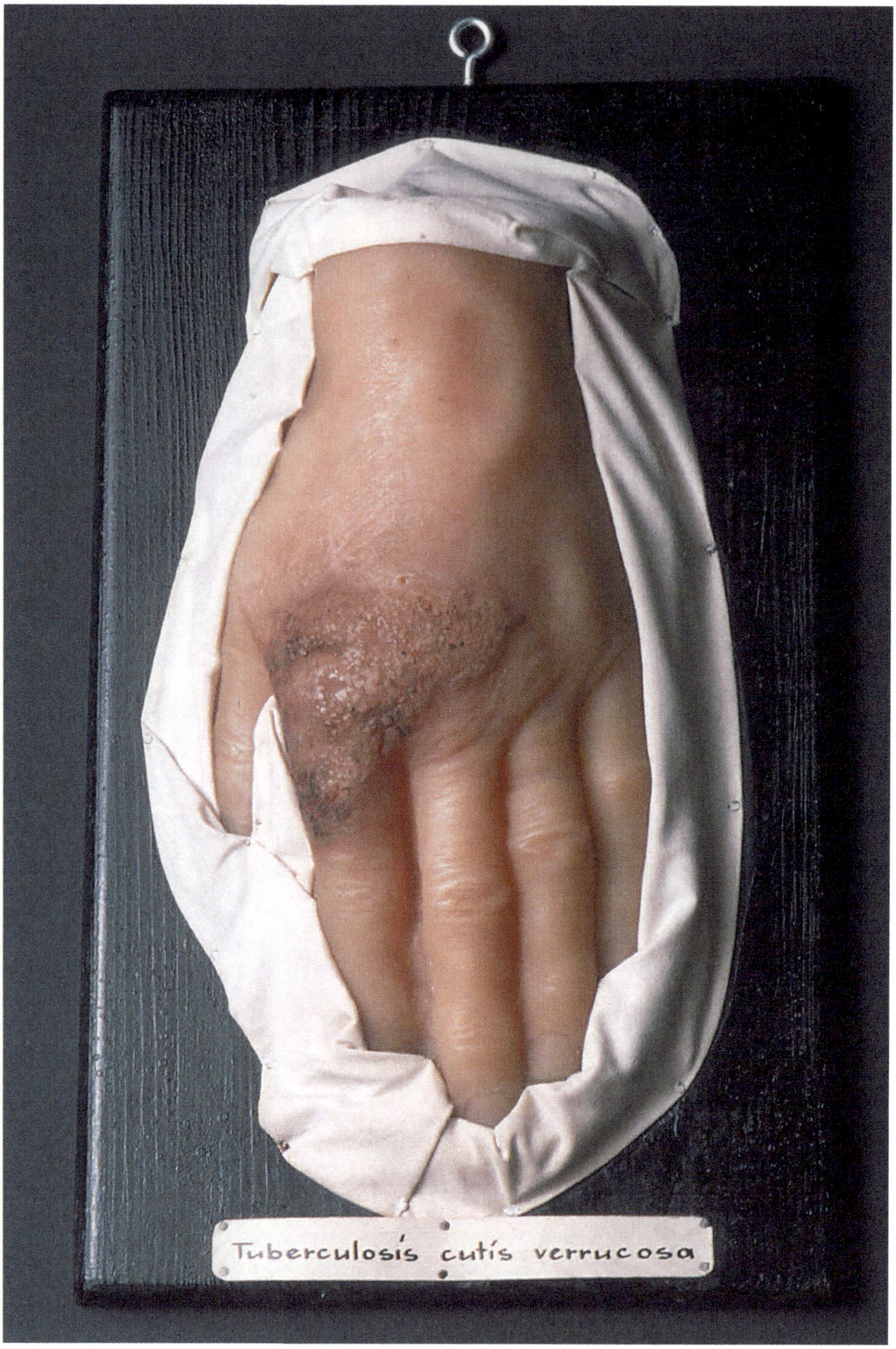

Abb. 11.6. Tuberculosis cutis verrucosa
Hersteller: unbekannt
Größe: 18 x 30 cm
Rückseite: unbemalt
Bemerkung: Tuberculosis cutis verrucosa (in Bleistift)
Nummer: keine

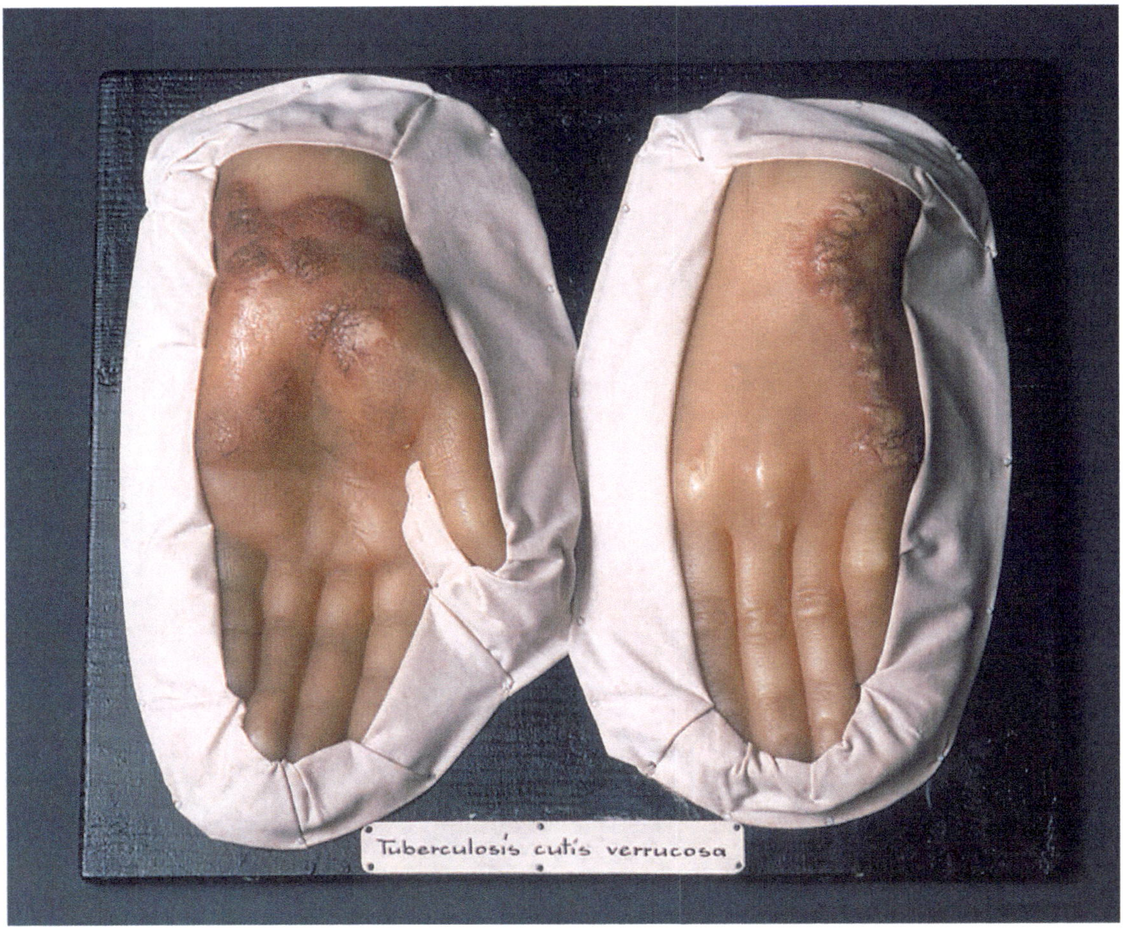

Abb. 11.7. Tuberculosis cutis verrucosa
Hersteller: unbekannt
Größe: 29,5 x 25,5 cm
Rückseite: unbemalt
Nummer: keine

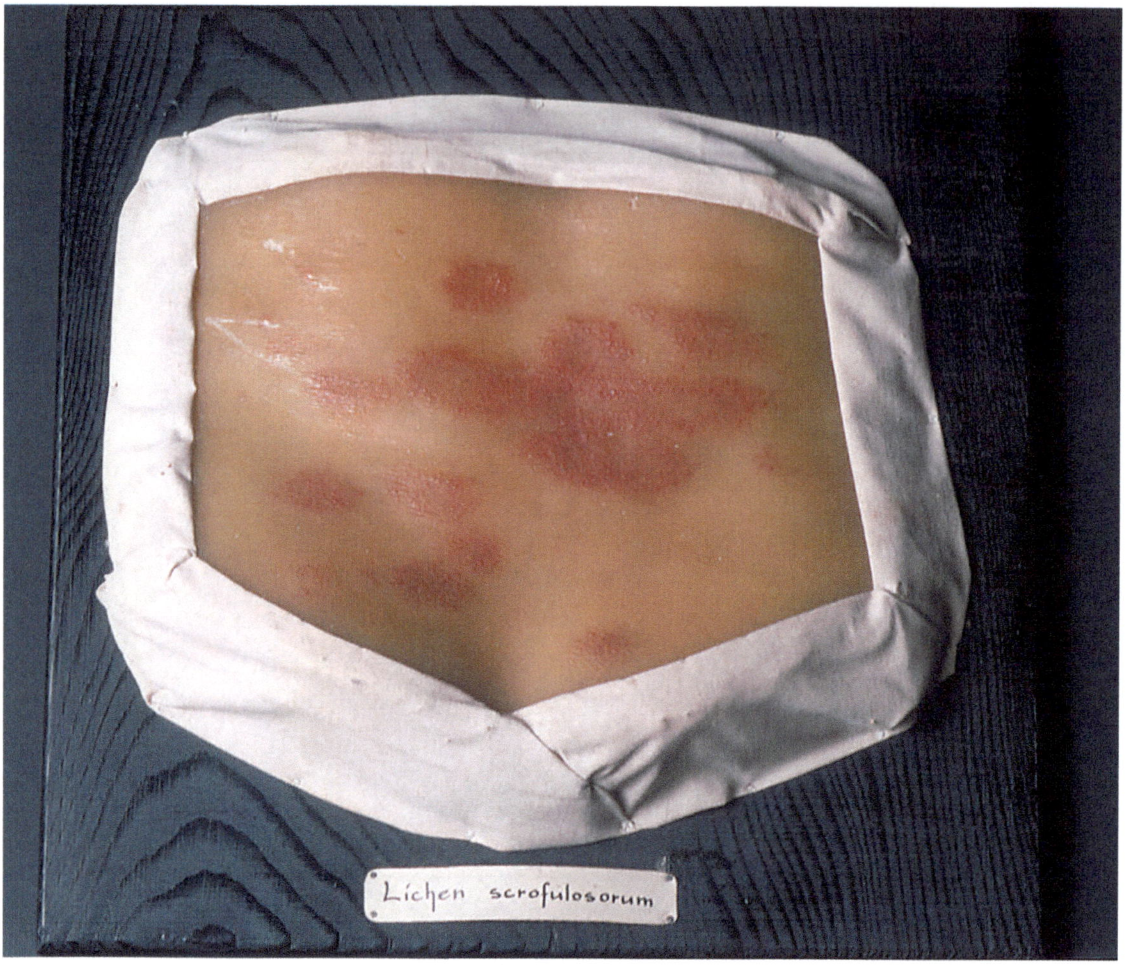

Abb. 11.8. Lichen scrofulosorum
Hersteller: unbekannt
Größe: 30 x 30,3 cm
Rückseite: unbemalt
Bemerkung: Niederländer, Abt. VI (in Bleistift)
Nummer: keine

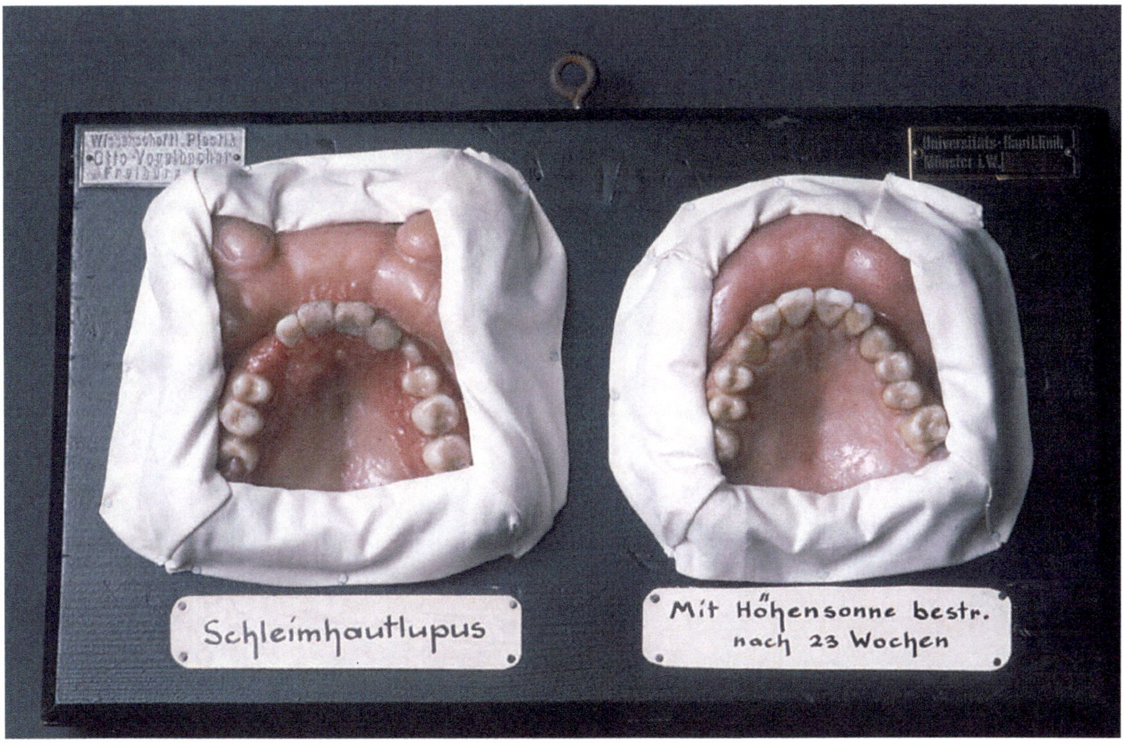

Abb. 11.9. Schleimhautlupus – mit Höhensonne bestrahlt nach 23 Wochen
Hersteller, Datum: Otto Vogelbacher, 1935/36
Größe: 14,5 x 25 cm
Rückseite: unbemalt
Bemerkung: Duplikat der I.Nr. 335 aus der Univ. Hautkl. Freiburg i.Brg.
Nummer: 49 (schwarze Tinte auf weißem Aufkleber, durchgestrichen), 11 (in rotem Buntstift)

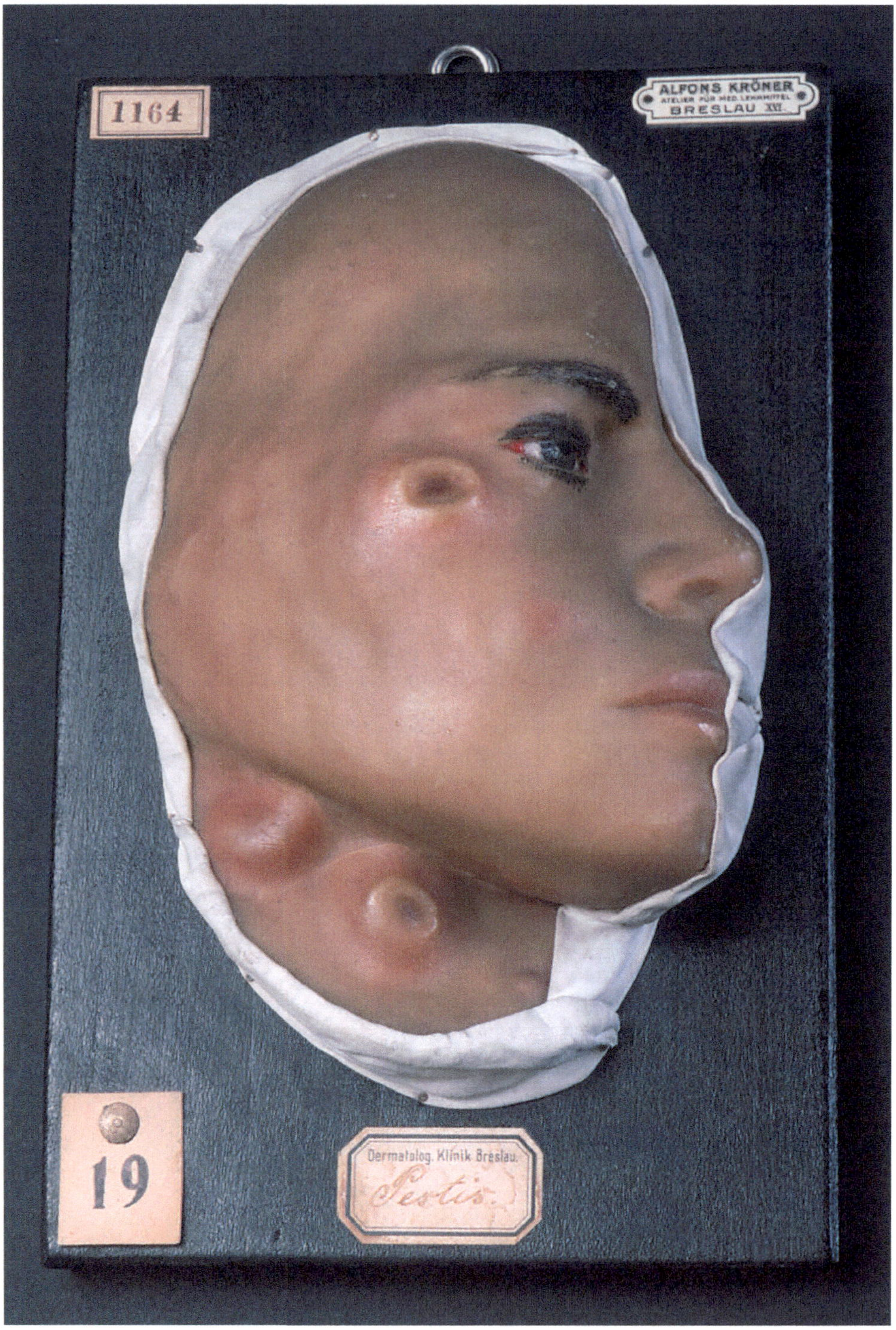

Abb. 11.10. Pestis
Hersteller, Datum: Alfons Kröner, zwischen 1910 und 1937
Größe: 18,5 x 29,5 cm
Rückseite: unbemalt
Nummer: 19 (aufgeheftetes Schild), 1164 (in schwarzem Buntstift, Rückseite; als Schild, Vorderseite)

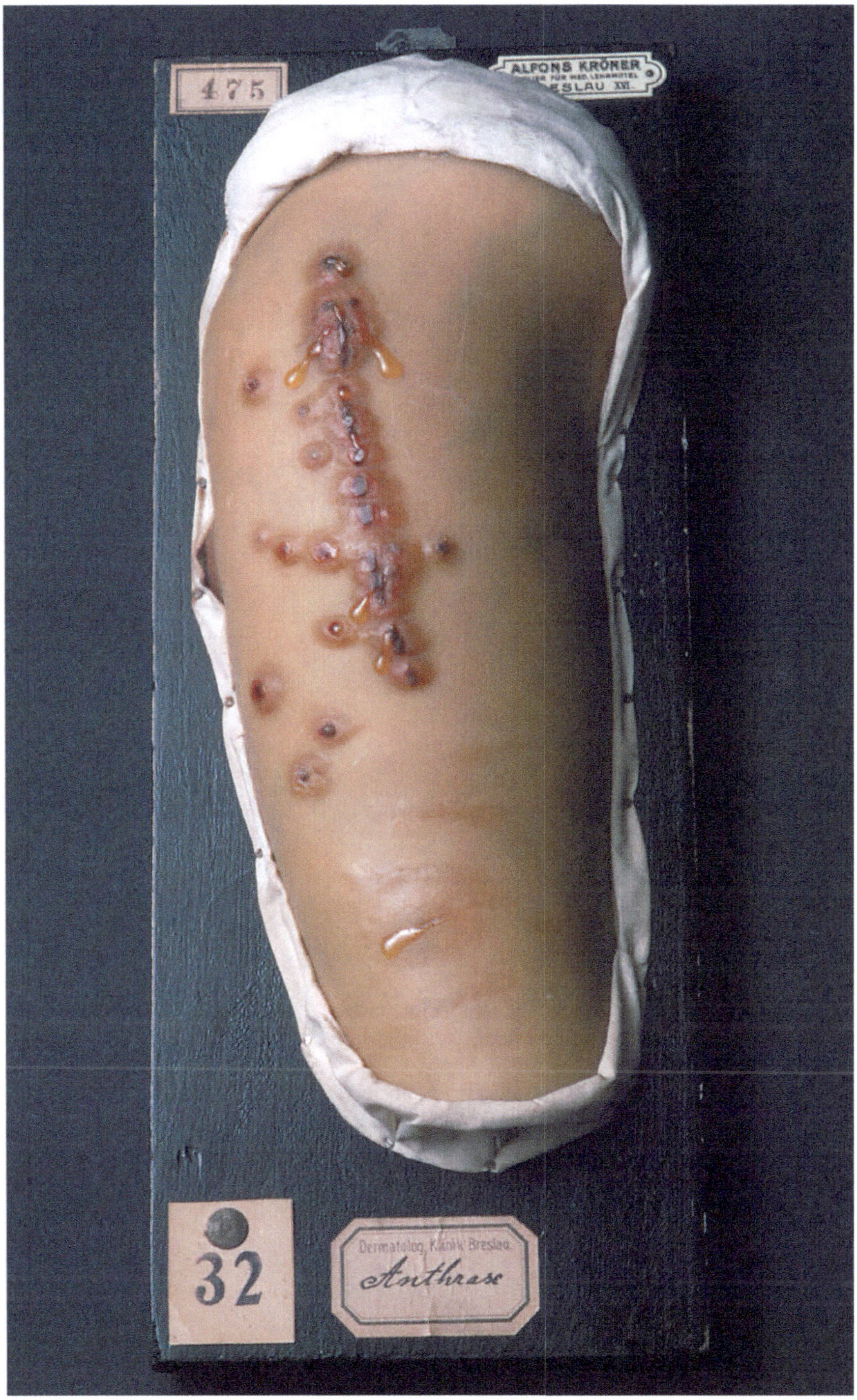

Abb. 11.11. Anthrax
Aktuelle Bezeichnung: Milzbrand
Hersteller, Datum: Alfons Kröner, zwischen 1910 und 1937
Größe: 13 x 33 cm
Rückseite: unbemalt
Nummer: 32 (aufgeheftetes Schild), 475 (in grünem Buntstift, Rückseite; als Schild, Vorderseite)

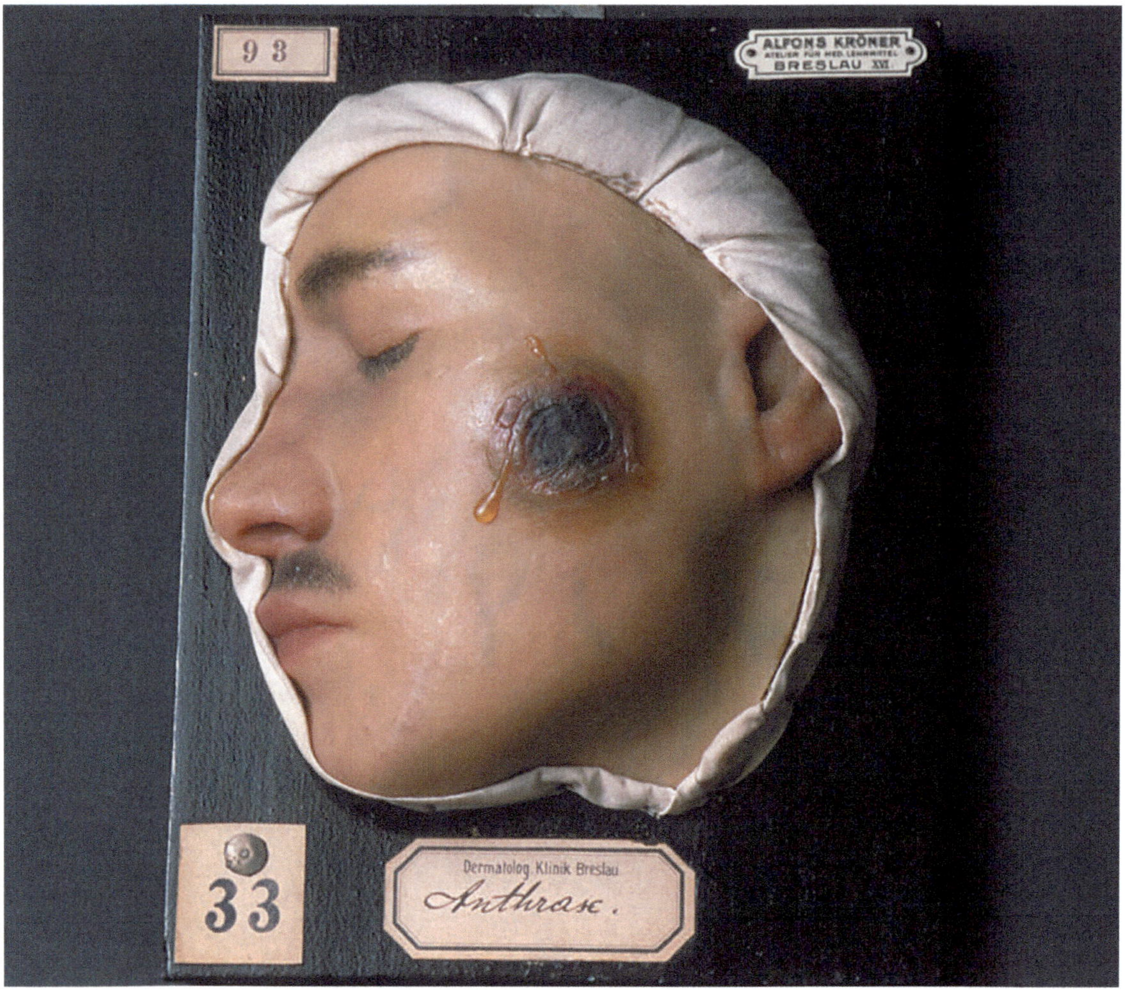

Abb. 11.12. Anthrax
Hersteller, Datum: Alfons Kröner, zwischen 1910 und 1937
Größe: 17,5 x 23 cm
Rückseite: unbemalt
Nummer: 33 (aufgeheftetes Schild), 93 (in grünem Buntstift, Rückseite; als Schild, Vorderseite)

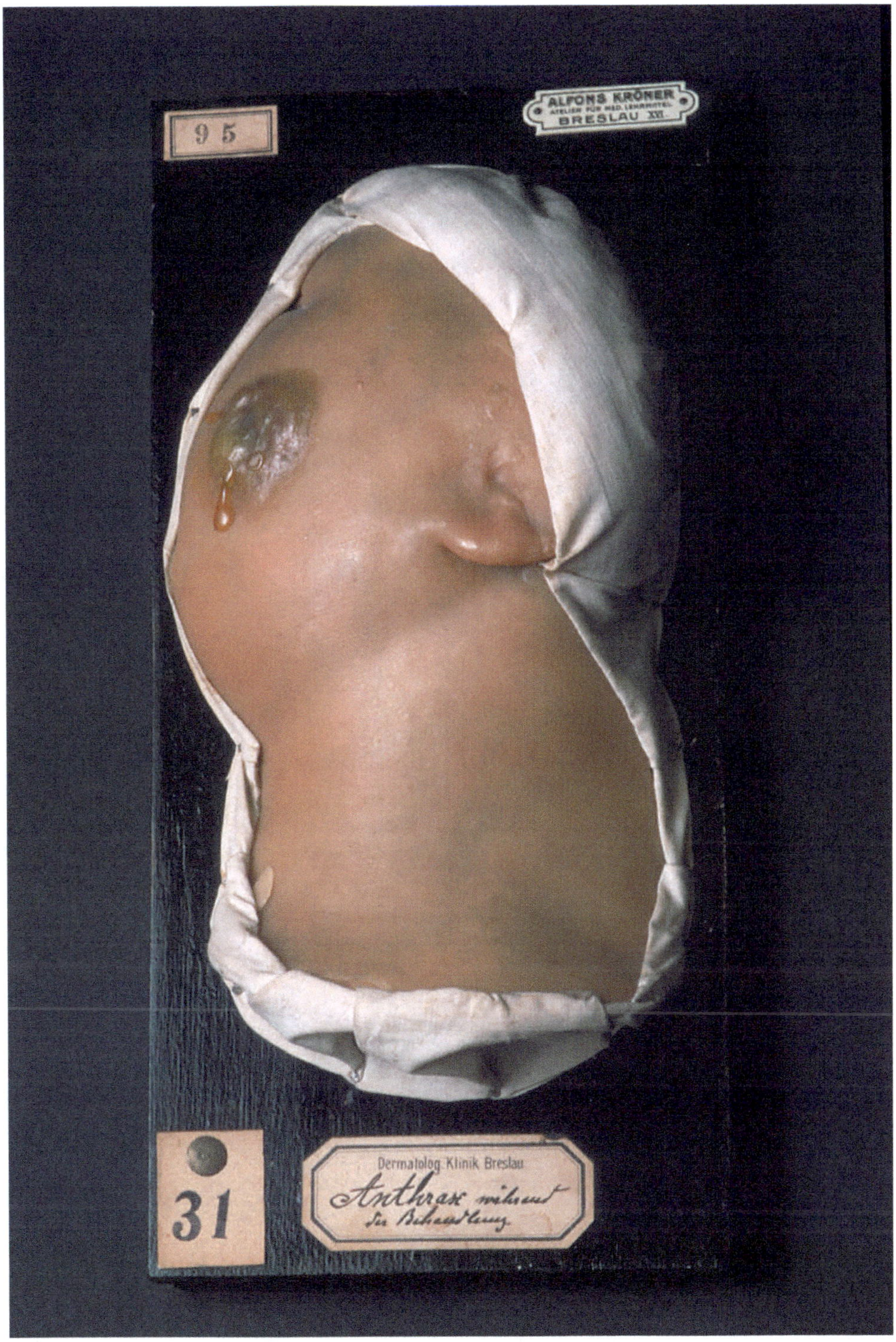

Abb. 11.13. Anthrax während der Behandlung
Hersteller, Datum: Alfons Kröner, zwischen 1910 und 1937
Größe: 14 x 30,5 cm
Rückseite: unbemalt
Nummer: 31(aufgeheftetes Schild), 95 (in grünem Buntstift, Rückseite; als Schild, Vorderseite)

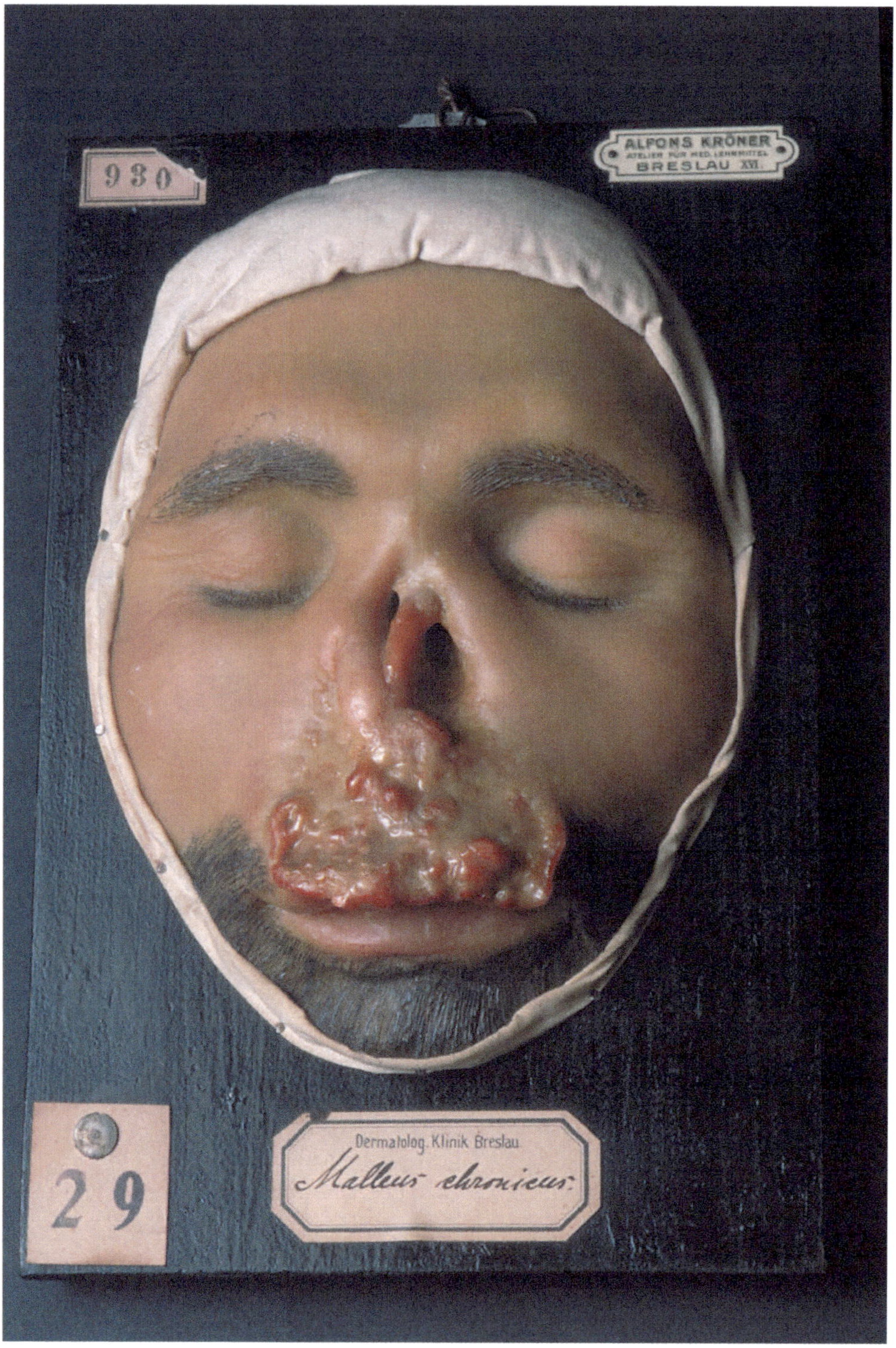

Abb. 11.14. Malleus chronicus
Hersteller, Datum: Alfons Kröner, zwischen 1910 und 1937
Größe: 17 x 25,5 cm
Rückseite: unbemalt
Nummer: 29 (aufgeheftetes Schild), 930 (in grünem Buntstift, Rückseite; als Schild, Vorderseite)

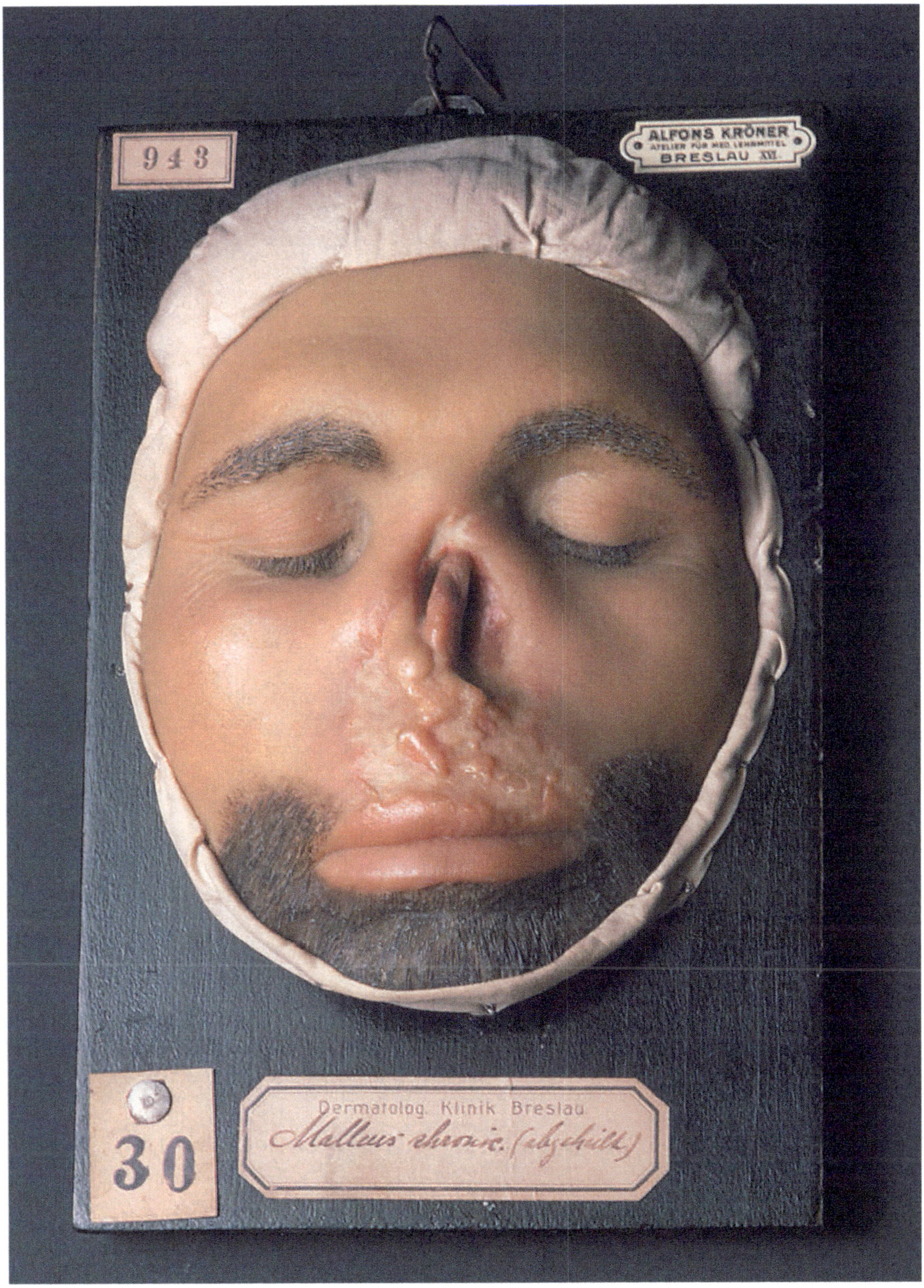

Abb. 11.15. Malleus chronic. (abgeheilt)
Hersteller, Datum: Alfons Kröner, zwischen 1910 und 1937
Größe: 16,5 x 25,5 cm
Rückseite: unbemalt
Nummer: 30 (aufgeheftetes Schild), 943 (in grünem Buntstift, Rückseite; als Schild, Vorderseite)

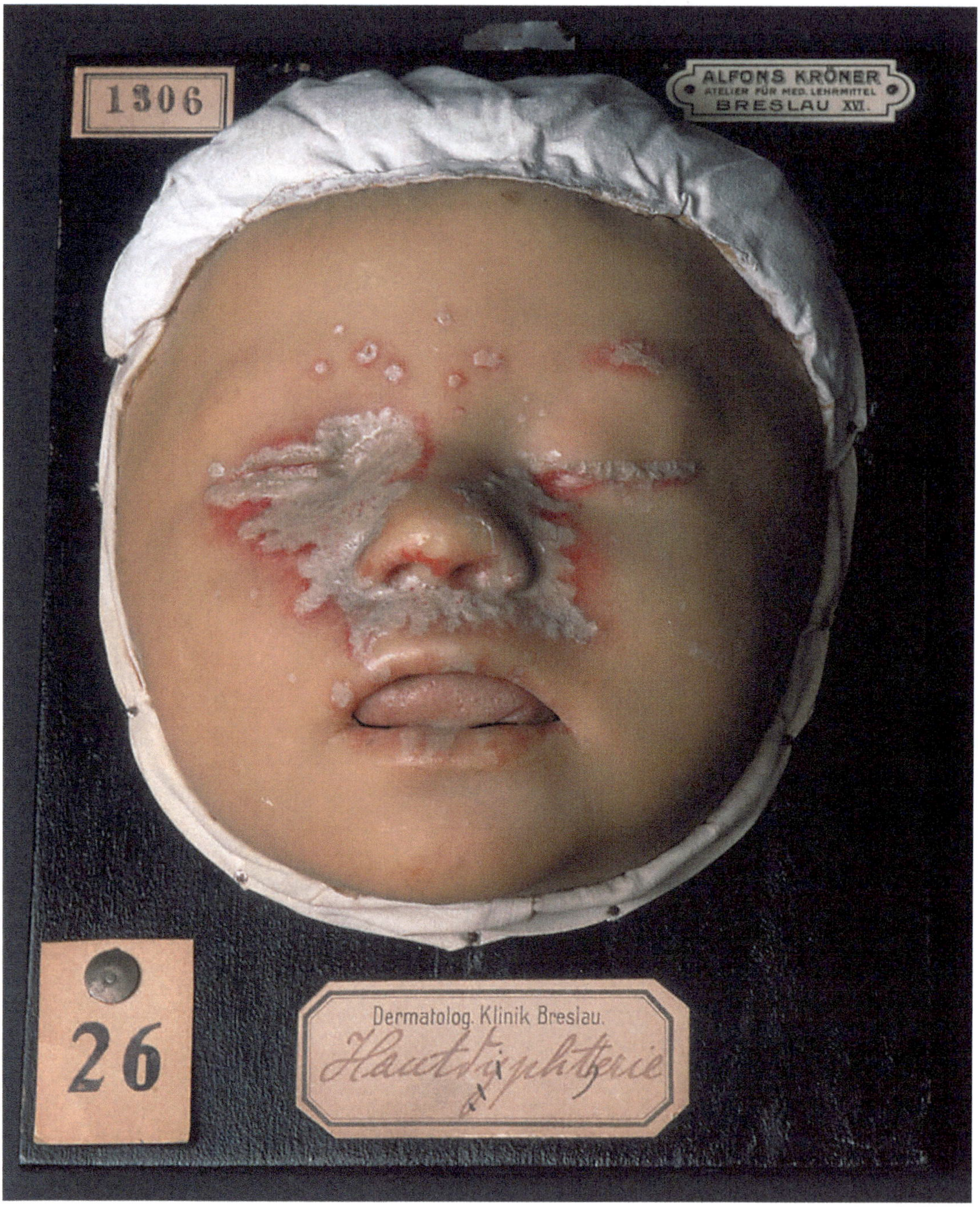

Abb. 11.16. Hautdiphtherie
Hersteller, Datum: Alfons Kröner, zwischen 1910 und 1937
Größe: 16 x 20,5 cm
Rückseite: unbemalt
Bemerkung: Dyphterie (in Bleistift)
Nummer: 26 (aufgeheftetes Schild), 1306 (in grünem Buntstift, Rückseite; als Schild, Vorderseite)

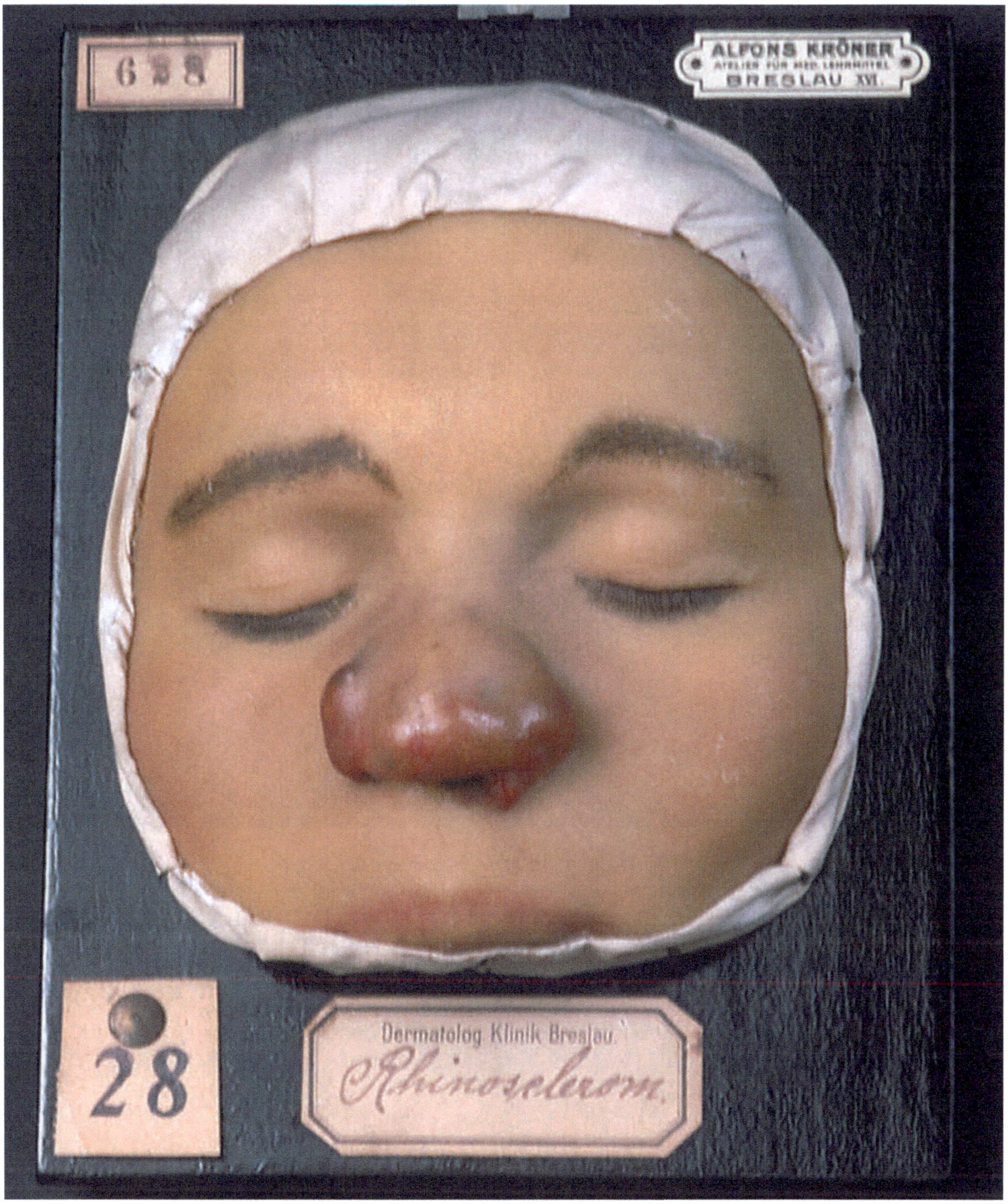

Abb. 11.17. Rhinosclerom
Hersteller, Datum: Alfons Kröner, zwischen 1910 und 1937
Größe: 16 x 21 cm
Rückseite: unbemalt
Nummer: 28 (aufgeheftetes Schild), 628 (in blauem Buntstift, Rückseite; als Schild, Vorderseite)

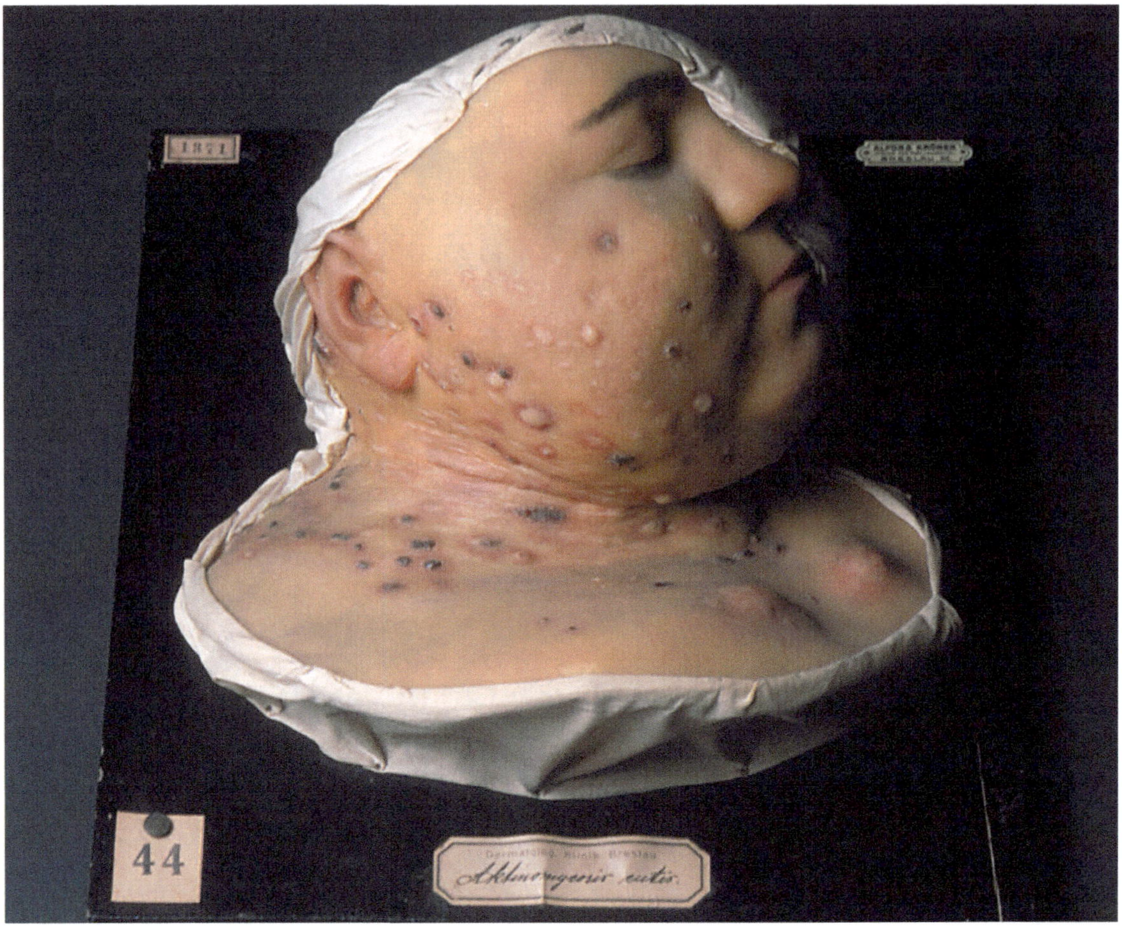

Abb. 11.18. Aktinomycosis cutis
Hersteller, Datum: Alfons Kröner, zwischen 1910 und 1937
Größe: 32 x 36 cm
Rückseite unbemalt
Nummer: 44 (aufgeheftetes Schild), 1371 (in grünem Buntstift, Rückseite; als Schild, Vorderseite)

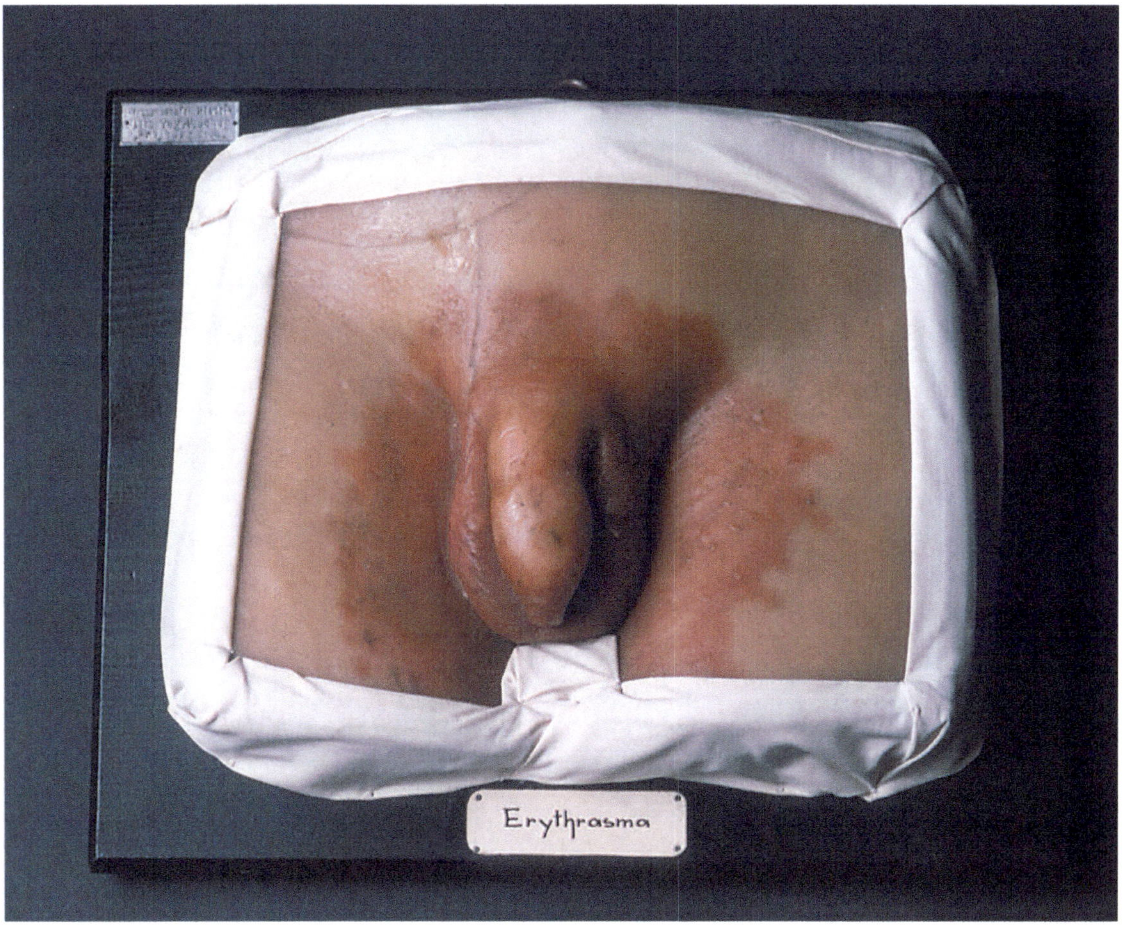

Abb. 11.19. Erythrasma
Hersteller, Datum: Otto Vogelbacher, 1935/36
Größe: 31,5 x 26,5 cm
Rückseite: unbemalt
Bemerkung: Duplikat der I. Nr. 270 aus der Univ.-Hautkl. Freiburg i. Brg.
Nummer: 48 (schwarze Tinte auf weißem Aufkleber, durchgestrichen), 42 (in rotem Buntstift)

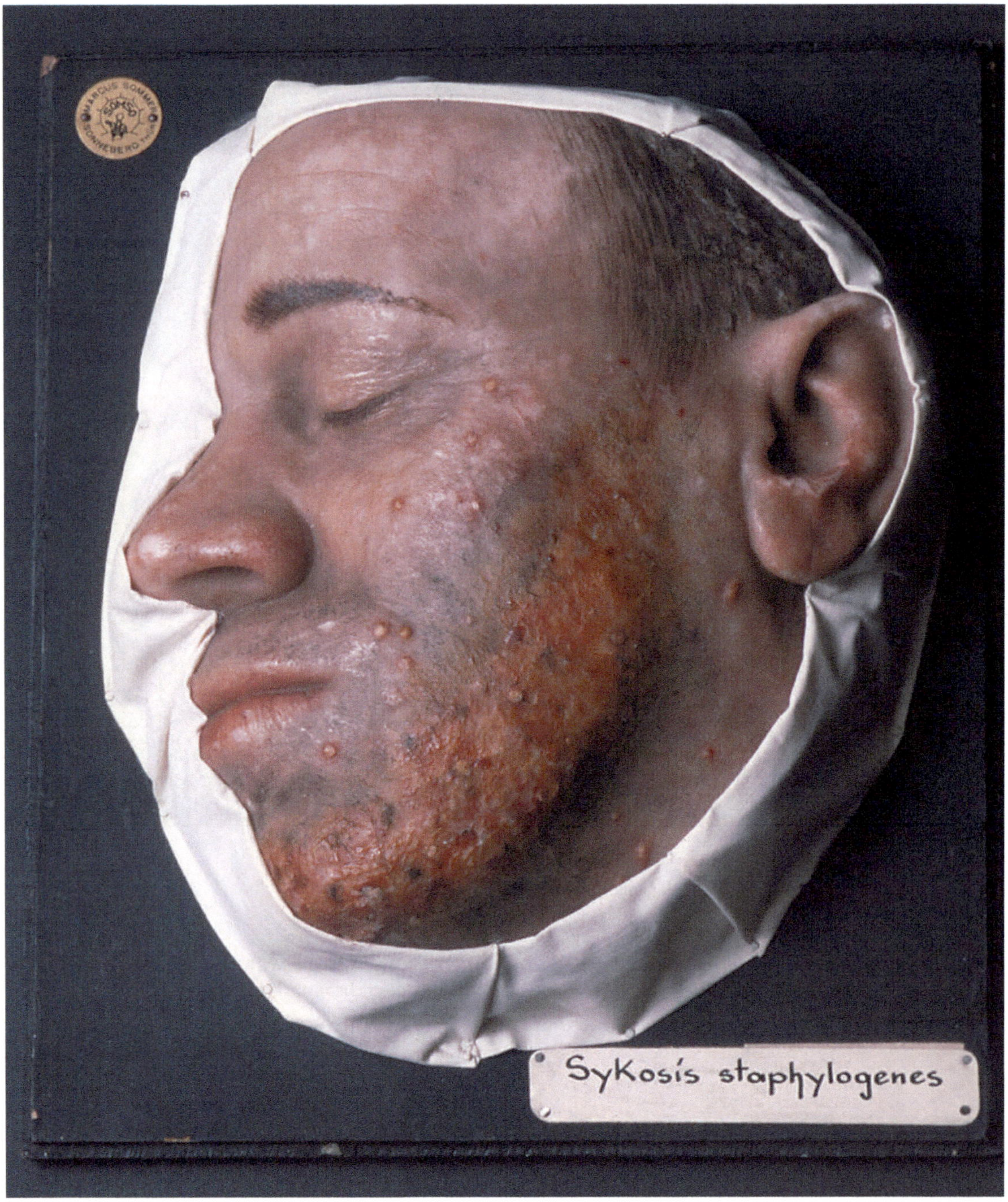

Abb. 11.20. Sykosis staphylogenes
Hersteller: Marcus Sommer
Größe: 22 x 26 cm
Rückseite: unbemalt
Nummer: 5 (in rotem Buntstift)

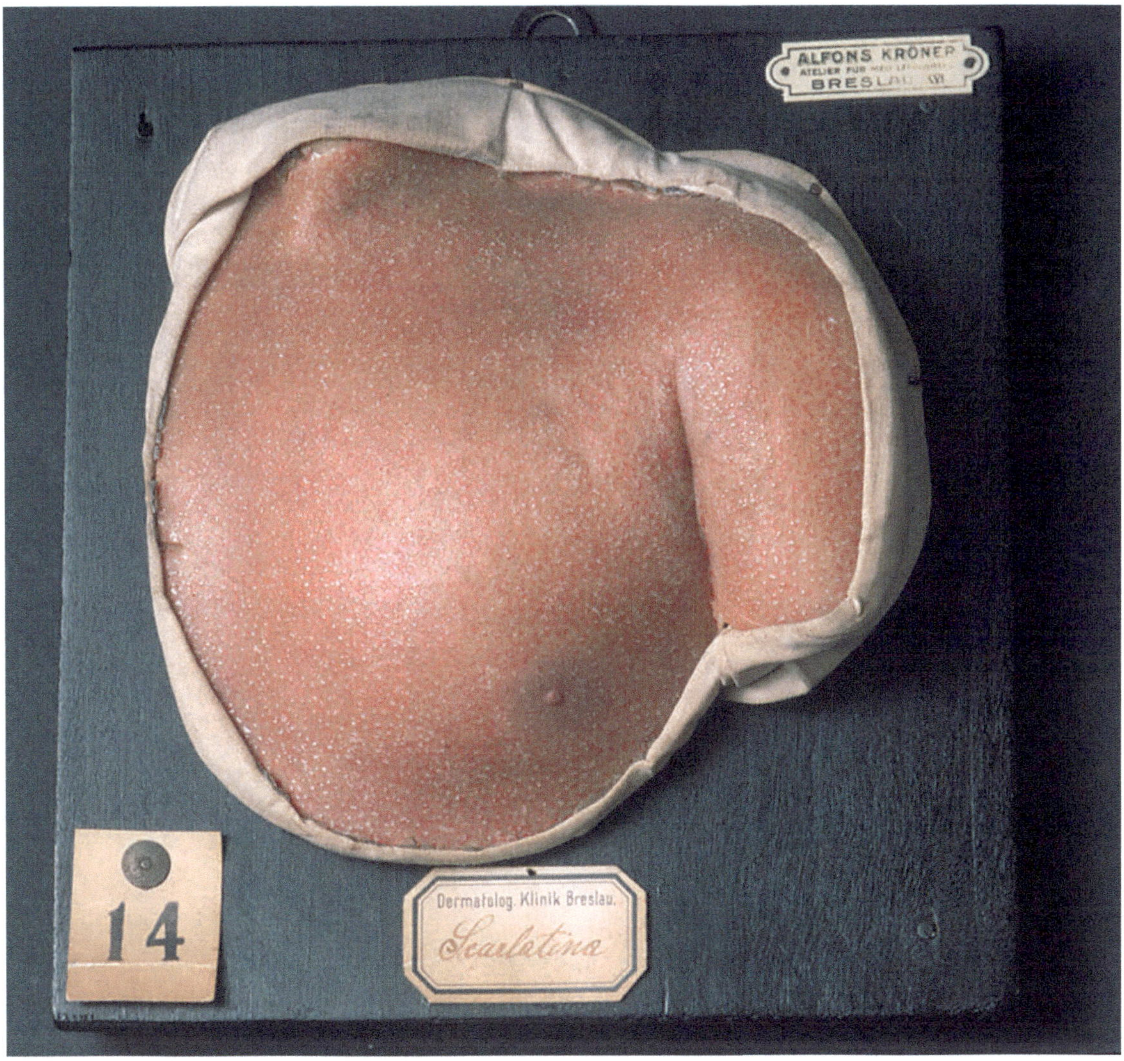

Abb. 11.21. Scarlatina
Aktuelle Bezeichnung: Scharlach
Hersteller, Datum: Alfons Kröner, zwischen 1910 und 1937
Größe: 19 x 20,5 cm
Rückseite: scharz bemalt
Nummer: 14 (aufgeheftetes Schild), 573 (in rotem Buntstift)

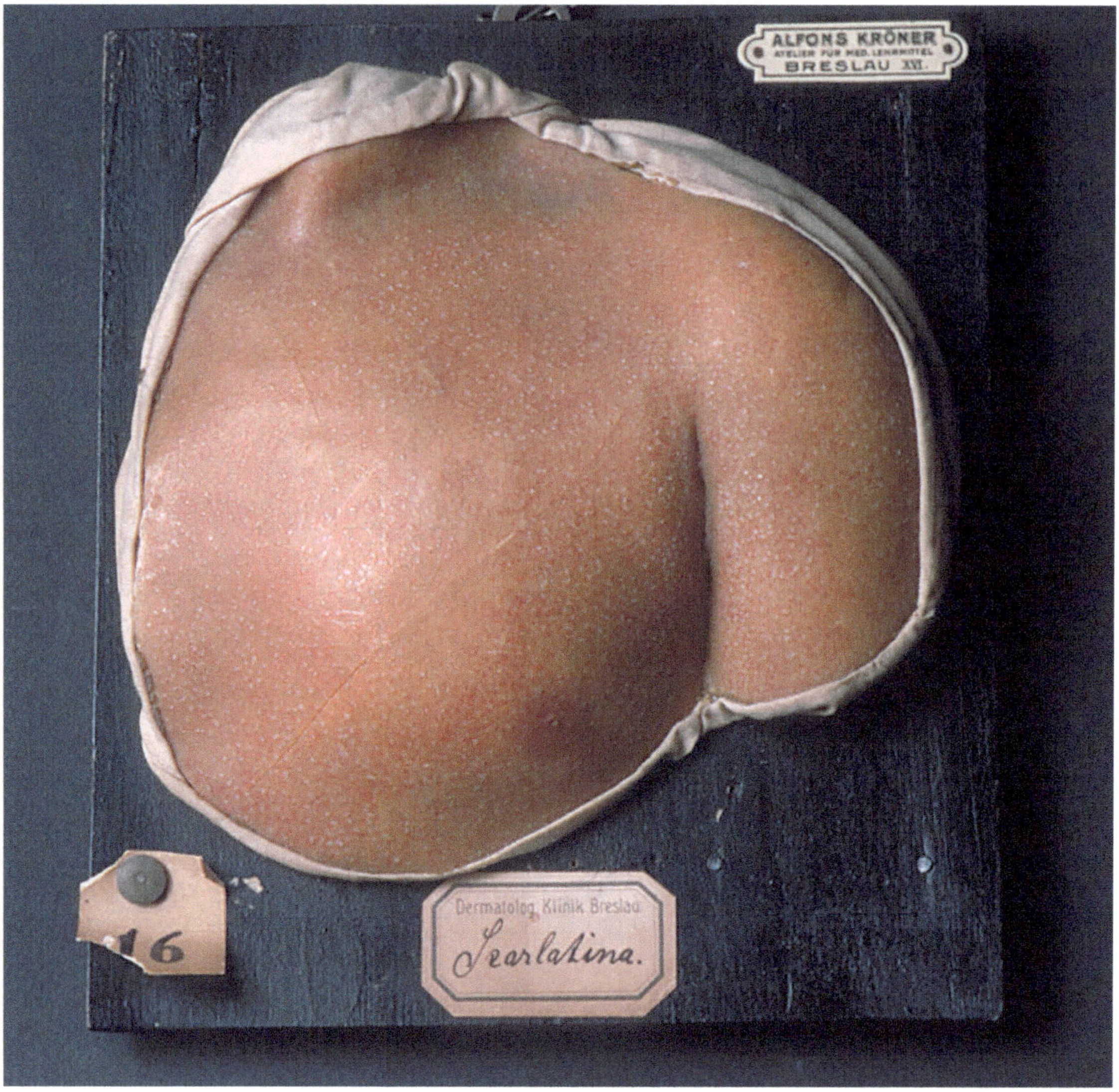

Abb. 11.22. Scarlatina
Hersteller, Datum: Alfons Kröner, zwischen 1910 und 1937
Größe: 17,5 x 20 cm
Rückseite: unbemalt
Nummer: 16 (aufgeheftetes Schild), 573 (in lila Buntstift)

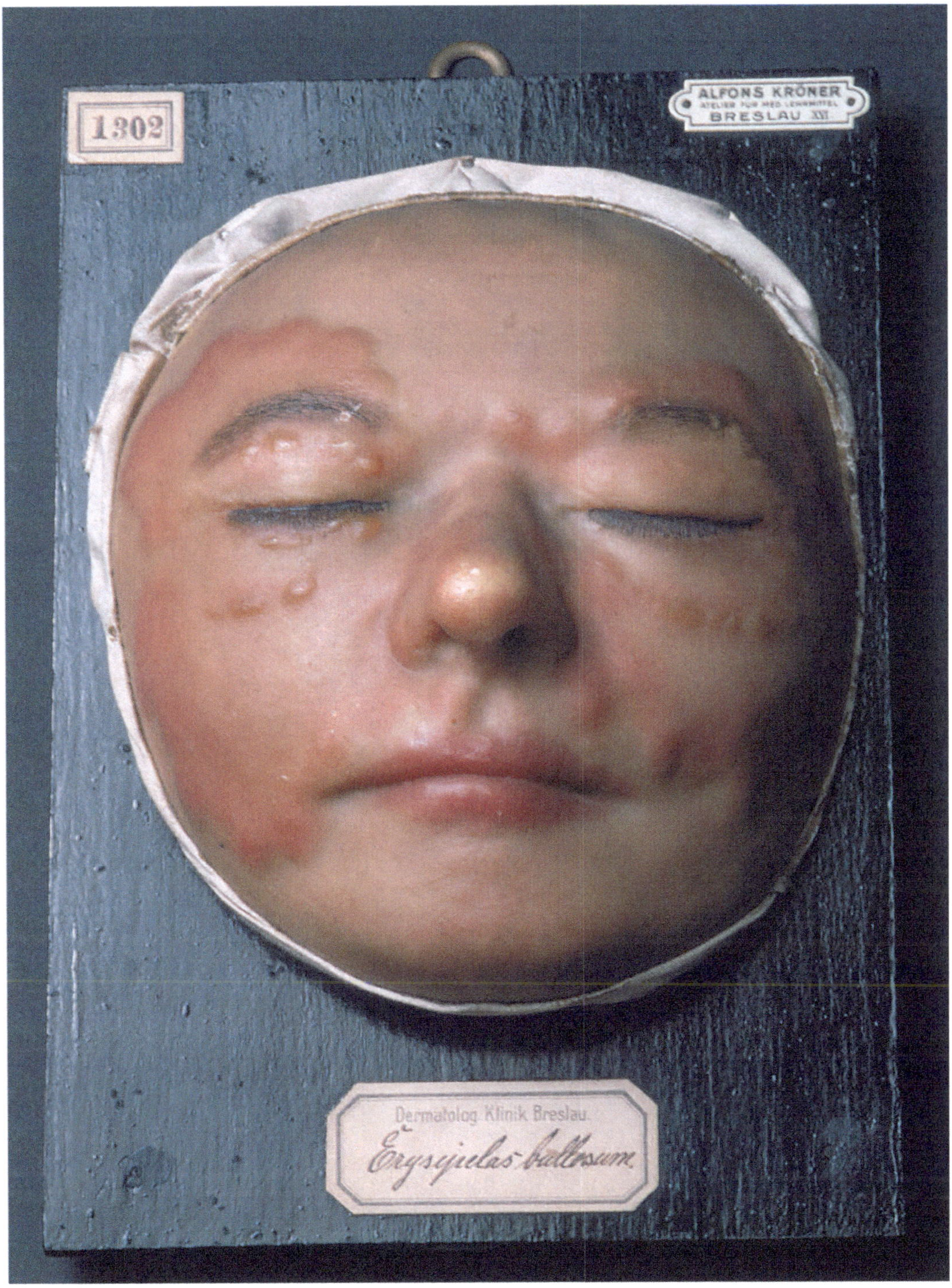

Abb. 11.23. Erysipelas bullosum
Hersteller, Datum: Alfons Kröner, zwischen 1910 und 1937
Größe: 18 x 26,5 cm
Rückseite: unbemalt
Bemerkung: Mediz. Klinik Münster i./W.
Nummer: 1302 (in rotem Buntstift, Rückseite; als Schild, Vorderseite)

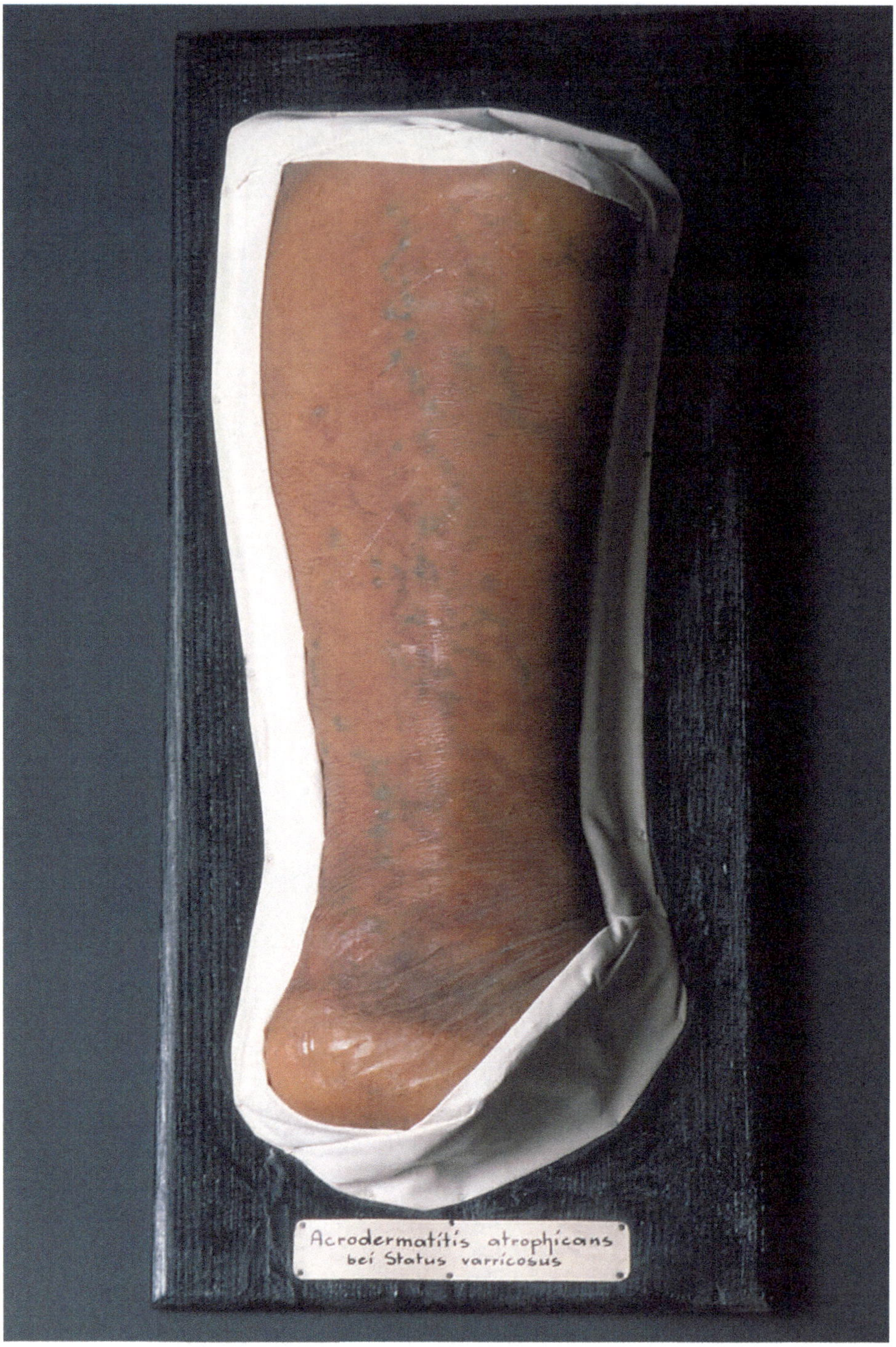

Abb. 11.24. Acrodermatitis atrophicans
bei Status varricosus
Hersteller: unbekannt
Größe: 19,5 x 44 cm
Rückseite: unbemalt
Bemerkung: Hildebrand X b (in Bleistift)
Nummer: keine

11.2 Viral verursachte Erkrankungen

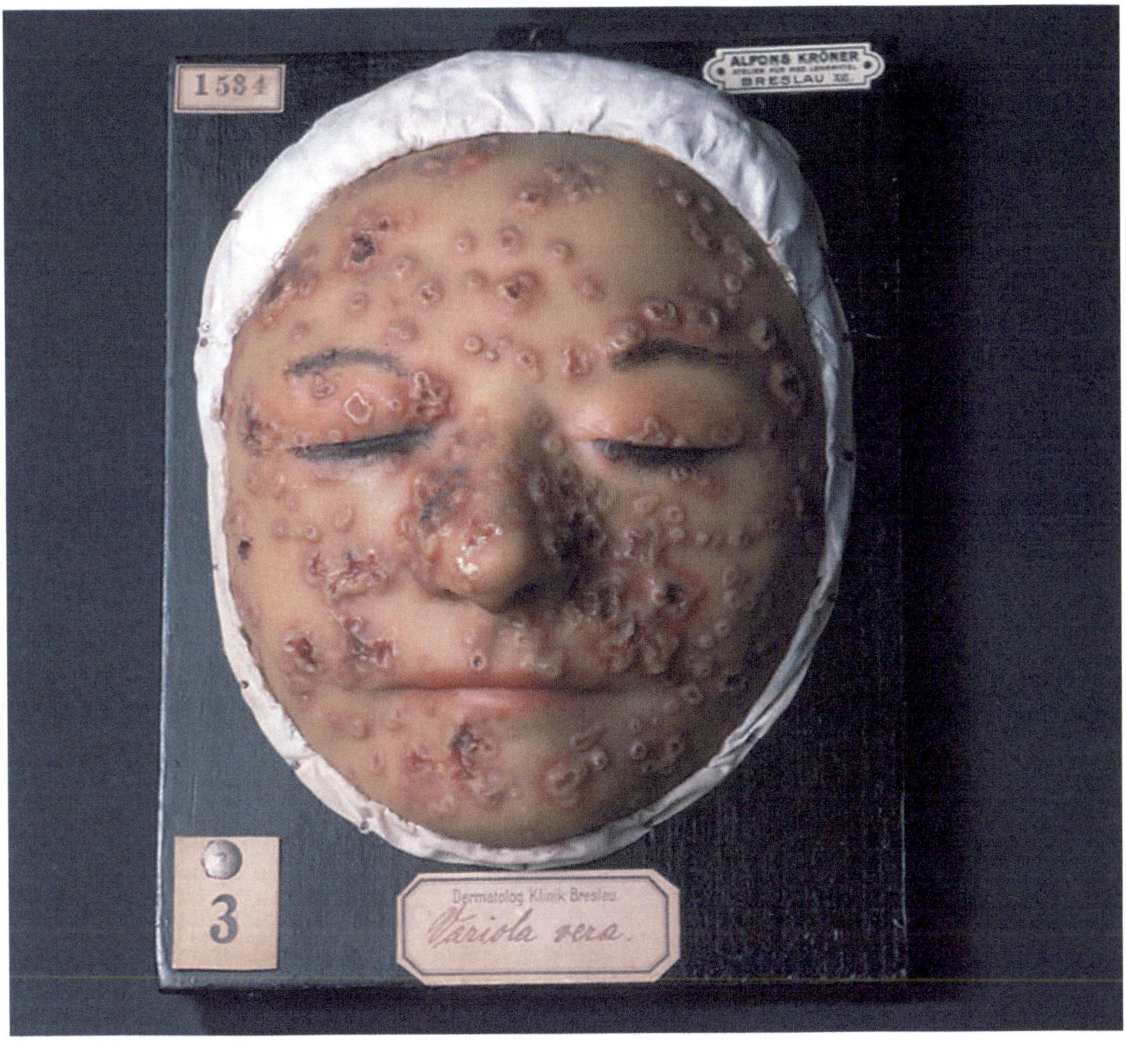

Abb. 11.25. Variola vera
Aktuelle Bezeichnung: Pocken
Hersteller, Datum: Alfons Kröner, zwischen 1910 und 1937
Größe: 18 x 24 cm
Rückseite: unbemalt
Bemerkung: Pockengesicht (in Bleistift)
Nummer: 3 (aufgeheftetes Schild), 1211 (in Bleistift, durchgestrichen), 1534 (in blauem Buntstift, Rückseite; als Schild, Vorderseite)

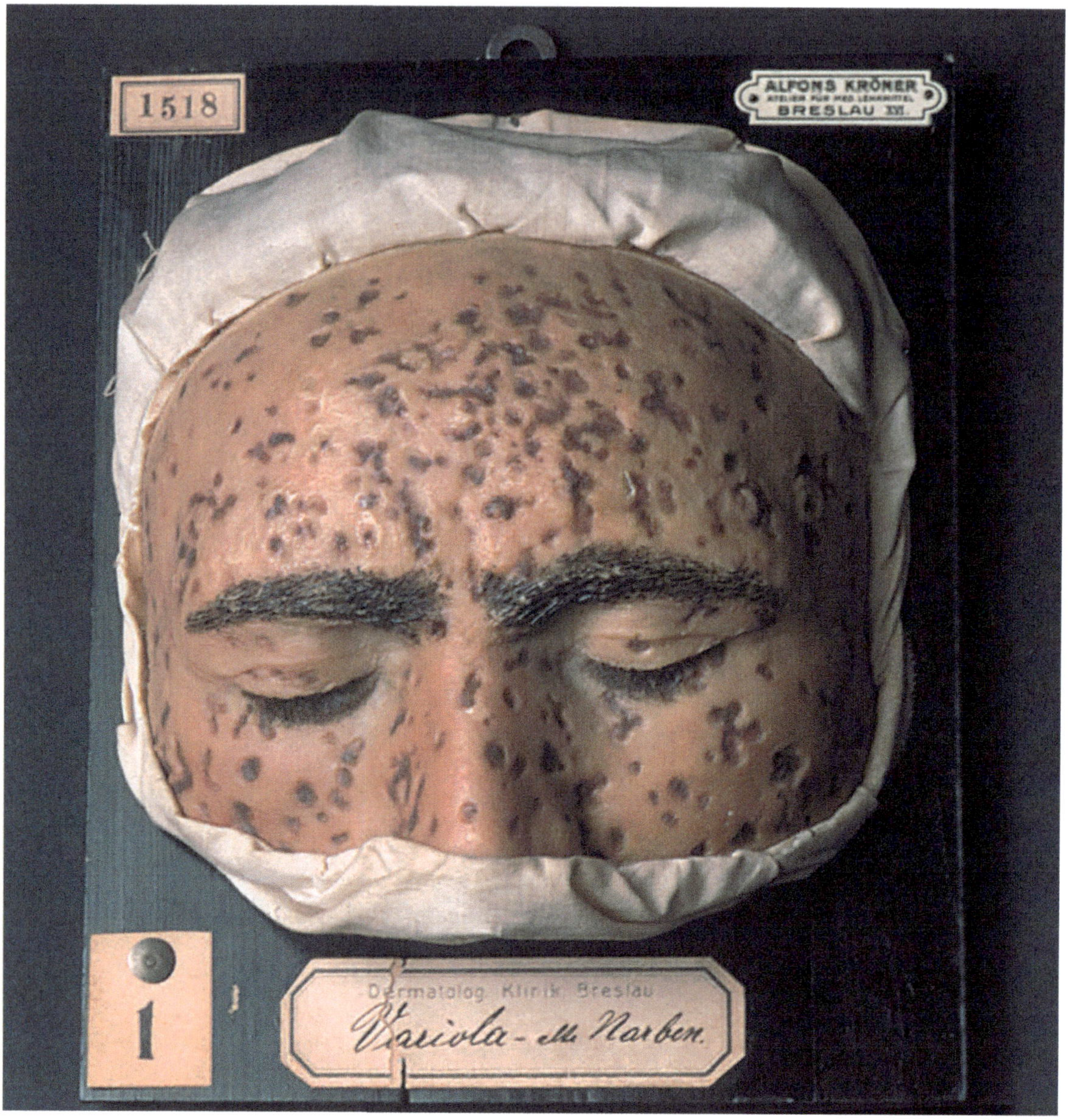

Abb. 11.26. Variola-alte Narben
Hersteller, Datum: Alfons Kröner, zwischen 1910 und 1937
Größe: 18,5 x 23 cm
Rückseite: unbemalt
Nummer: 1 (aufgeheftetes Schild), 1518 (in blauem Buntstift, Rückseite; als Schild, Vorderseite)

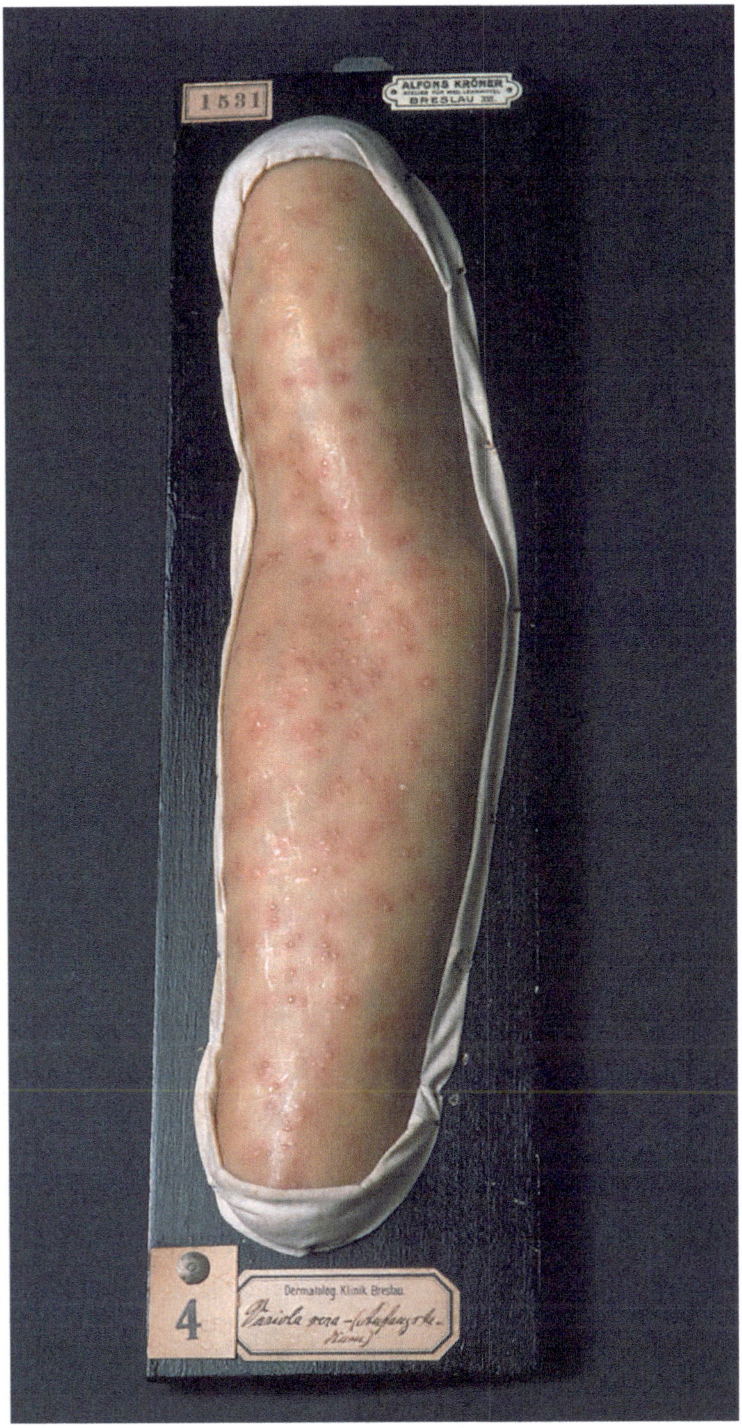

Abb. 11.27. Variola vera – (Anfangsstadium)
Hersteller, Datum: Alfons Kröner, zwischen 1910 und 1937
Größe: 11,5 x 42 cm
Rückseite: unbemalt
Bemerkung: Anfangsstadium v. Pocken (in Bleistift)
Nummer: 4 (aufgeheftetes Schild), 1531 (in grünem Buntstift, Rückseite; als Schild, Vorderseite)

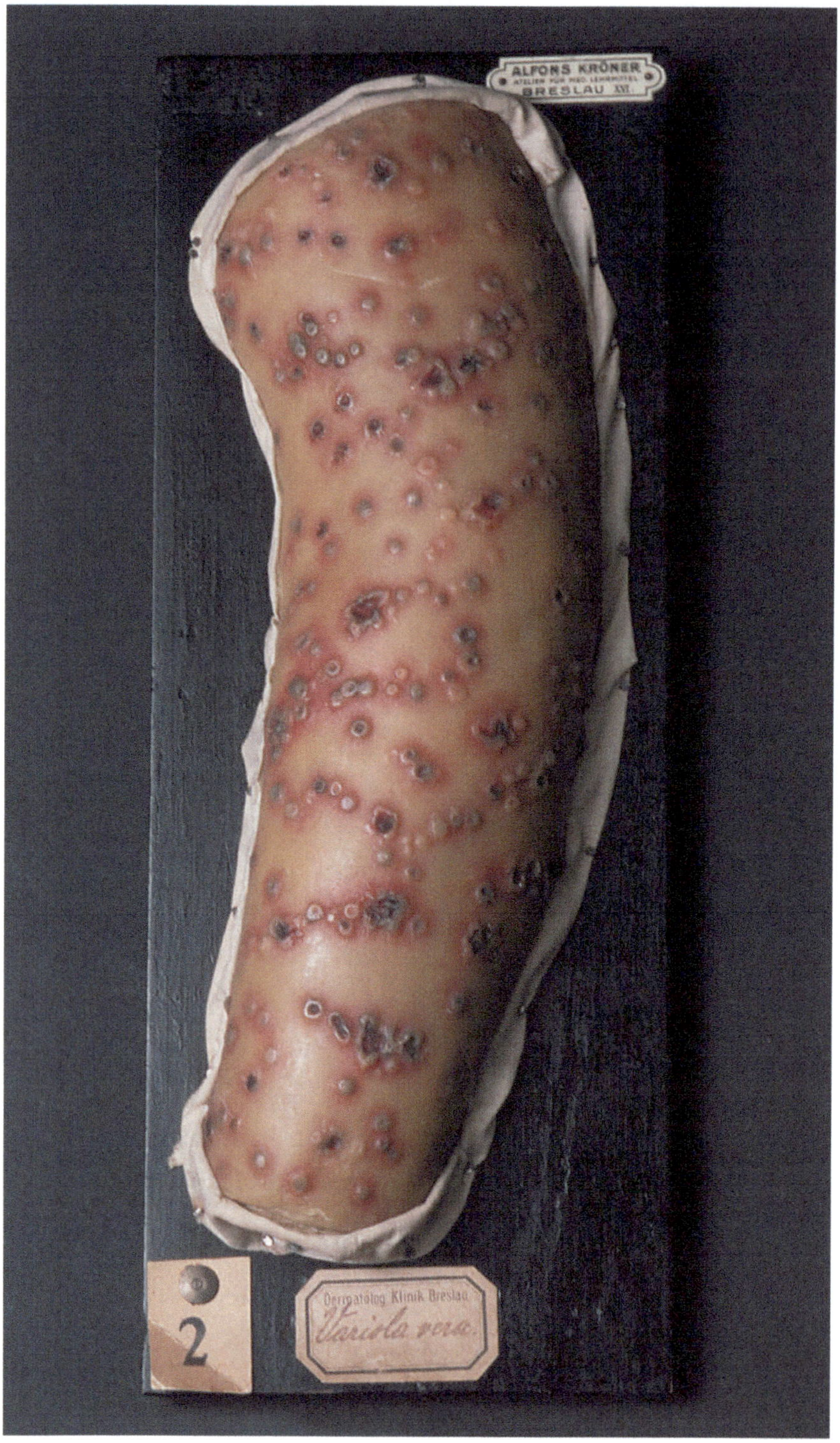

Abb. 11.28. Variola vera
Hersteller, Datum: Alfons Kröner, zwischen 1910 und 1937
Größe: 13 x 34 cm
Rückseite: unbemalt
Nummer: 2 (aufgeheftetes Schild), 148 (in grünem Buntstift)

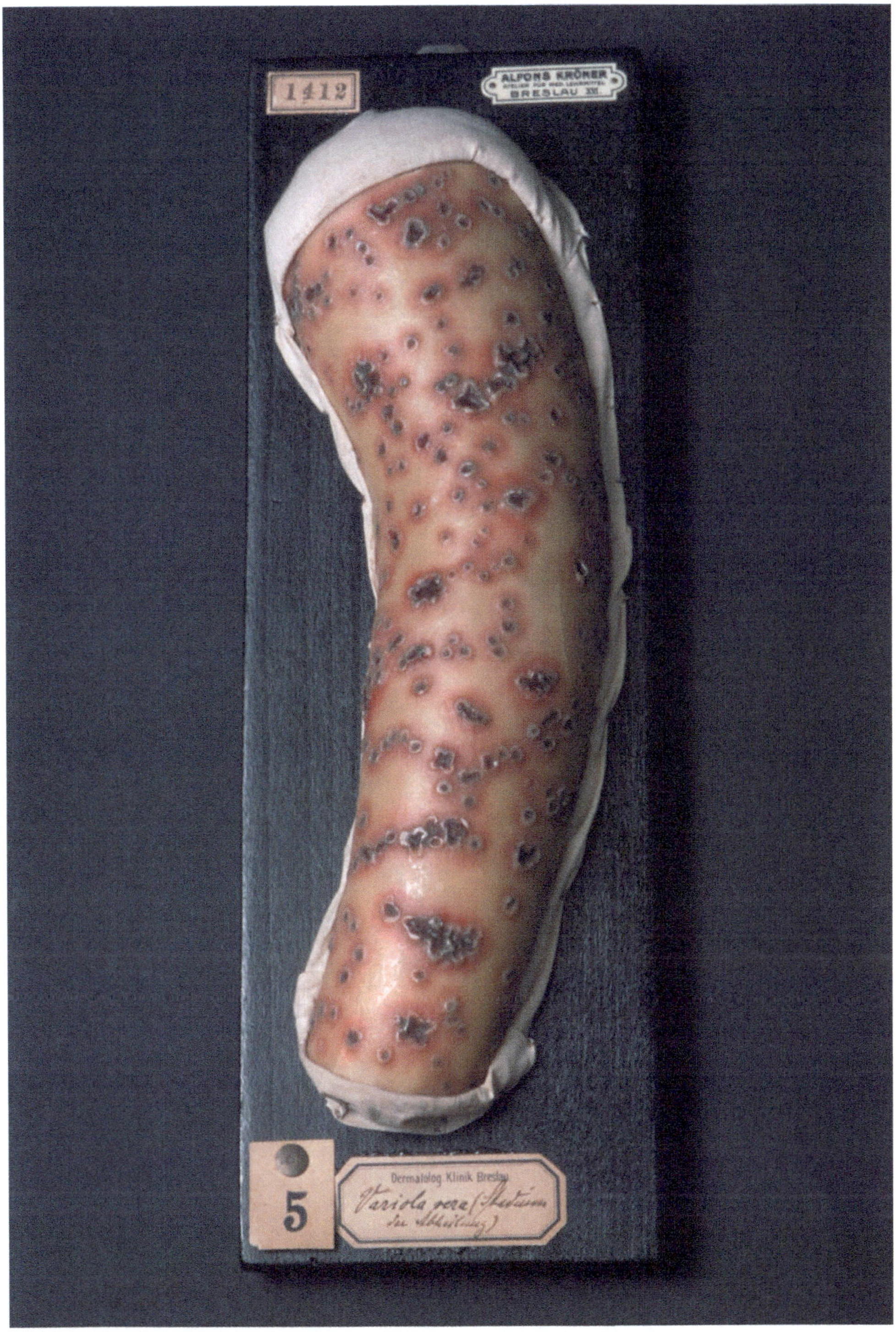

Abb. 11.29. Variola vera (Stadium in Abheilung)
Hersteller, Datum: Alfons Kröner, zwischen 1910 und 1937
Größe: 12,5 x 38 cm
Rückseite: unbemalt
Nummer: 5 (aufgeheftetes Schild), 1412 (in grünem Buntstift, Rückseite; als Schild, Vorderseite)

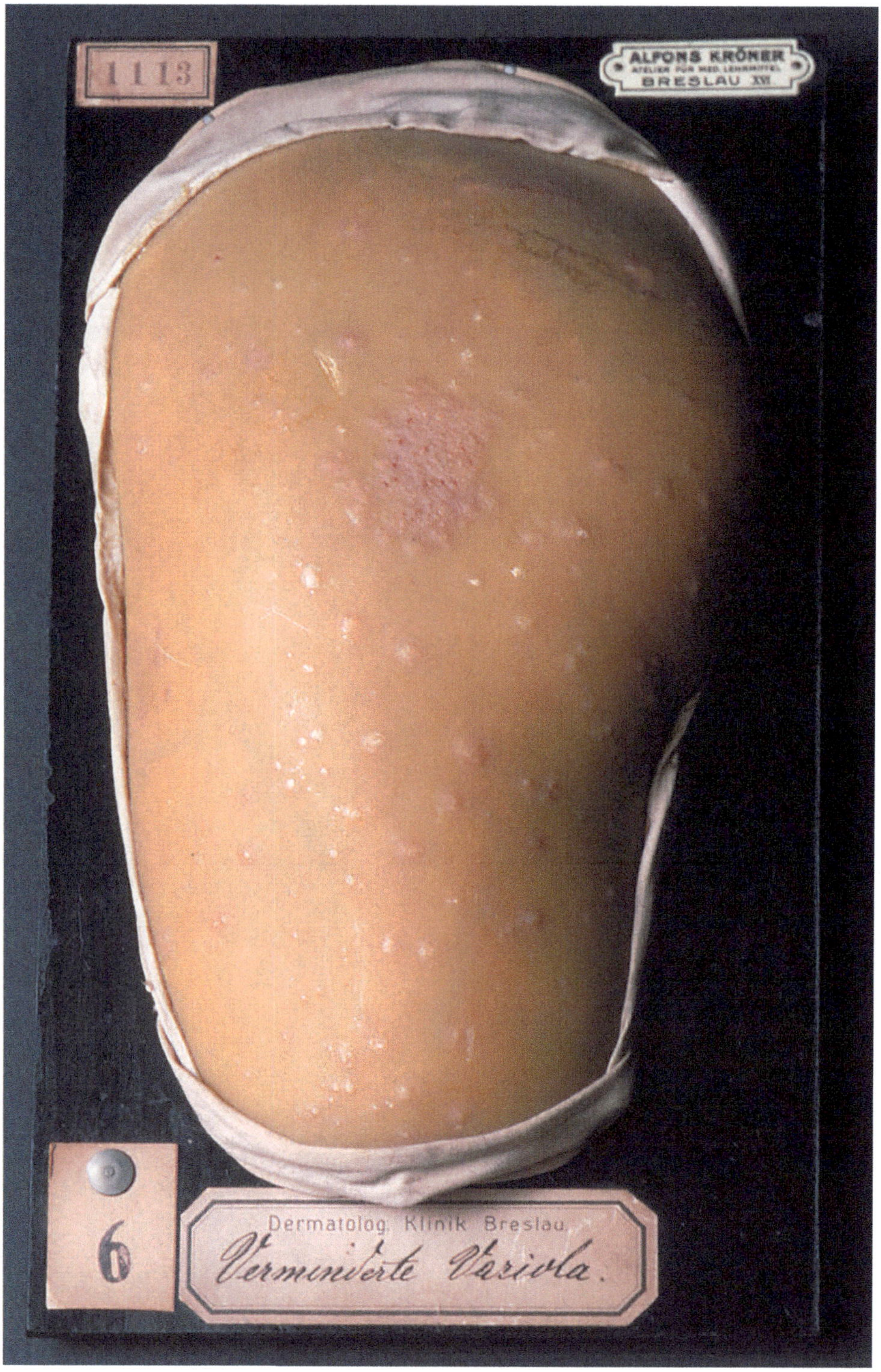

Abb. 11.30. Verminderte Variola
Hersteller, Datum: Alfons Kröner, zwischen 1910 und 1937
Größe: 16 x 27,5 cm
Rückseite: unbemalt
Nummer: 6 (aufgeheftetes Schild), 1113 (in blauem Buntstift, Rückseite; als Schild, Vorderseite)

11

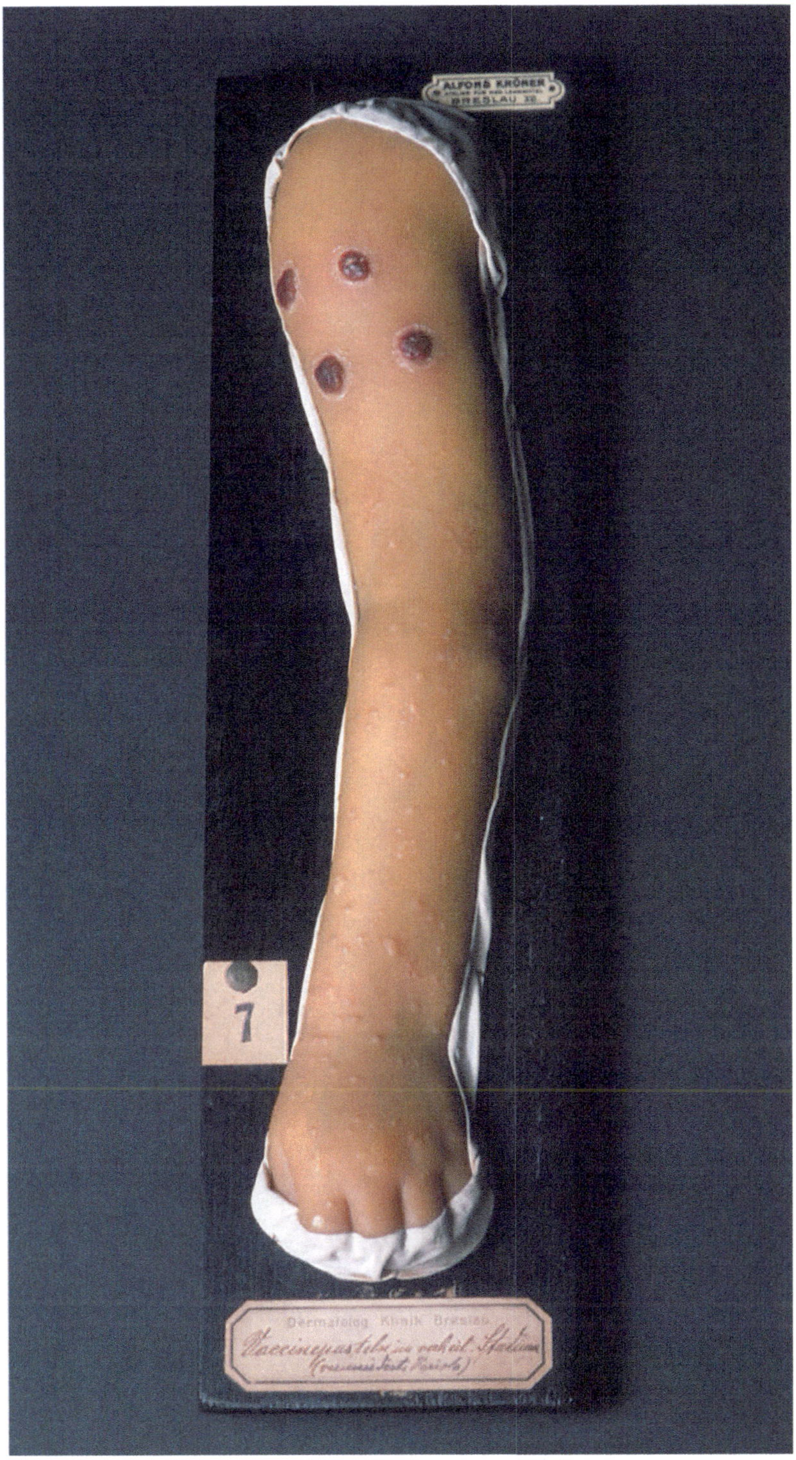

Abb. 11.31. Vaccinepusteln im verheil. Stadium (verminderte Variola)
Hersteller, Datum: Alfons Kröner, zwischen 1910 und 1937
Größe: 11 x 42,5 cm
Rückseite: schwarz bemalt
Nummer: 7 (aufgeheftetes Schild), 586 (in rotem Buntstift)

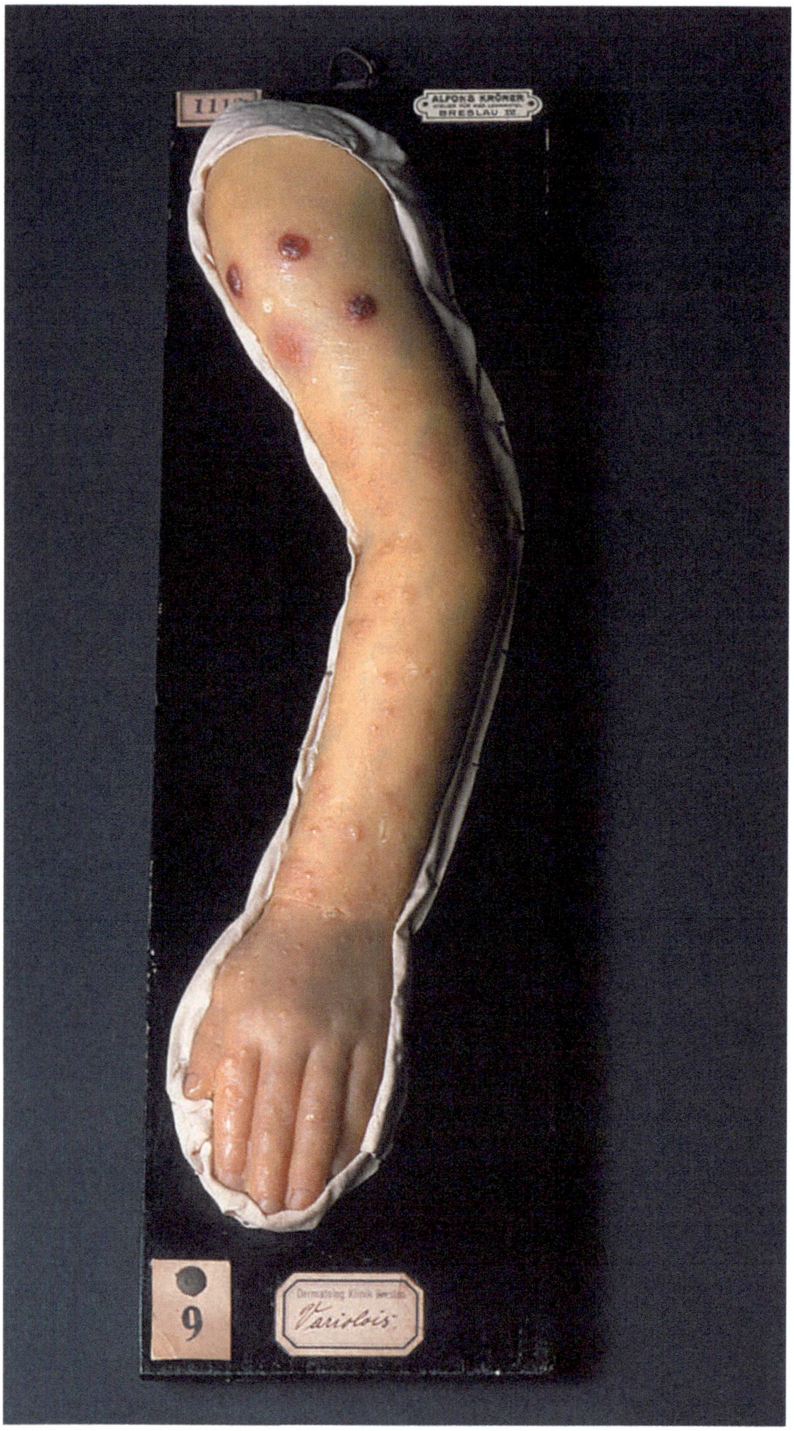

Abb. 11.32. Variolois
Hersteller, Datum: Alfons Kröner, zwischen 1910 und 1937
Größe: 13,5 x 46 cm
Rückseite: unbemalt
Nummer: 9 (aufgeheftetes Schild), 1112 (in grünem Buntstift, Rückseite; als Schild, Vorderseite)

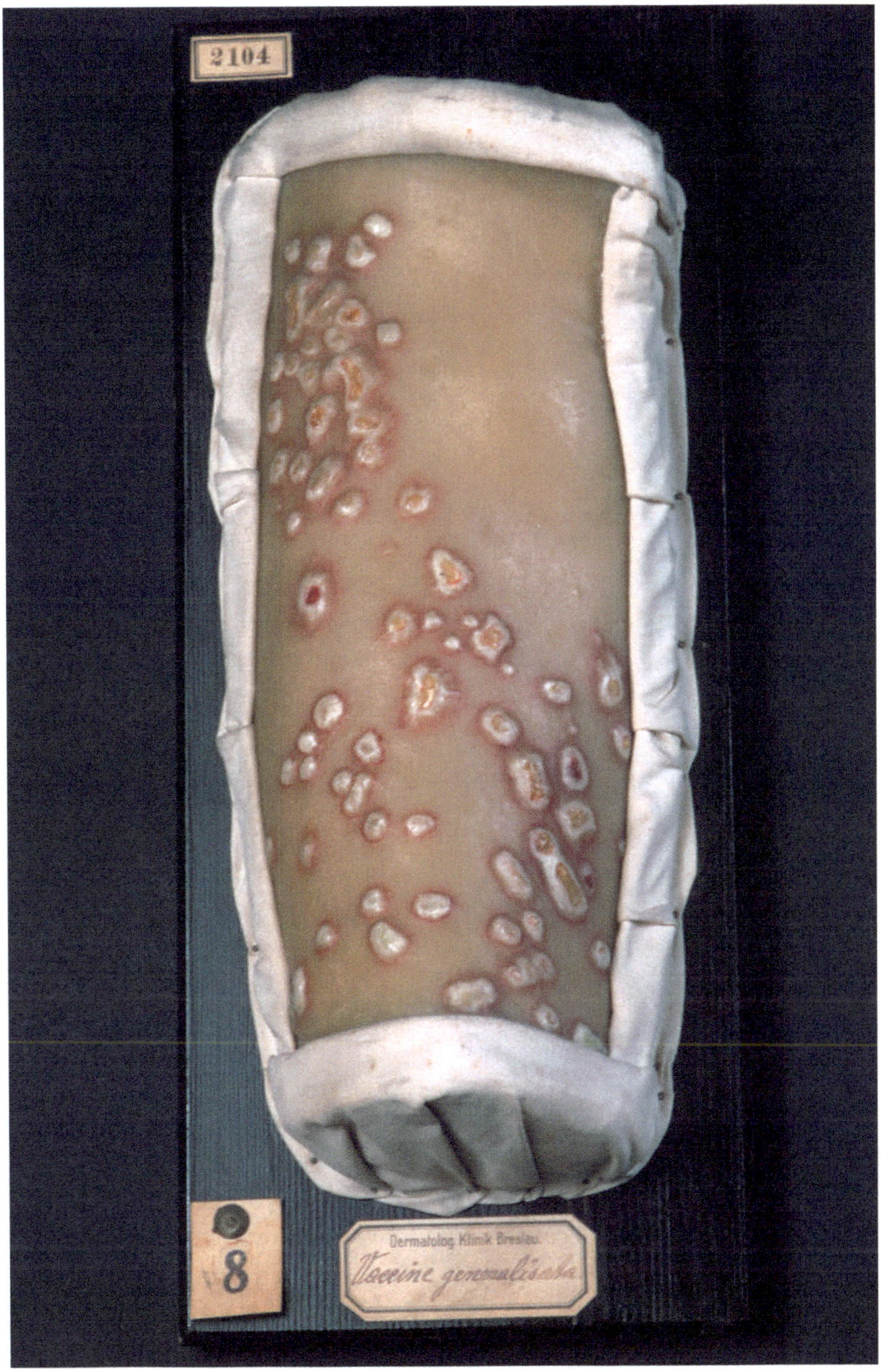

Abb. 11.33. Vaccine generalisata
Hersteller: Alfons Kröner, zwischen 1897 und 1937
Größe: 16 x 38 cm
Rückseite: unbemalt
Bemerkung: N 244 (in Bleistift)
Nummer: 8 (aufgeheftetes Schild), 2104 (in rotem Buntstift, Rückseite; als Schild, Vorderseite)

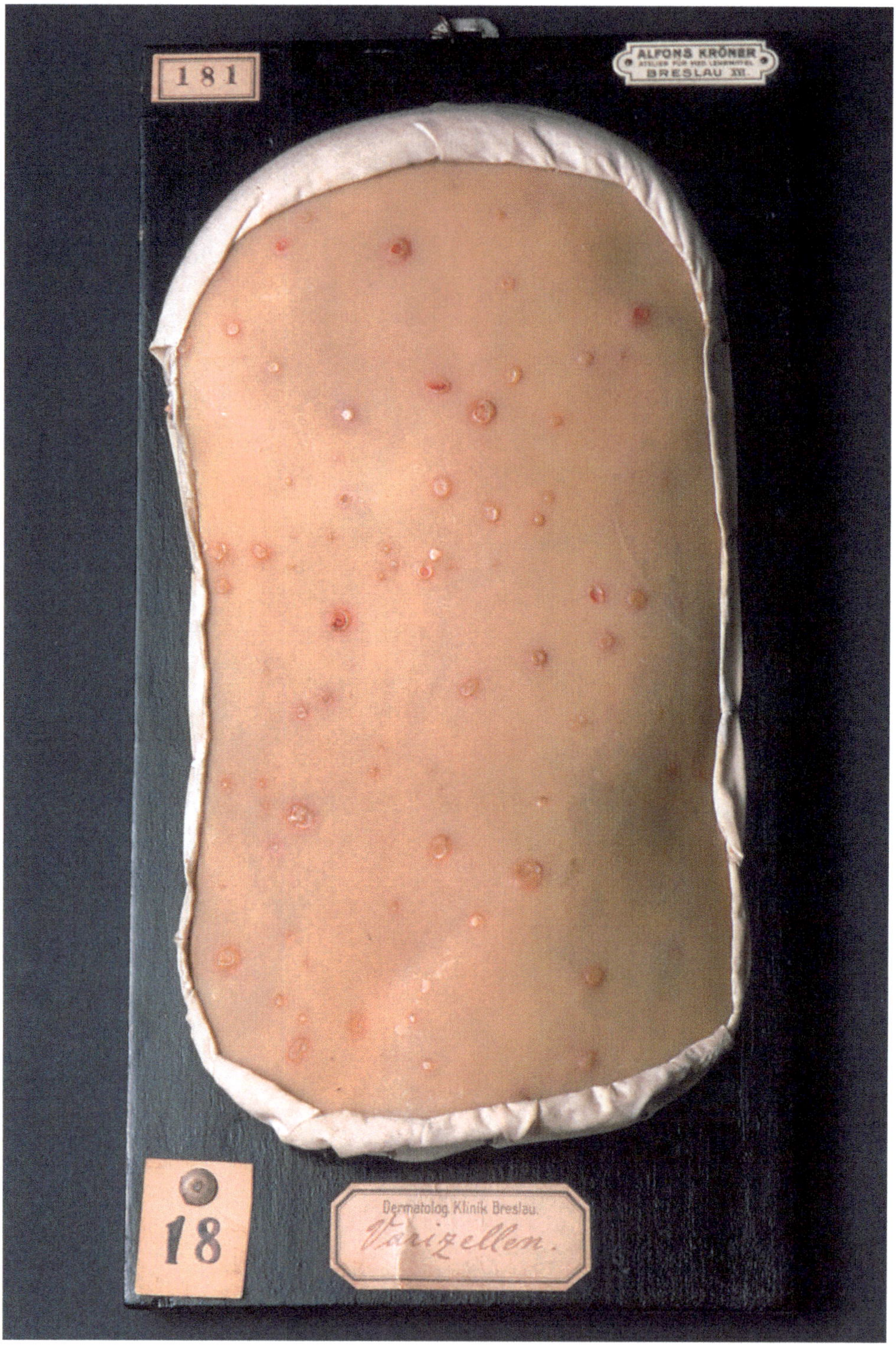

11

Abb. 11.34. Varizellen
Hersteller, Datum: Alfons Kröner, zwischen 1910 und 1937
Größe: 17,5 x 34,5 cm
Rückseite: unbemalt
Nummer: 18 (aufgeheftetes Schild), 181 (in blauem Buntstift, Rückseite; als Schild, Vorderseite)

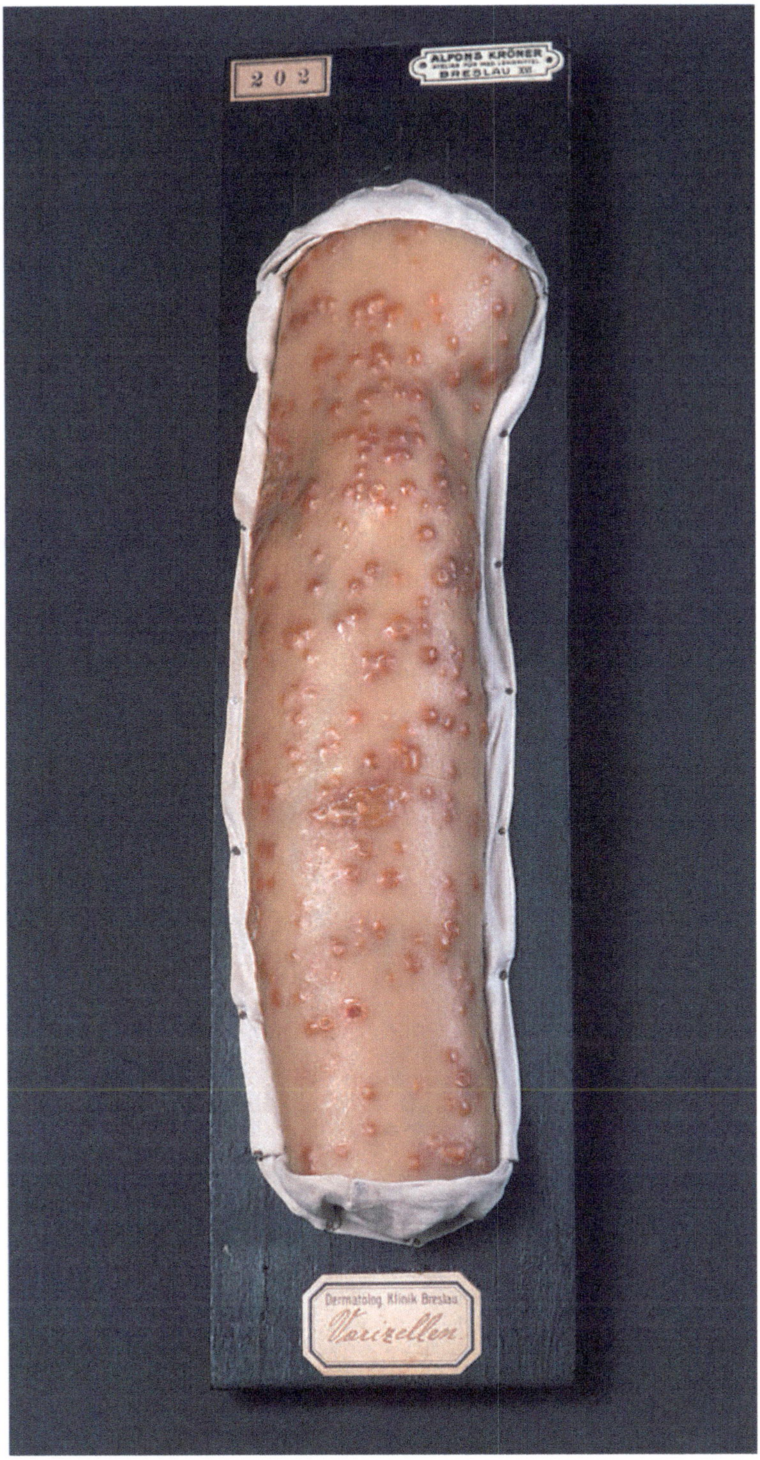

Abb. 11.35. Varizellen
Hersteller, Datum: Alfons Kröner, zwischen 1910 und 1937
Größe: 10 x 39 cm
Rückseite: unbemalt
Nummer: 202 (in blauem Buntstift, Rückseite; als Schild, Vorderseite)

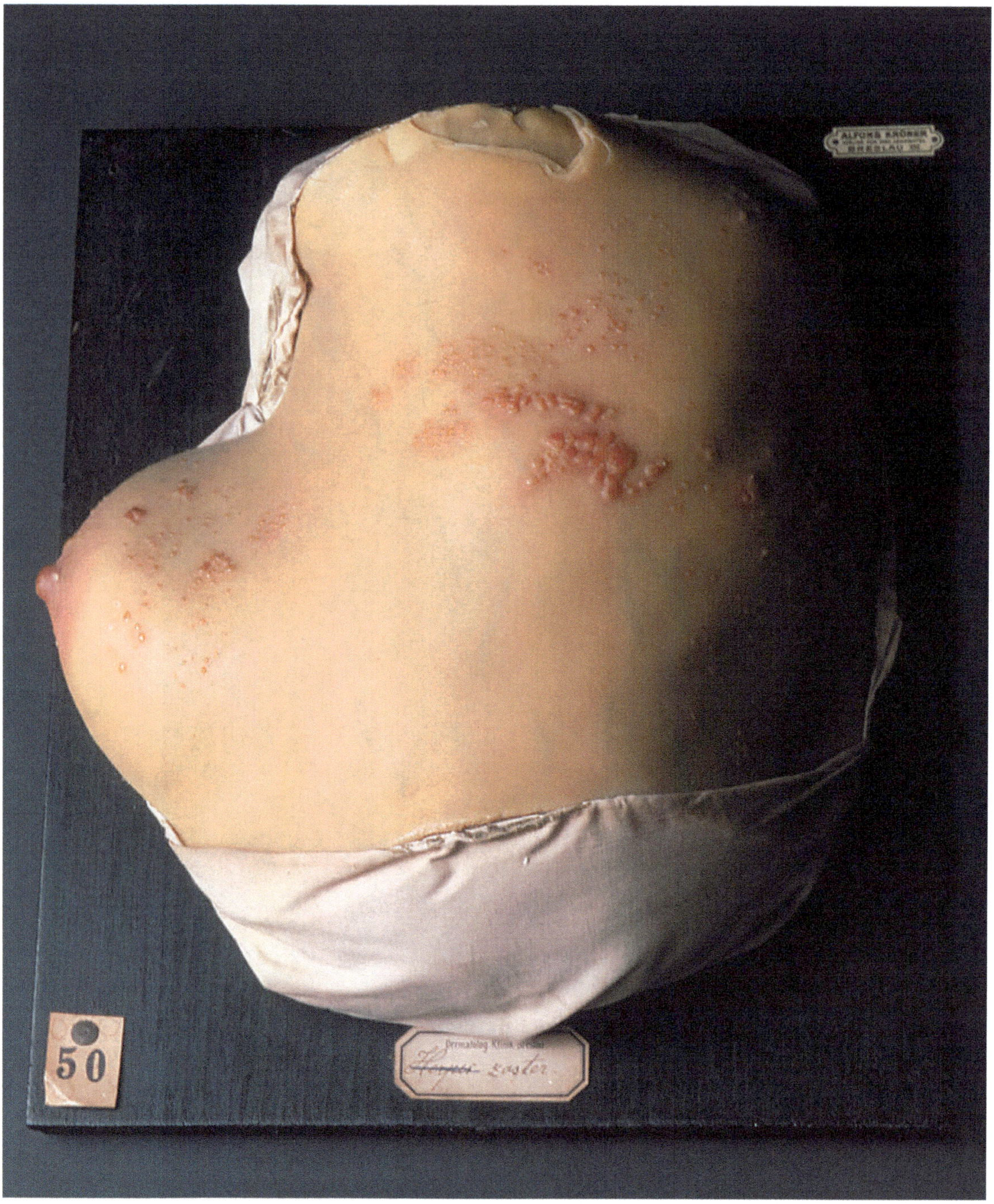

Abb. 11.36. Herpes Zoster
Hersteller, Datum: Alfons Kröner, zwischen 1910 und 1937
Größe: 33 x 39 cm
Rückseite: schwarz bemalt
Nummer: 50 (aufgeheftetes Schild), 978 (in rotem Buntstift)

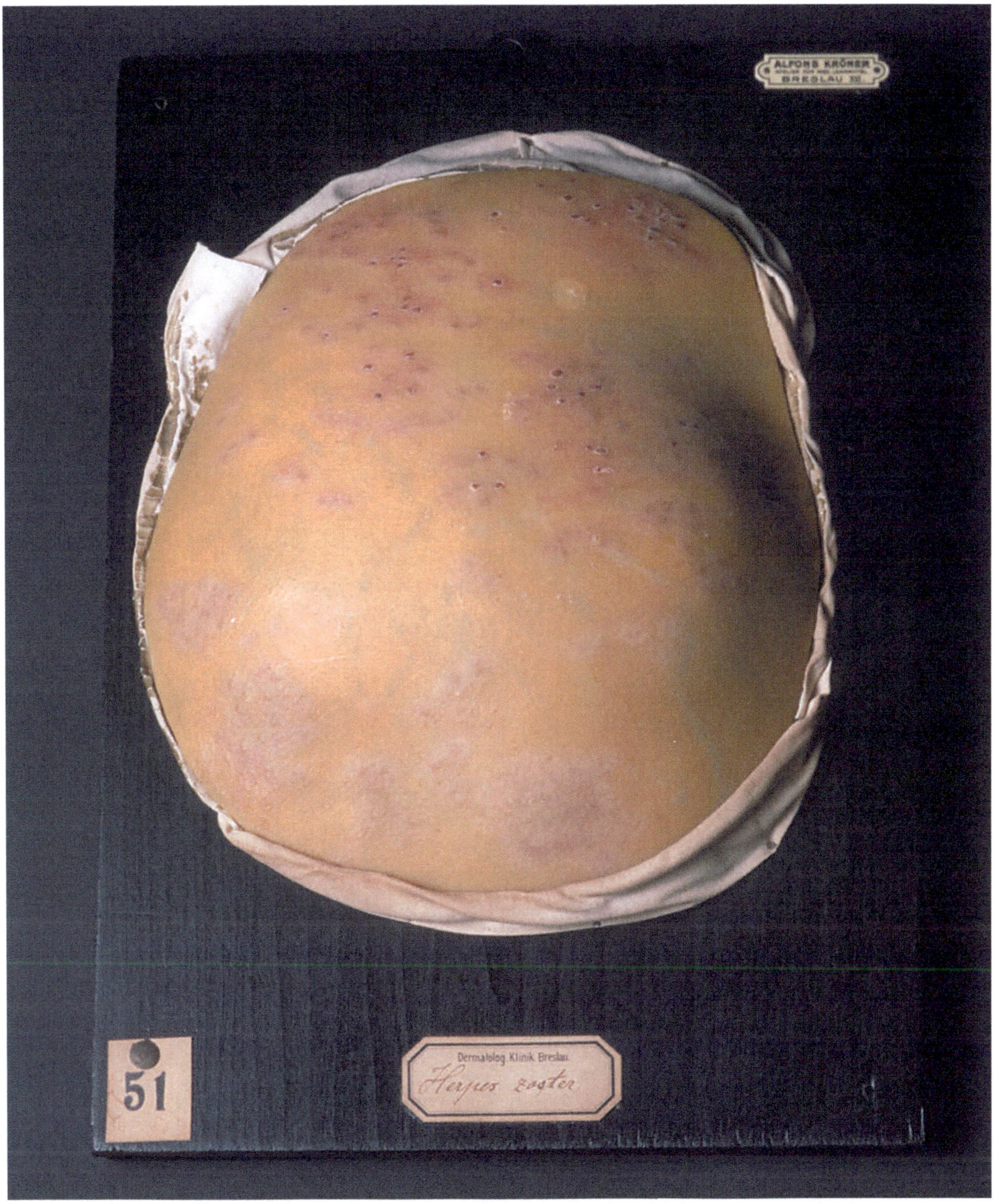

Abb. 11.37. Herpes Zoster
Hersteller, Datum: Alfons Kröner, zwischen 1910 und 1937
Größe: 26,5 x 37,5 cm
Rückseite: schwarz bemalt
Nummer: 51 (aufgeheftetes Schild), 1023 (in rotem Buntstift)

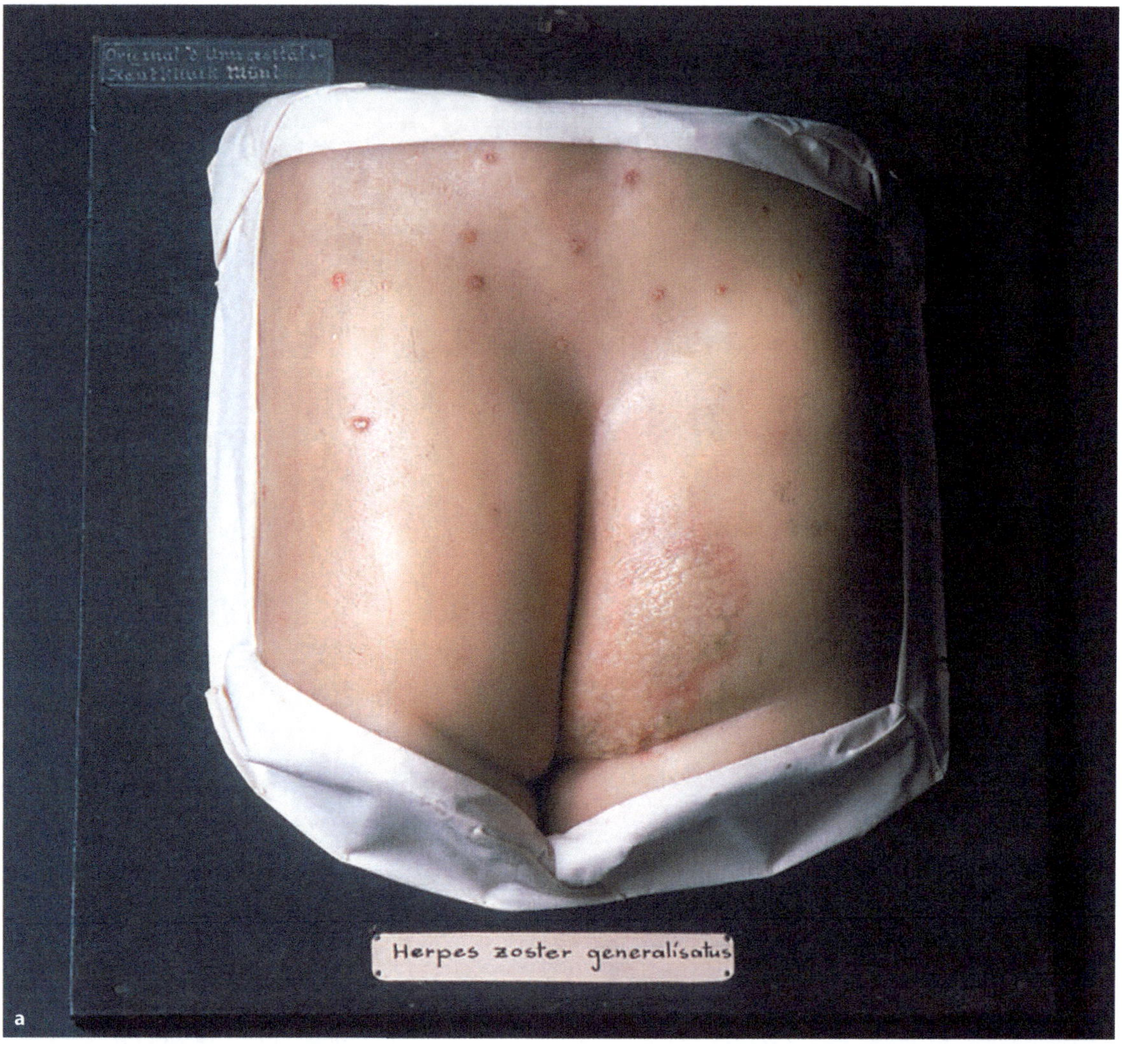

a

b

Abb. 11.38. a Herpes zoster generalisatus
Hersteller: vermutlich Hugo Emanuel Becher, zwischen 1904 und 1926
Größe: 31,5 x 33,5 cm
Rückseite: unbemalt
b Bemerkung: Original d. Universitäts-Hautklinik München (linke obere Ecke)
Nummer: 6 (in rotem Buntstift)

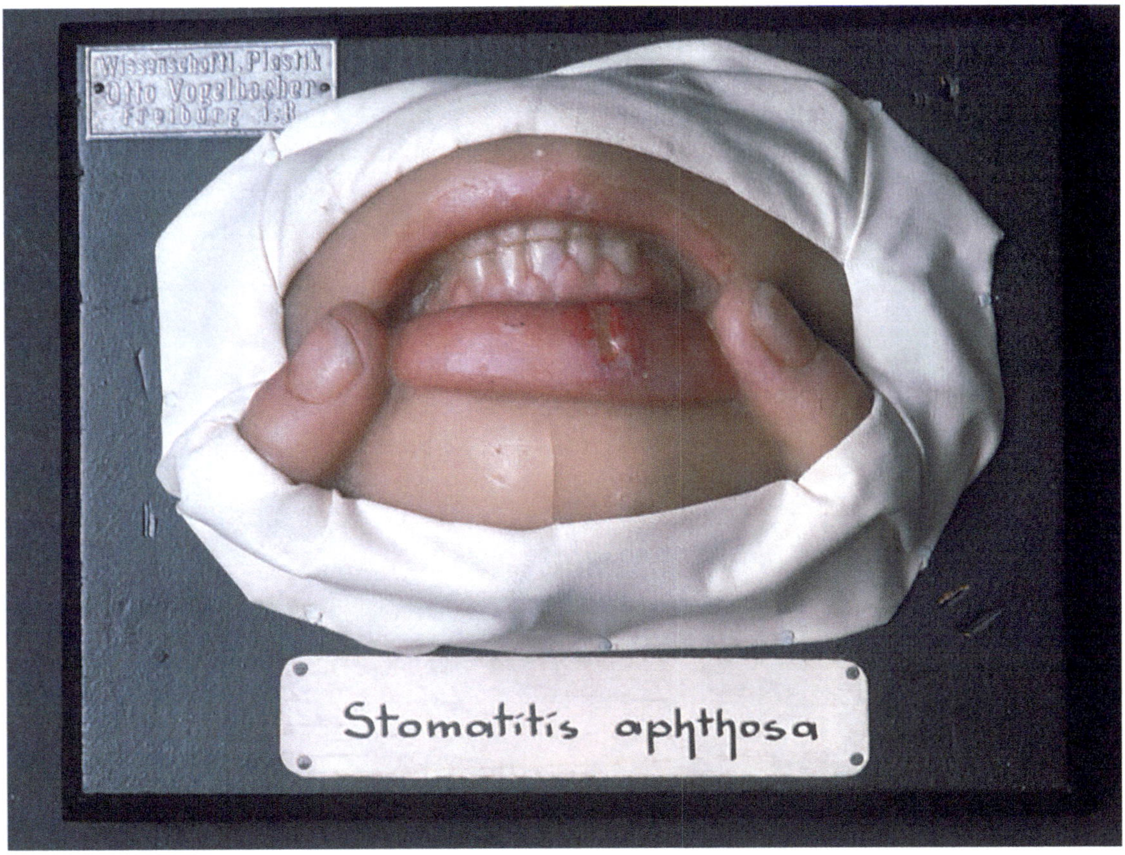

Abb. 11.39. Stomatitis aphthosa
Hersteller, Datum: Otto Vogelbacher, 1935/36
Größe: 16 x 12,5 cm
Rückseite: unbemalt
Bemerkung: Duplikat der I. Nr. 834 aus der Univ. Hautkl. Freiburg i. Brg.
Nummer: 38 (schwarze Tinte auf weißem Aufkleber, durchgestrichen), 4 (in rotem Buntstift)

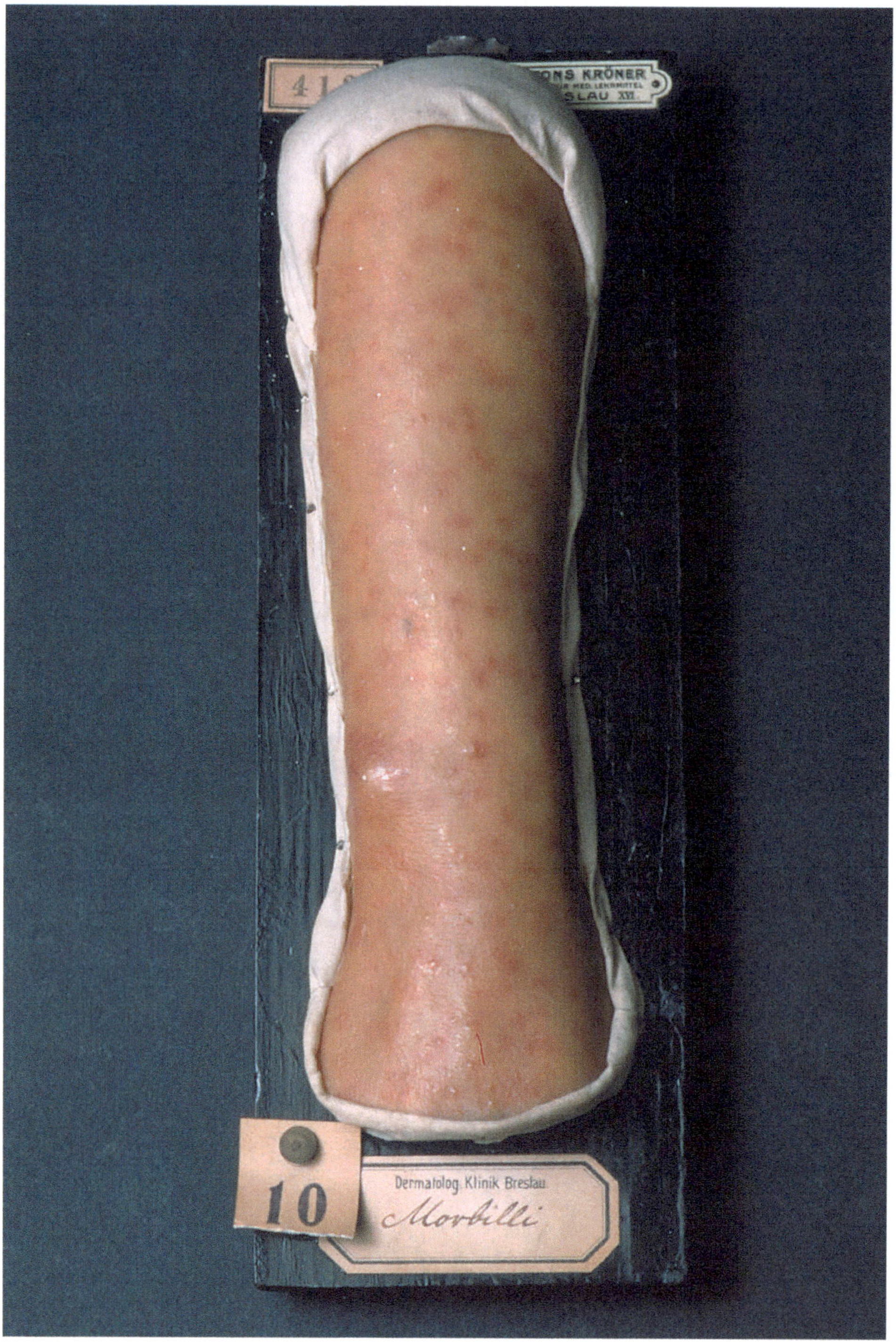

Abb. 11.40. Morbilli
Aktuelle Bezeichnung: Masern
Hersteller, Datum: Alfons Kröner, zwischen 1910 und 1937
Größe: 10 x 30 cm
Rückseite: unbemalt
Nummer: 10 (aufgeheftetes Schild), 413 (in grünem Buntstift, Rückseite; als Schild, Vorderseite)

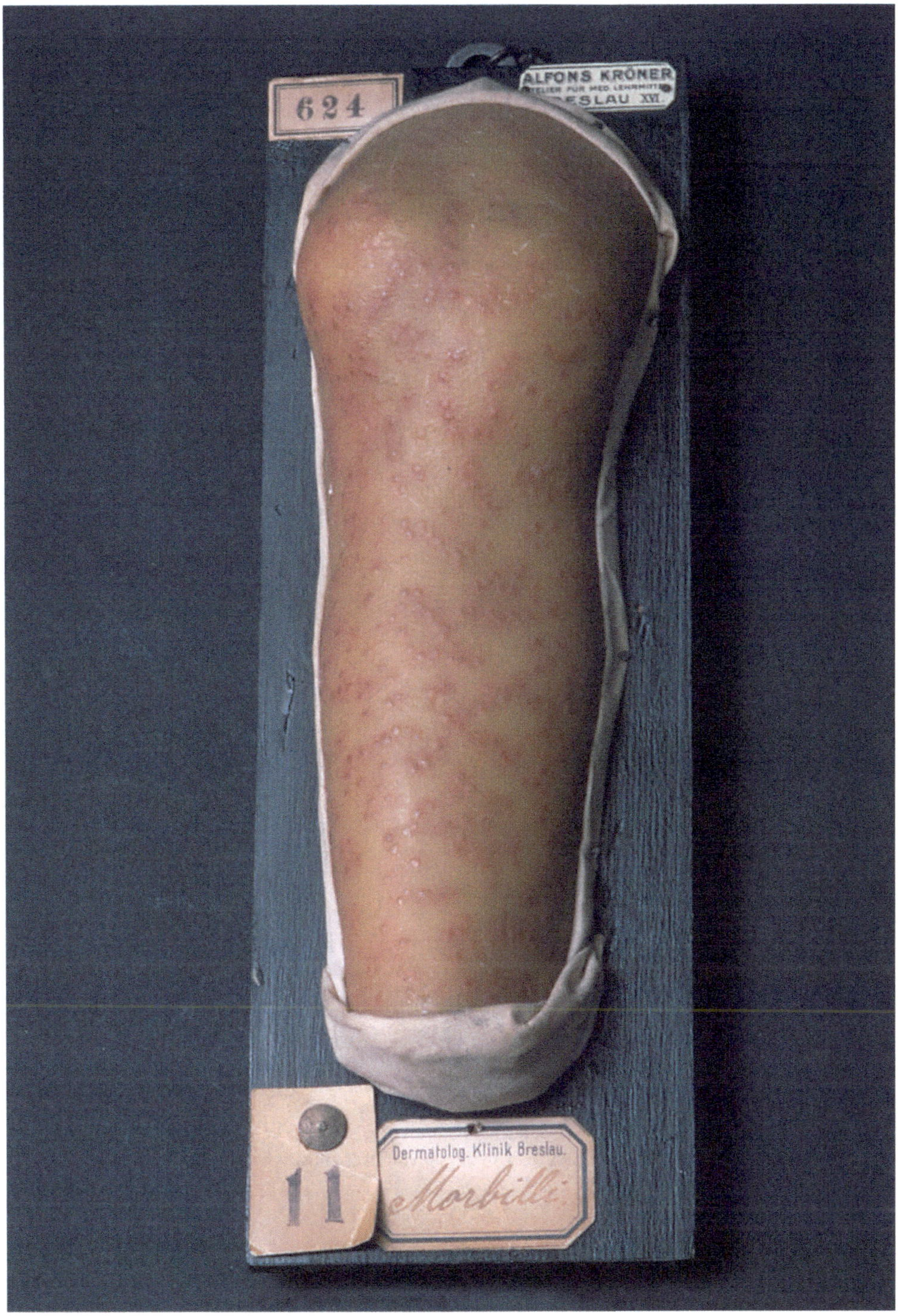

Abb. 11.41. Morbilli
Hersteller, Datum: Alfons Kröner, zwischen 1910 und 1937
Größe: 9 x 26 cm
Rückseite: unbemalt
Nummer: 11 (aufgeheftetes Schild), 624 (in blauem Buntstift, Rückseite; als Schild, Vorderseite)

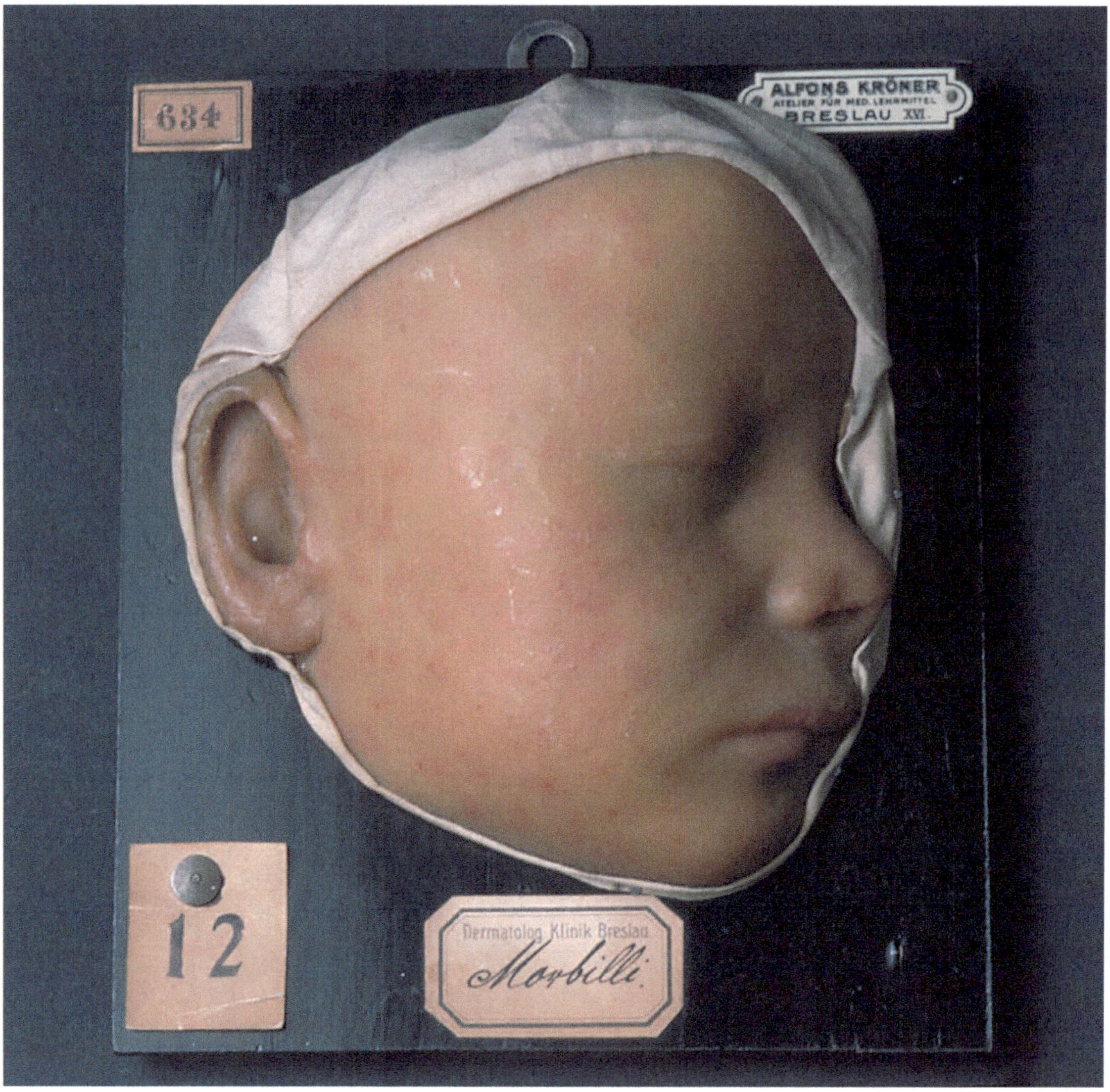

Abb. 11.42. Morbilli
Hersteller, Datum: Alfons Kröner, zwischen 1910 und 1937
Größe: 16,5 x 19,5 cm
Rückseite: unbemalt
Nummer: 12 (aufgeheftetes Schild), 634 (in grünem Buntstift, Rückseite; als Schild, Vorderseite)

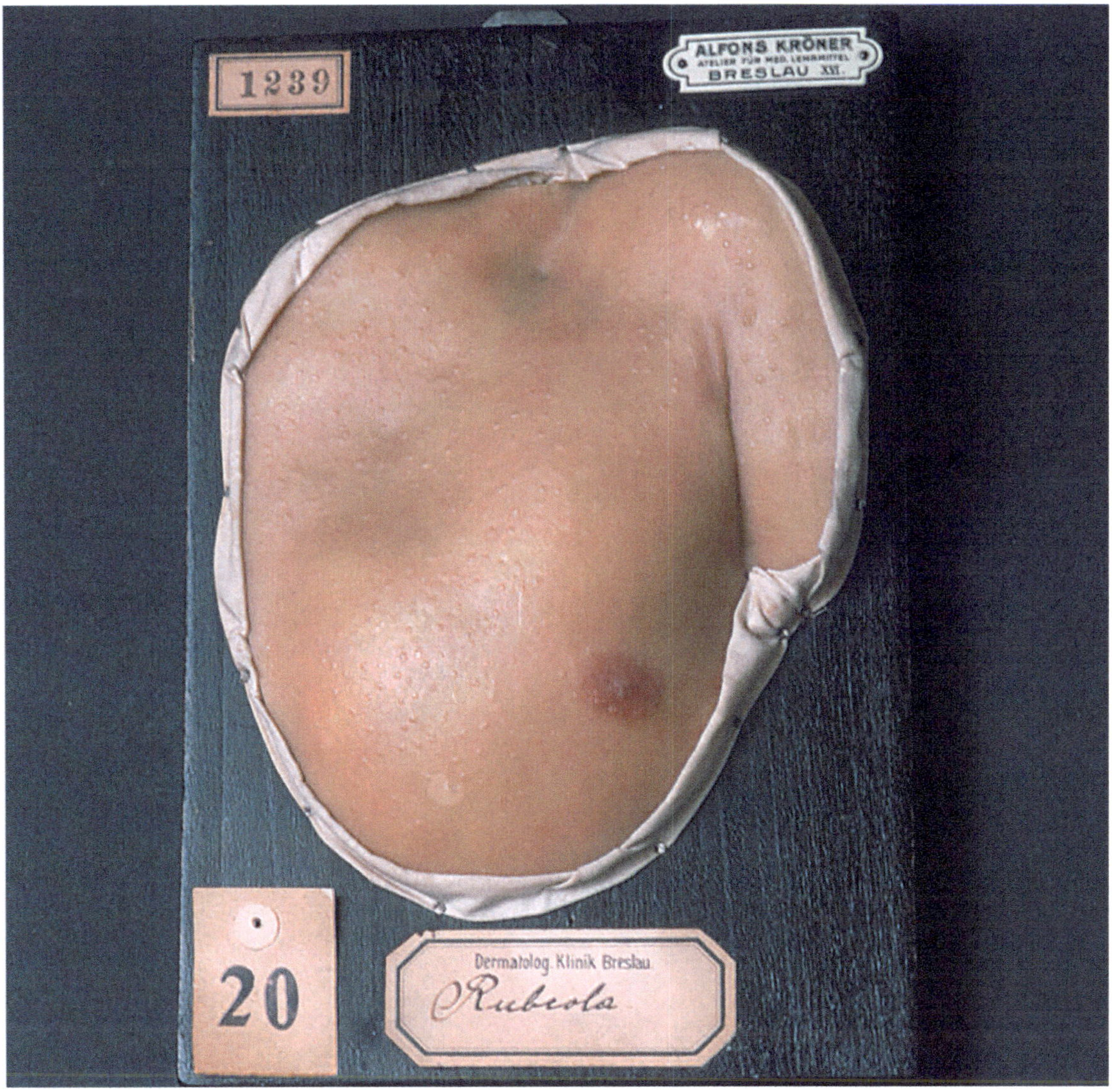

Abb. 11.43. Rubeola
Aktuelle Bezeichnung: Röteln
Hersteller, Datum: Alfons Kröner, zwischen 1910 und 1937
Größe: 15 x 22 cm
Rückseite: unbemalt
Bemerkung: Röteln (mit Bleistift)
Nummer: 20 (aufgeheftetes Schild), 1239 (in grünem Buntstift)

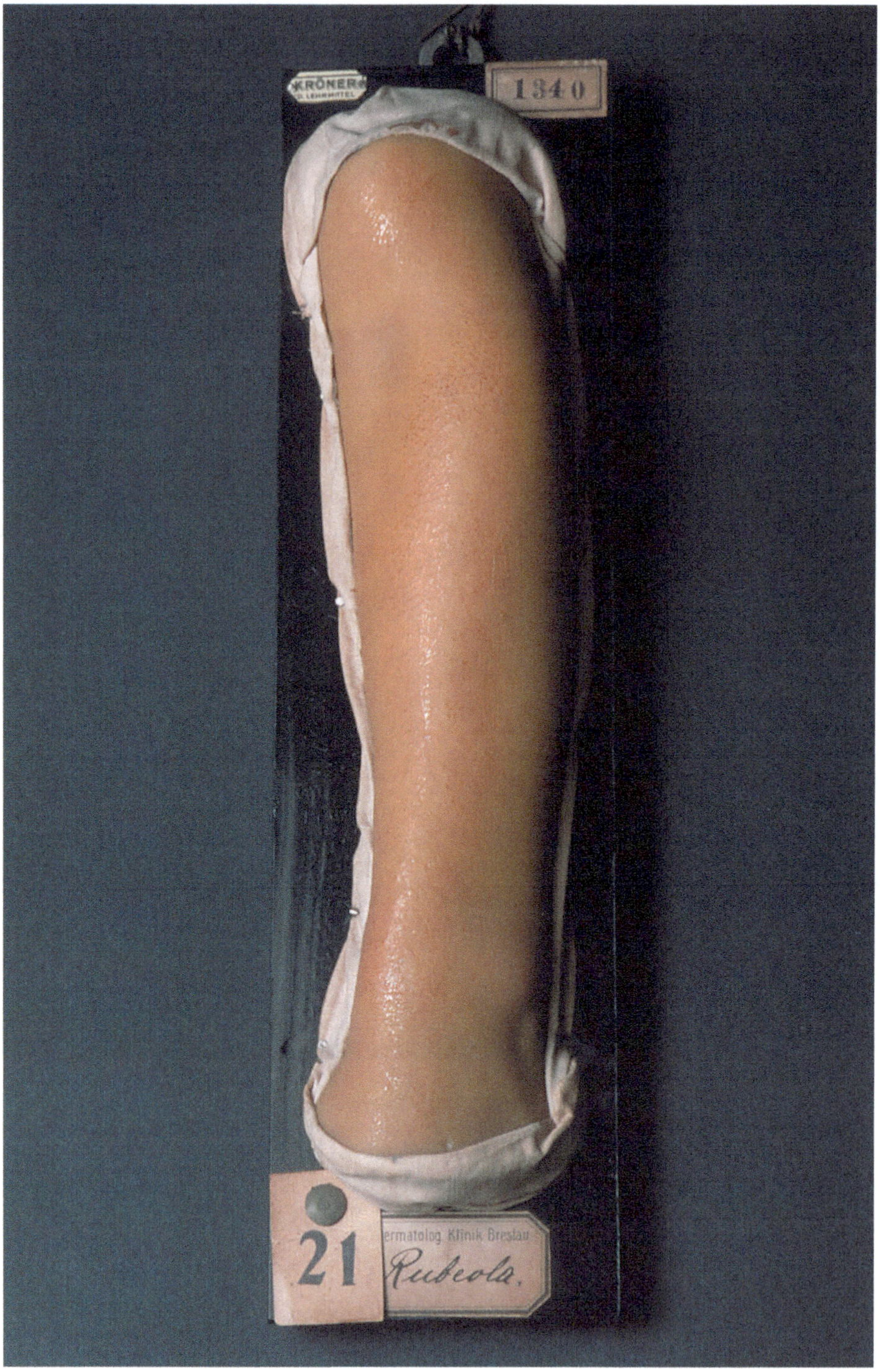

Abb. 11.44. Rubeola
Hersteller, Datum: Alfons Kröner, zwischen 1910 und 1937
Größe: 8 x 31 cm
Rückseite: unbemalt
Nummer: 21 (aufgeheftetes Schild), 1340 (in blauem Buntstift, Rückseite; als Schild, Vorderseite)

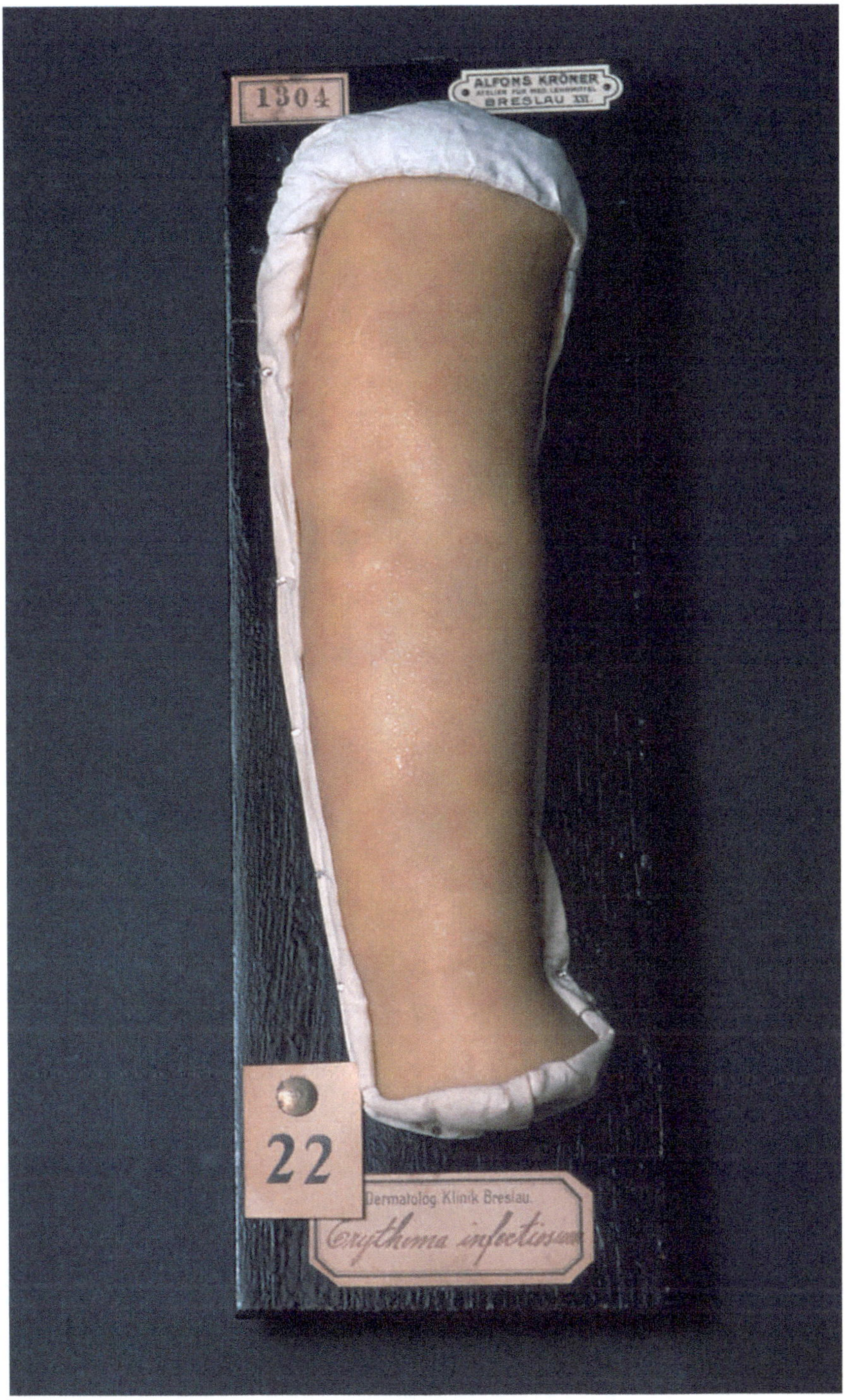

Abb. 11.45. Erythema infectiosum
Aktuelle Bezeichnung: Ringelröteln
Hersteller, Datum: Alfons Kröner, zwischen 1910 und 1937
Größe: 10,5 x 32,5 cm
Rückseite: unbemalt
Nummer: 22 (aufgeheftetes Schild), 1304 (in blauem Buntstift, Rückseite; als Schild, Vorderseite)

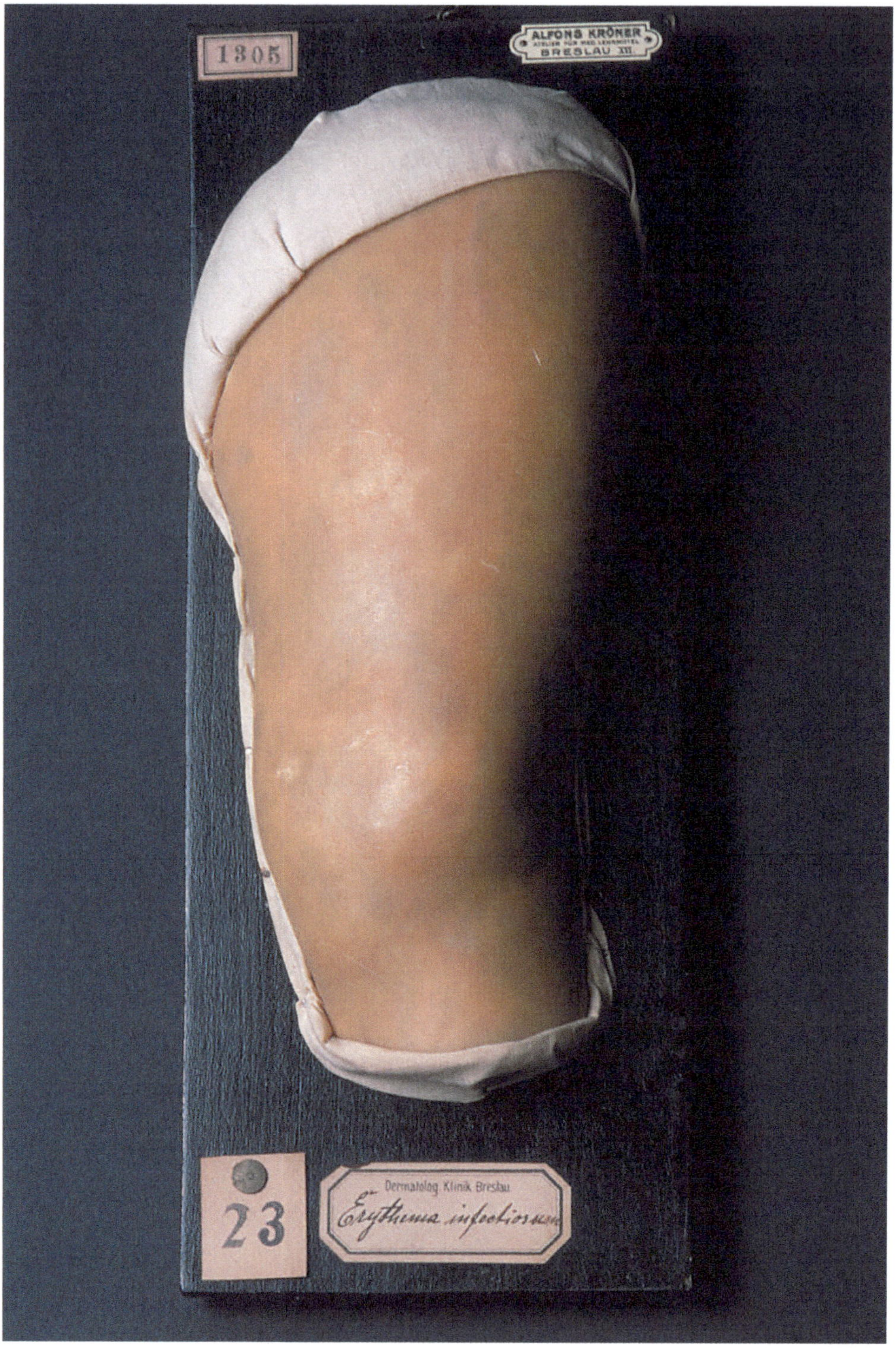

Abb. 11.46. Erythema infectiosum
Hersteller, Datum: Alfons Kröner, zwischen 1910 und 1937
Größe: 14 x 37,5 cm
Rückseite: unbemalt
Nummer: 23 (aufgeheftetes Schild), 1305 (in grünem Buntstift, Rückseite; als Schild, Vorderseite)

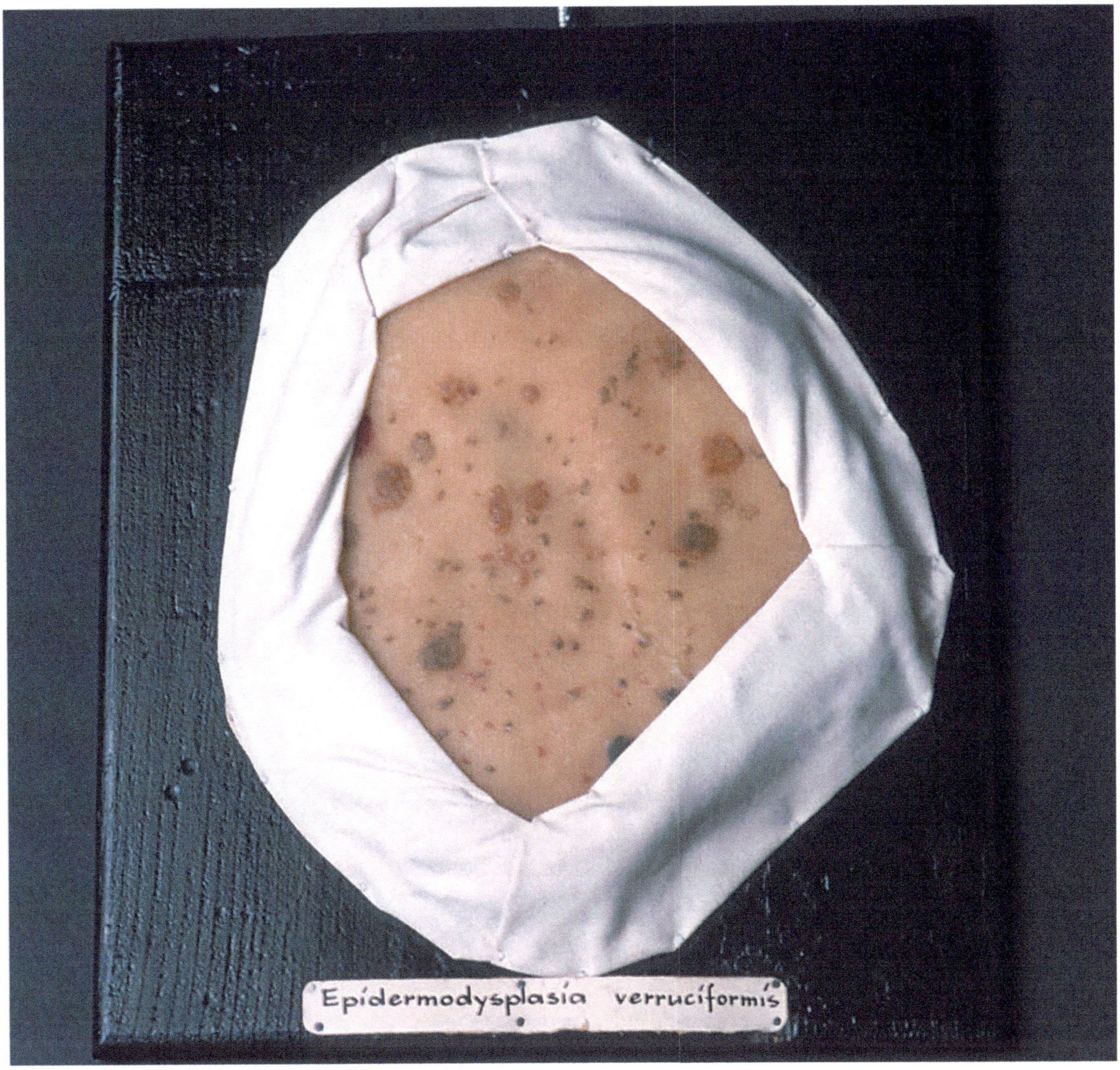

Abb. 11.47. Epidermodysplasia verruciformis
Hersteller: unbekannt
Größe: 22 x 26 cm
Rückseite: unbemalt
Bemerkung: Epidermodysplasia verruciformis VI. 1950 (in Bleistift)
Nummer: keine

11.3 Mykotisch verursachte Erkrankungen

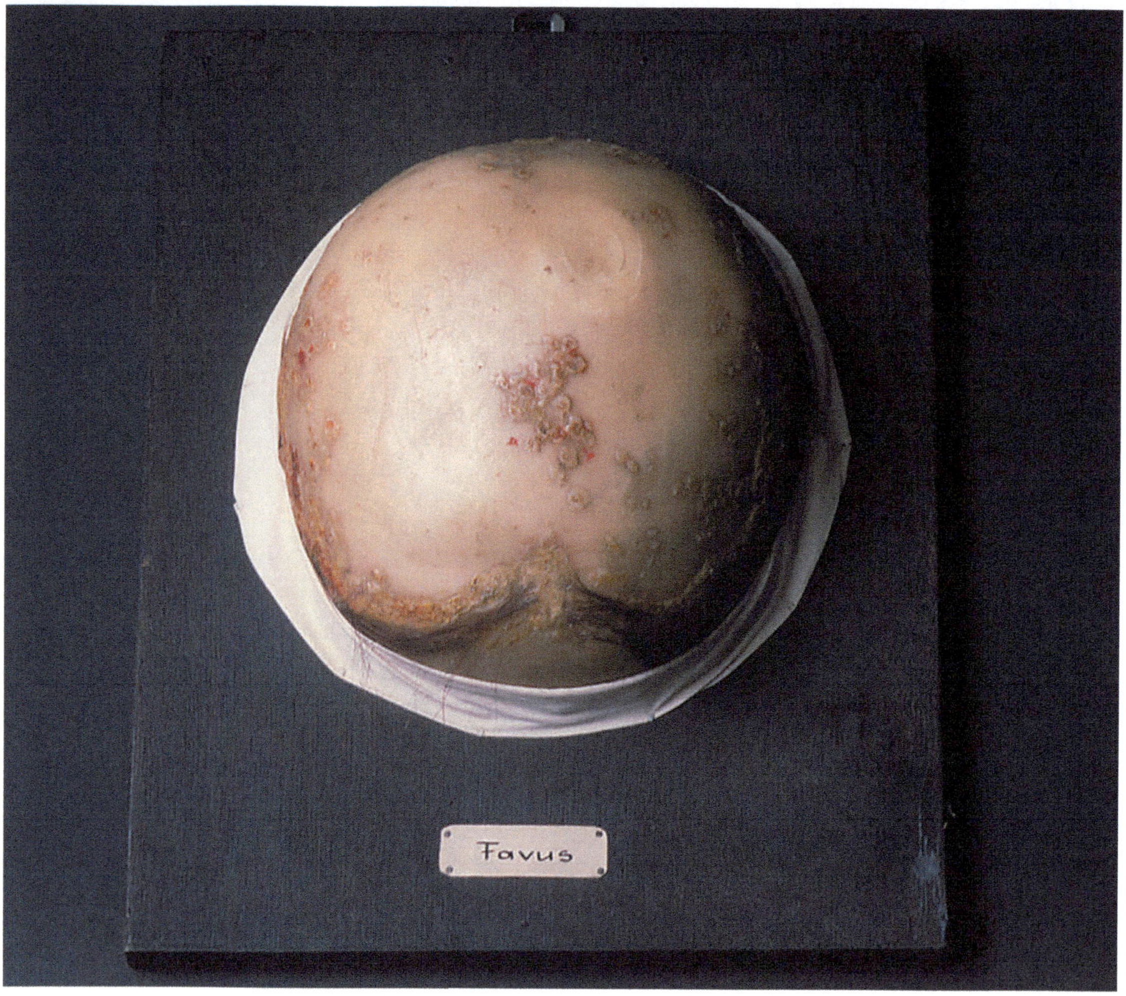

Abb. 11.48. Favus
Hersteller: unbekannt
Größe: 25 x 31,5 cm
Rückseite: unbehandelt
Nummer: 14 (in rotem Buntstift)

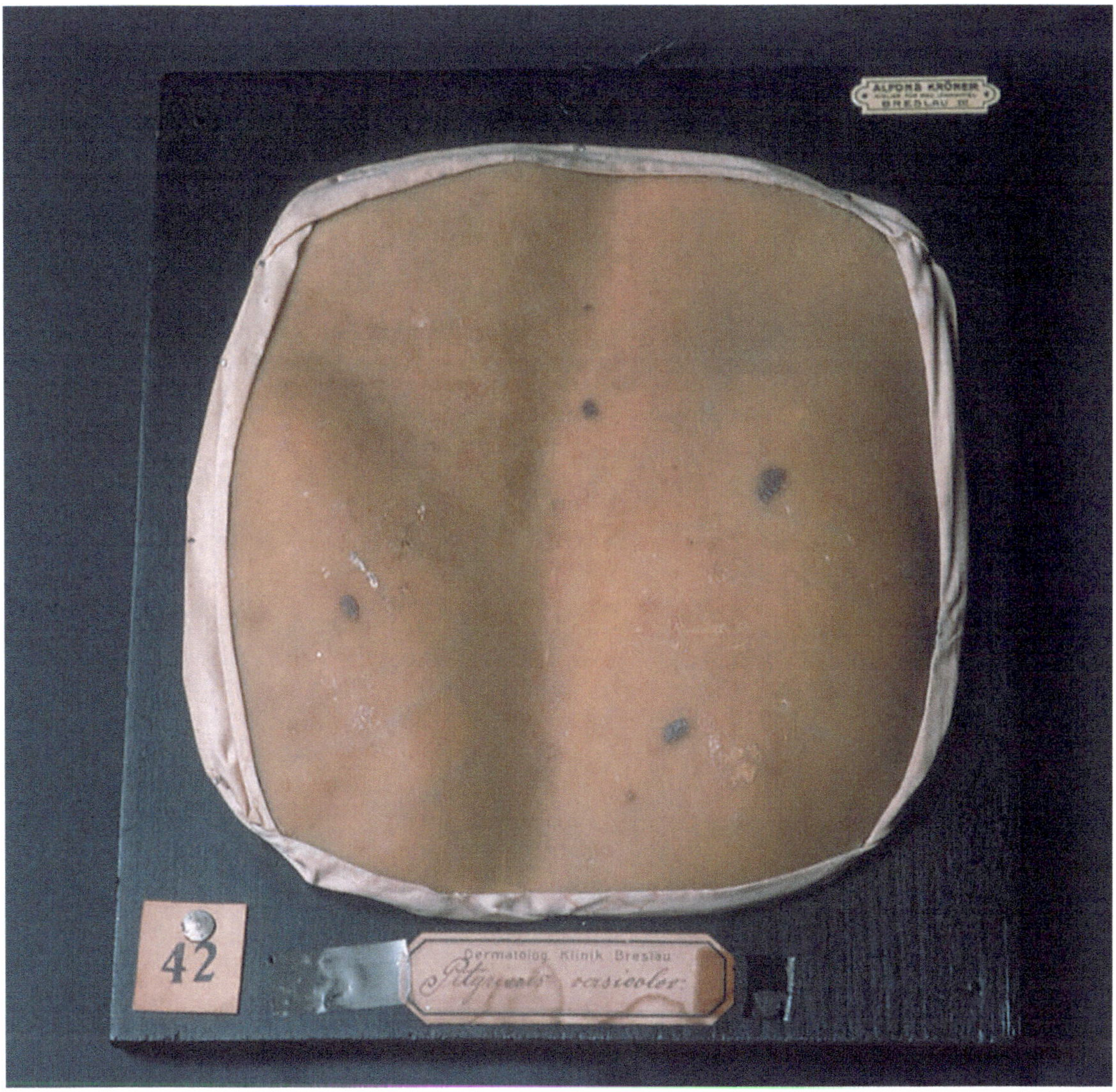

Abb. 11.49. Pityriasis versicolor
Hersteller, Datum: Alfons Kröner, zwischen 1910 und 1937
Größe: 26,5 x 31,5 cm
Rückseite: schwarz bemalt
Nummer: 42 (aufgeheftetes Schild), 574 (in rotem Buntstift)

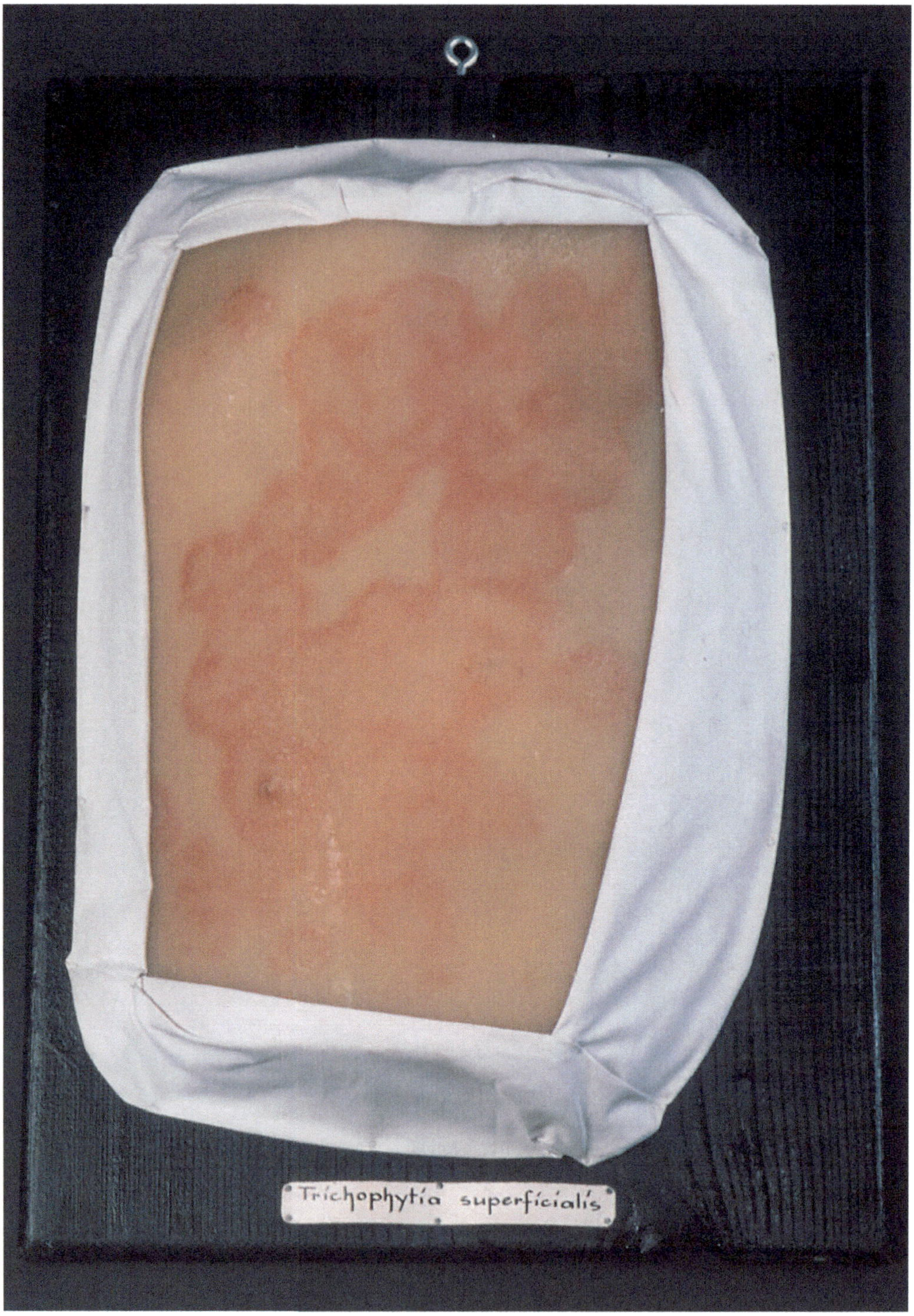

Abb. 11.50. Trichophytia superficialis
Hersteller: unbekannt
Größe: 27, 5 x 40 cm
Rückseite: unbemalt
Bemerkung: Trichophytie (in Bleistift)
Nummer: keine

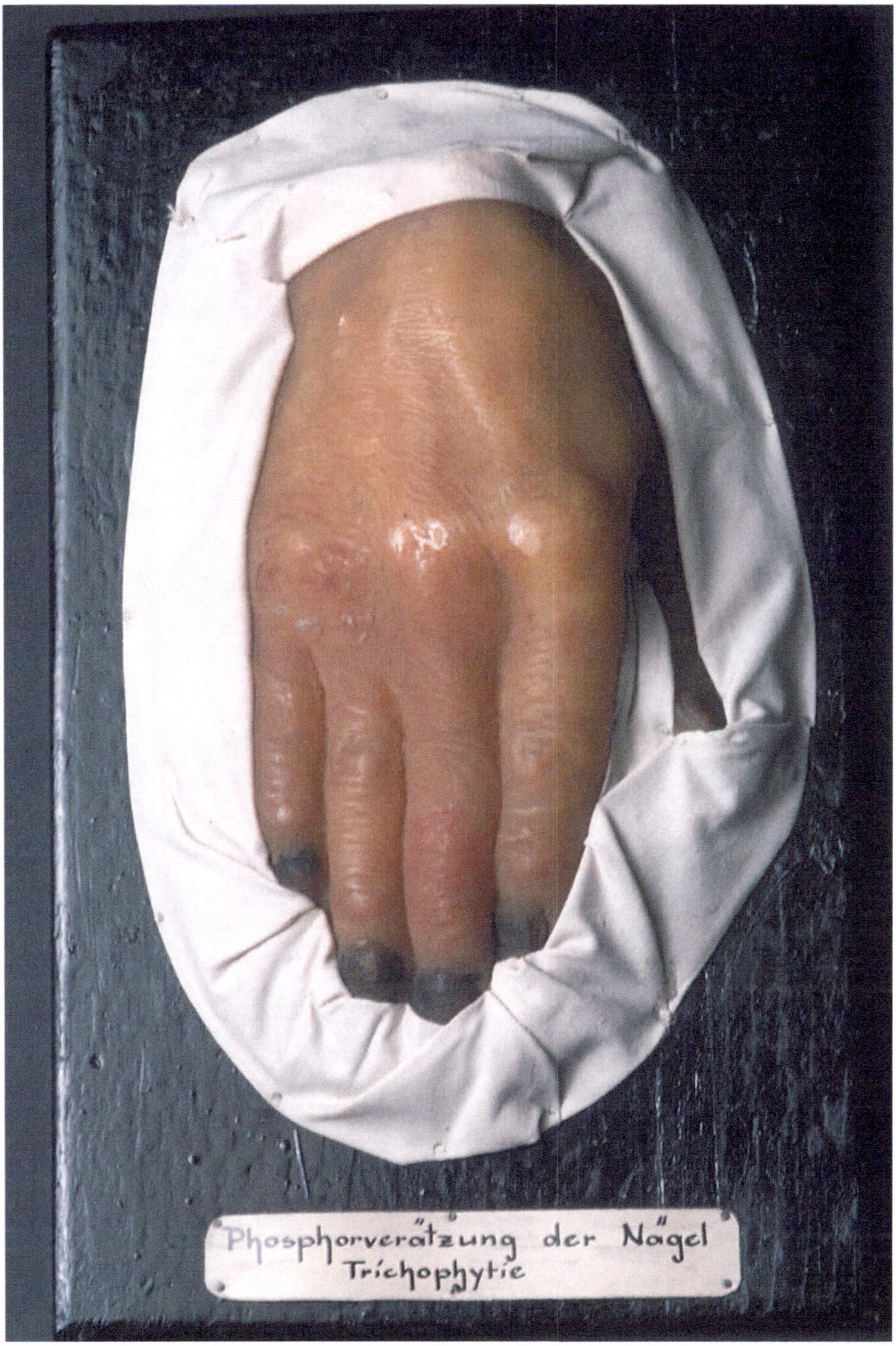

Abb. 11.51. Phosphorverätzung der Nägel, Trichophytie
Hersteller: unbekannt
Größe: 18 x 30 cm
Rückseite: unbemalt
Bemerkung: Phosphorverätzung der Nägel, Trichophytie, Hufnagel, Abt. 7 (in Bleistift)
Nummer: keine

Entzündliche Dermatosen

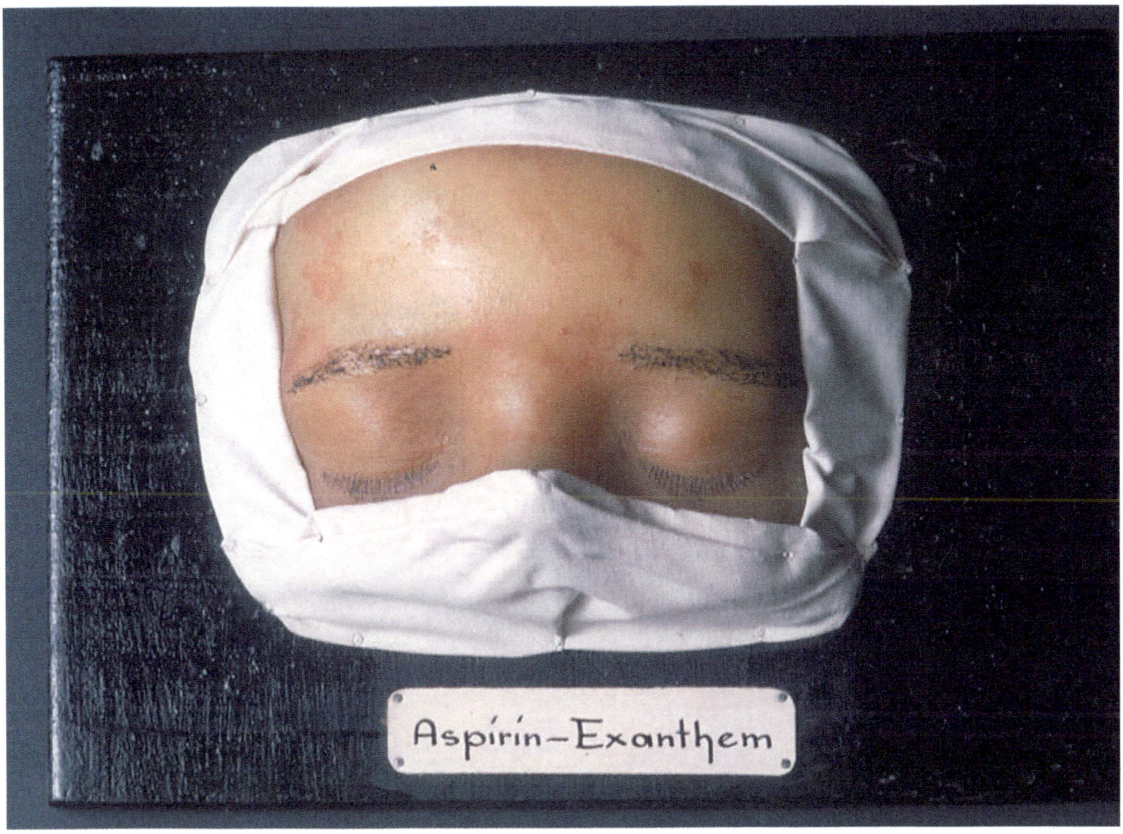

Abb. 12.1. Aspirin Exanthem
Hersteller: unbekannt
Größe: 23 x 16 cm
Rückseite: unbemalt
Bemerkung: Firchos, Urtikaria, (Aspirin Exanthem), Bichter Xb (in Bleistift)
Nummer: keine

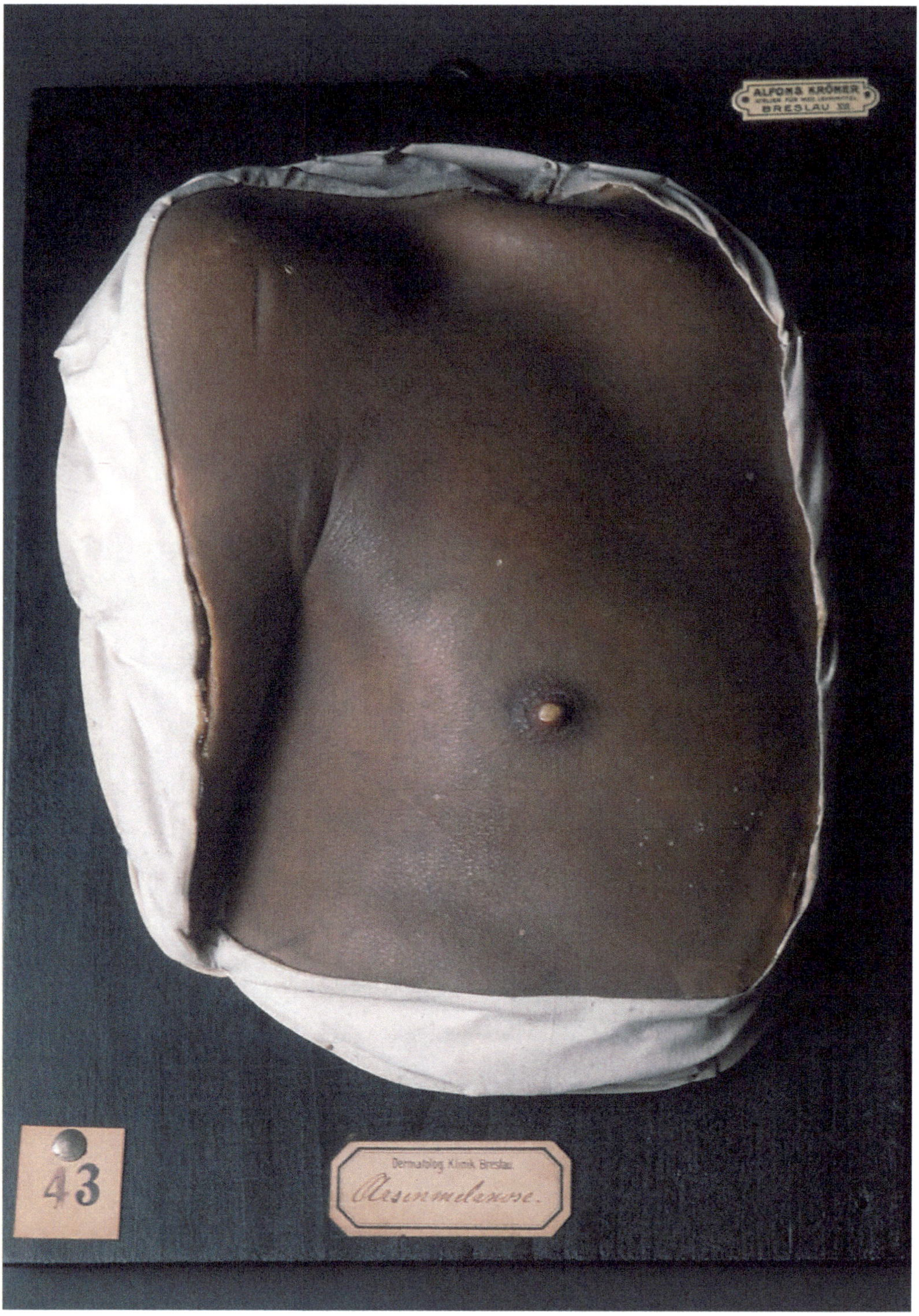

Abb. 12.2. Arsenmelanose
Hersteller, Datum: Alfons Kröner, zwischen 1910 und 1937
Größe: 26,5 x 36 cm
Rückseite: schwarz bemalt
Nummer: 43 (aufgeheftetes Schild), 1263 (in rotem Buntstift)

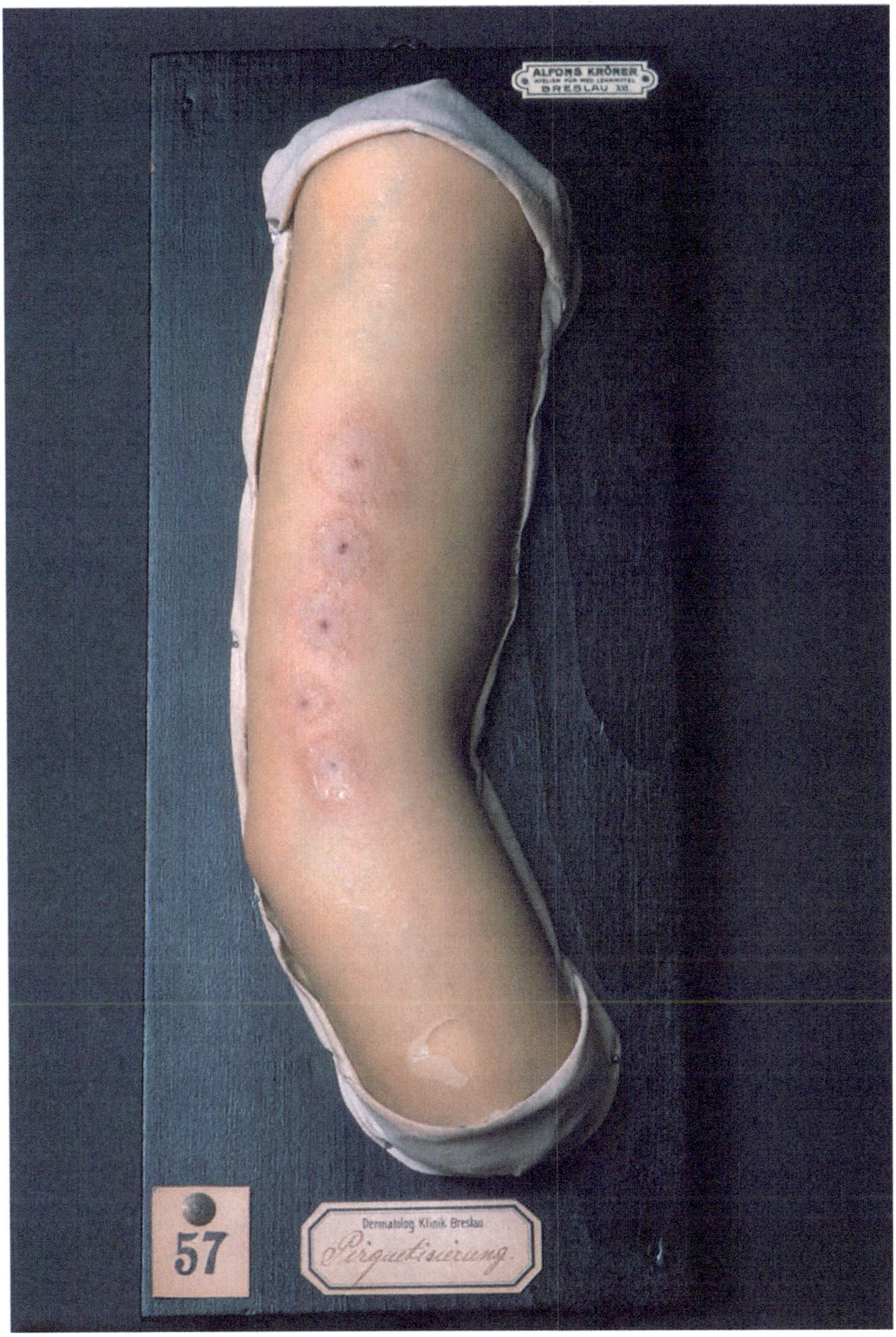

Abb. 12.3. Pigmentisierung
Hersteller, Datum: Alfons Kröner, zwischen 1910 und 1937
Größe: 16 x 39,5 cm
Rückseite: schwarz bemalt
Nummer: 57 (aufgeheftetes Schild), 880 (in rotem Buntstift)

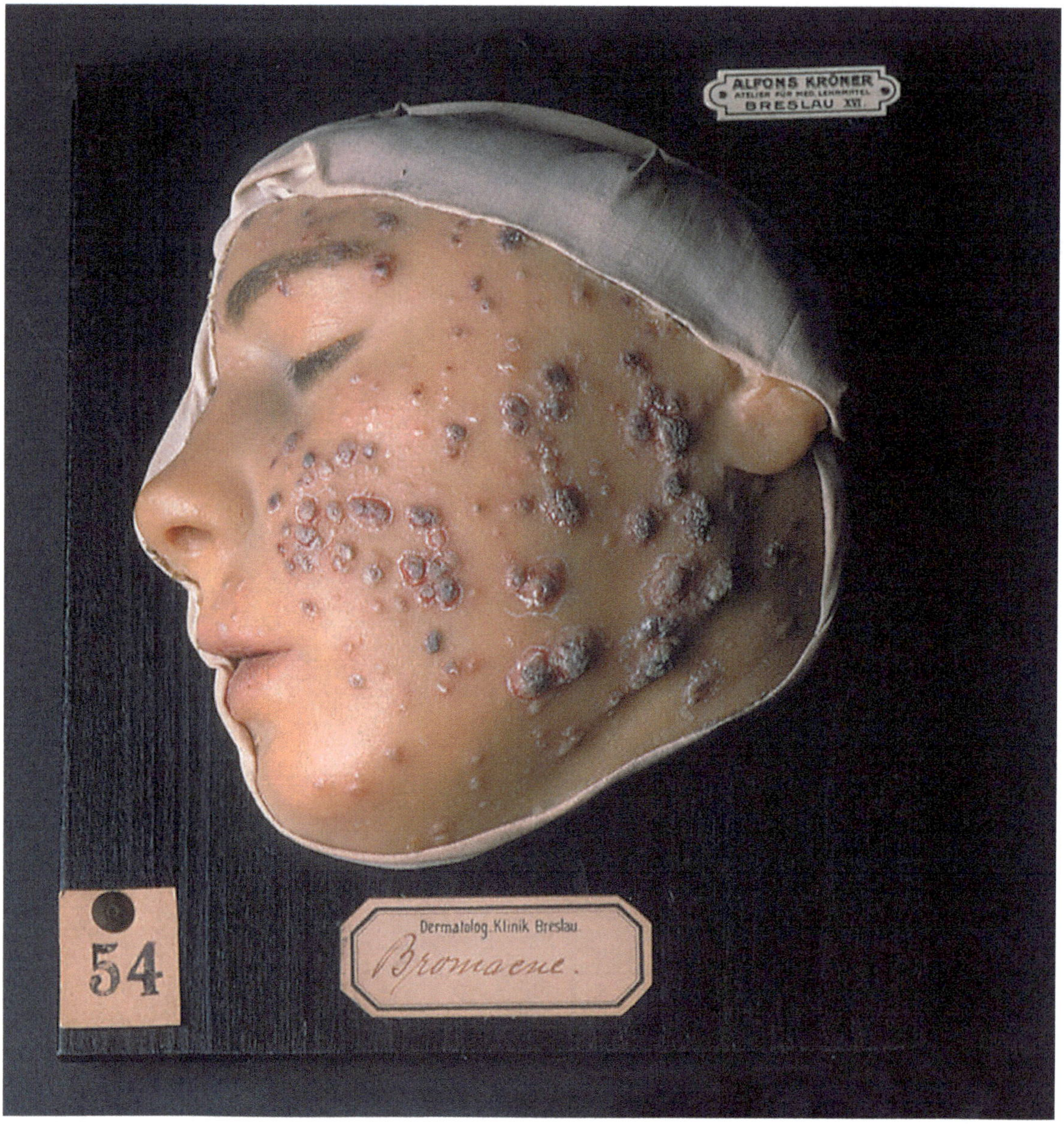

Abb. 12.4. Bromacne
Hersteller, Datum: Alfons Kröner, zwischen 1910 und 1937
Größe: 19,5 x 23,5 cm
Rückseite: schwarz bemalt
Nummer: 54 (aufgeheftetes Schild), 910 (in rotem Buntstift)

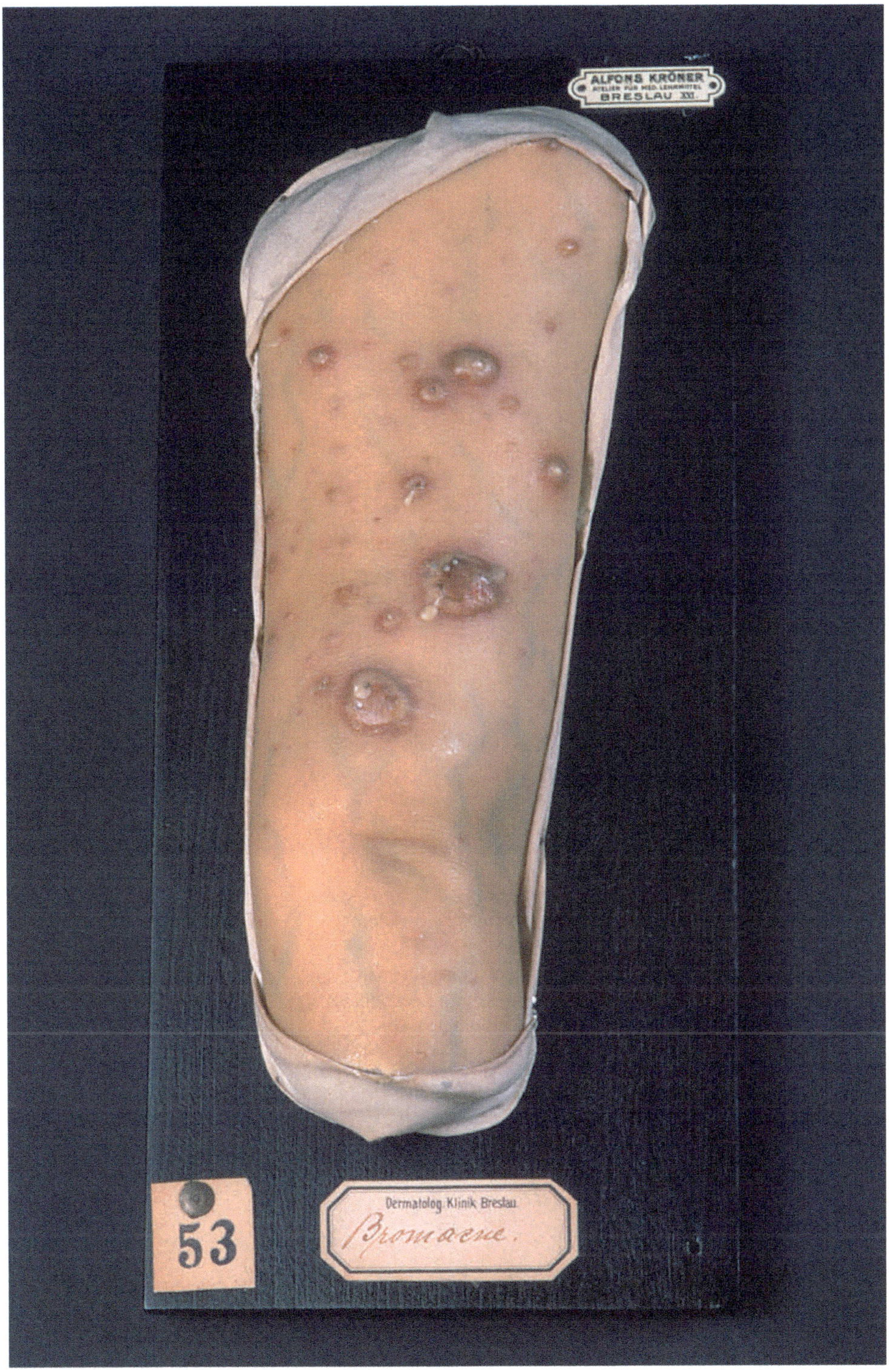

Abb. 12.5. Bromacne
Hersteller, Datum: Alfons Kröner, zwischen 1910 und 1937
Größe: 16 x 36 cm
Rückseite: schwarz bemalt
Nummer: 53 (aufgeheftetes Schild), 912 (in rotem Buntstift)

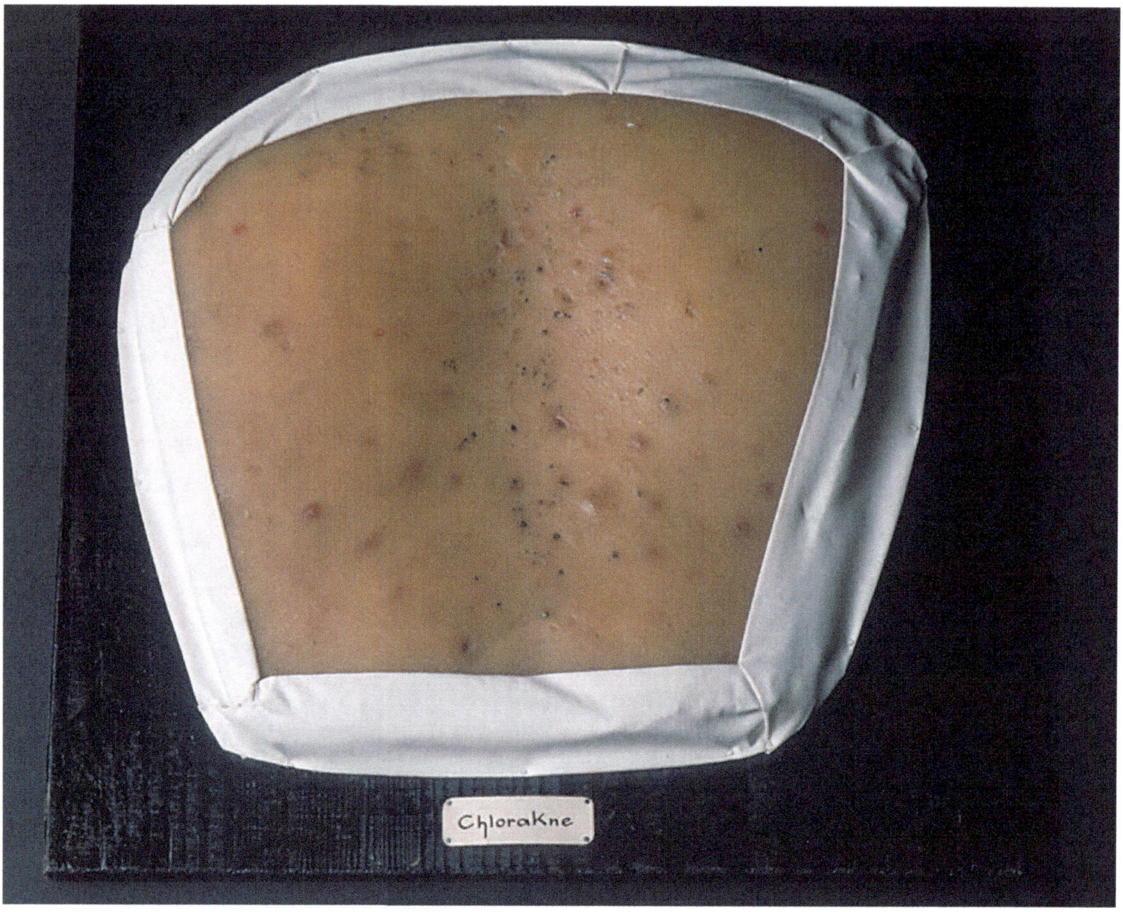

Abb. 12.6. Chlorakne
Hersteller: unbekannt
Größe: 35,5 x 37 cm
Rückseite: unbemalt
Bemerkung: Krumm, Abt. I (in Bleistift)
Nummer: keine

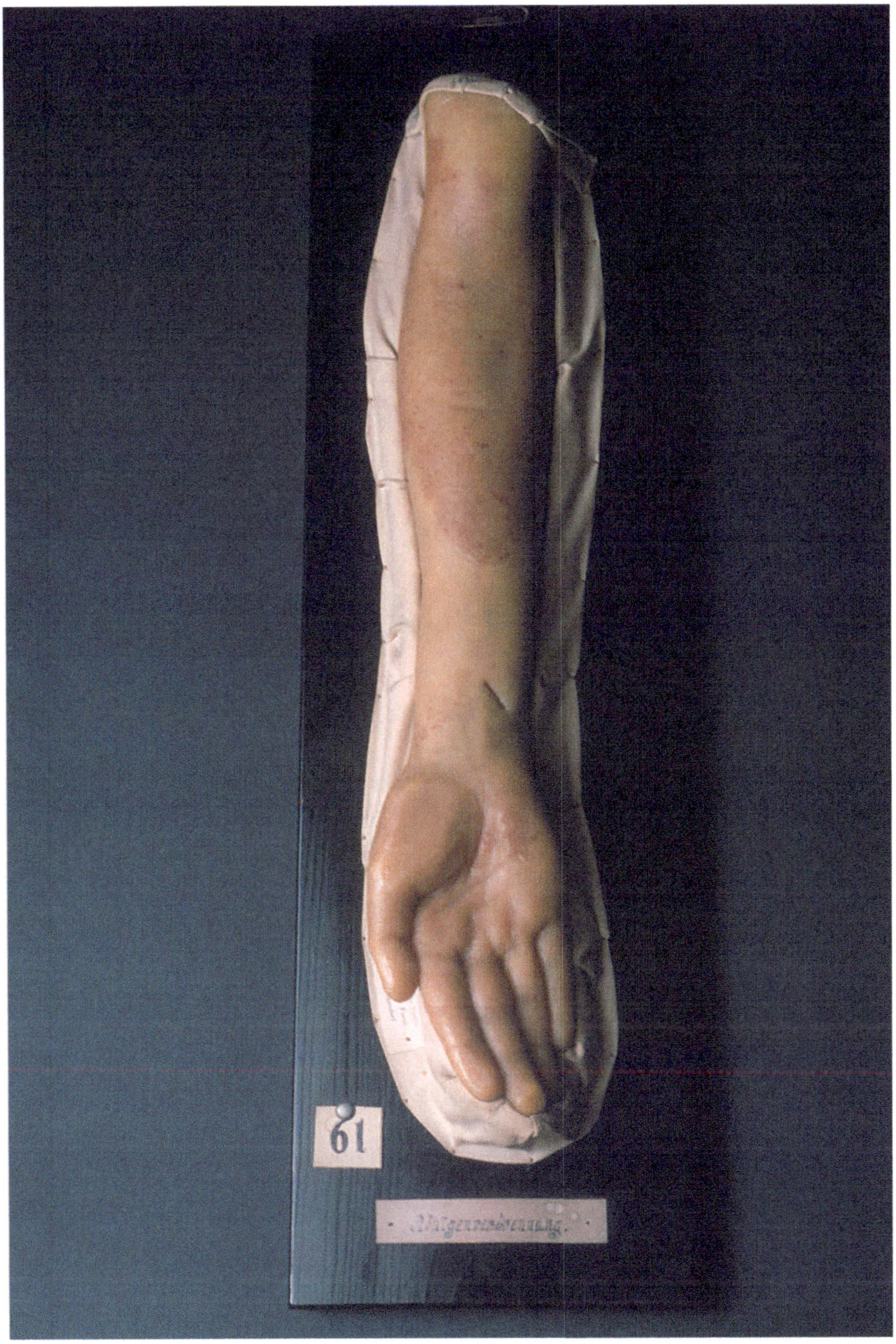

Abb. 12.7. Röntgenverbrennung
Hersteller: Paul van der Forst
Größe: 19,5 x 70 cm
Rückseite: unbemalt
Bemerkung: Wissenschaftliche Plastik
Paul van der Forst
Hamburg-Eppendorf
Nummer: 61 (aufgeheftetes Schild)

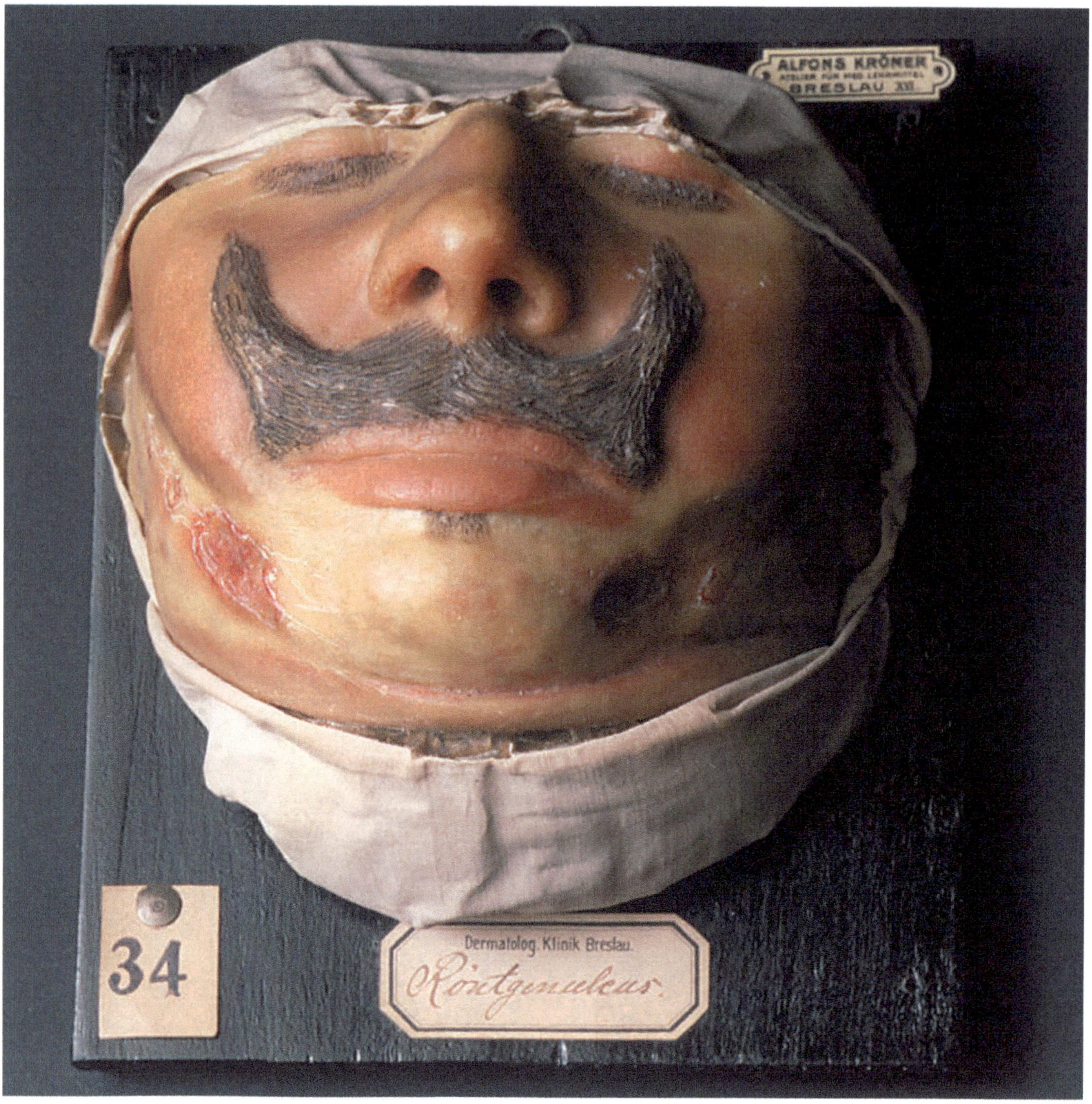

Abb. 12.8. Röntgenulcus
Hersteller, Datum: Alfons Kröner, zwischen 1910 und 1937
Größe: 19 x 23 cm
Rückseite: schwarz bemalt
Nummer: 34 (aufgeheftetes Schild), 1006 (in rotem Buntstift)

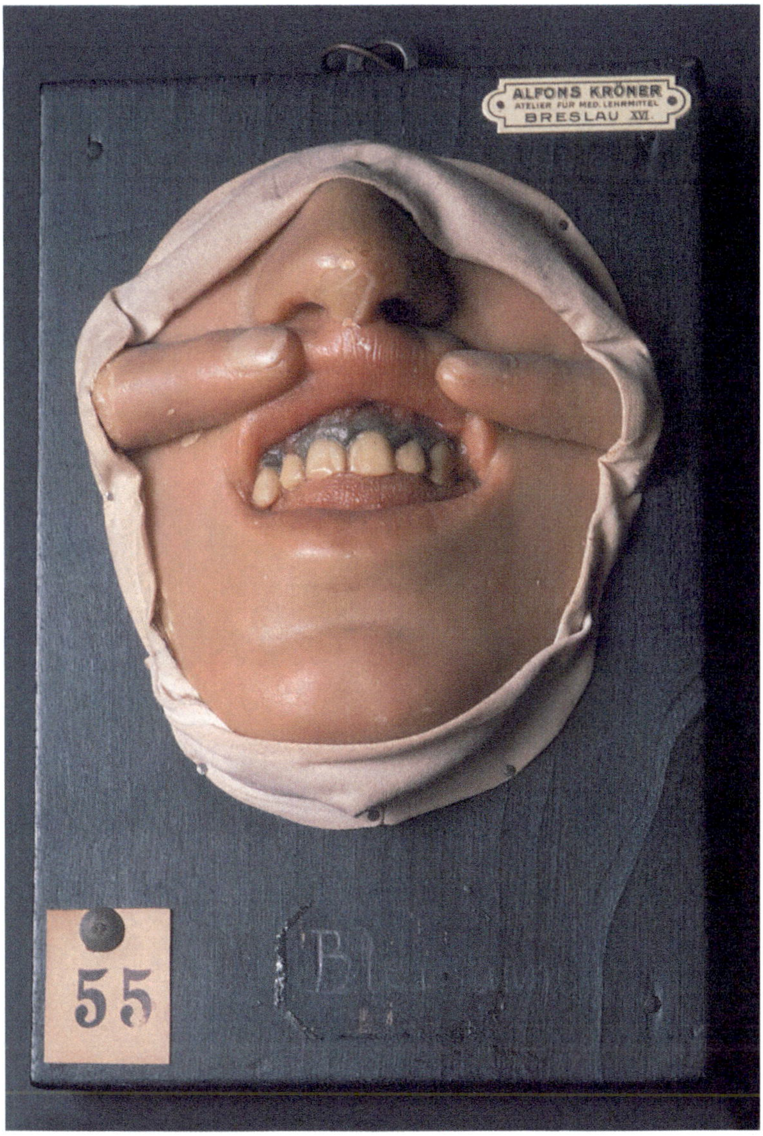

Abb. 12.9. Bleisaum
Hersteller, Datum: Alfons Kröner, zwischen 1910 und 1937
Größe: 14 x 21 cm
Rückseite: schwarz bemalt
Nummer: 55 (aufgeheftetes Schild), 1410 (in rotem Buntstift)

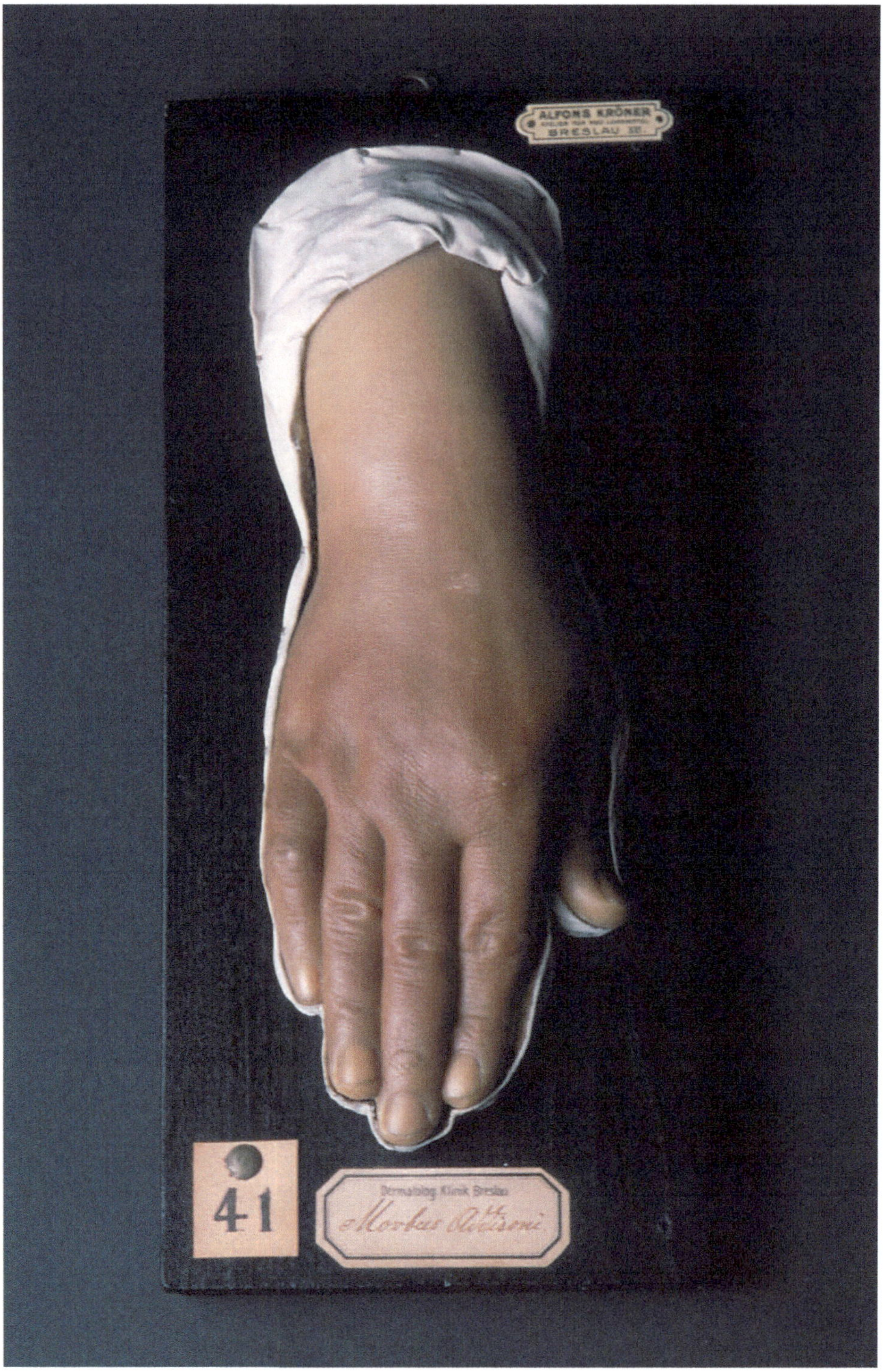

Abb. 12.10. Morbus Addisoni
Hersteller, Datum: Alfons Kröner, zwischen 1910 und 1937
Größe: 15 x 35 cm
Rückseite: schwarz bemalt
Nummer: 41 (aufgeheftetes Schild), 712 (in rotem Buntstift)

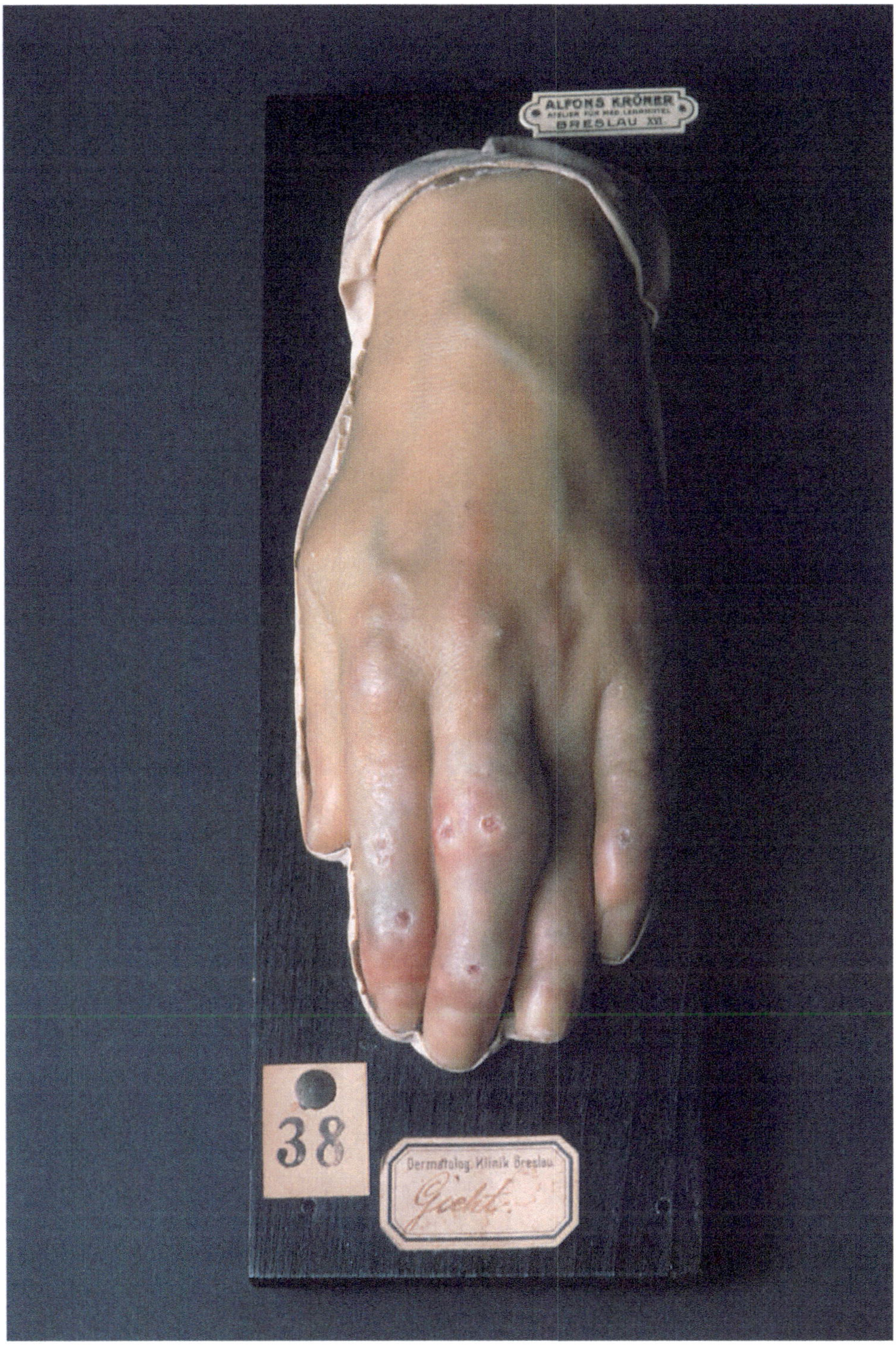

Abb. 12.11. Gicht
Hersteller, Datum: Alfons Kröner, zwischen 1910 und 1937
Größe: 11 x 30 cm
Rückseite: schwarz bemalt
Nummer: 38 (aufgeheftetes Schild), 848 (in rotem Buntstift)

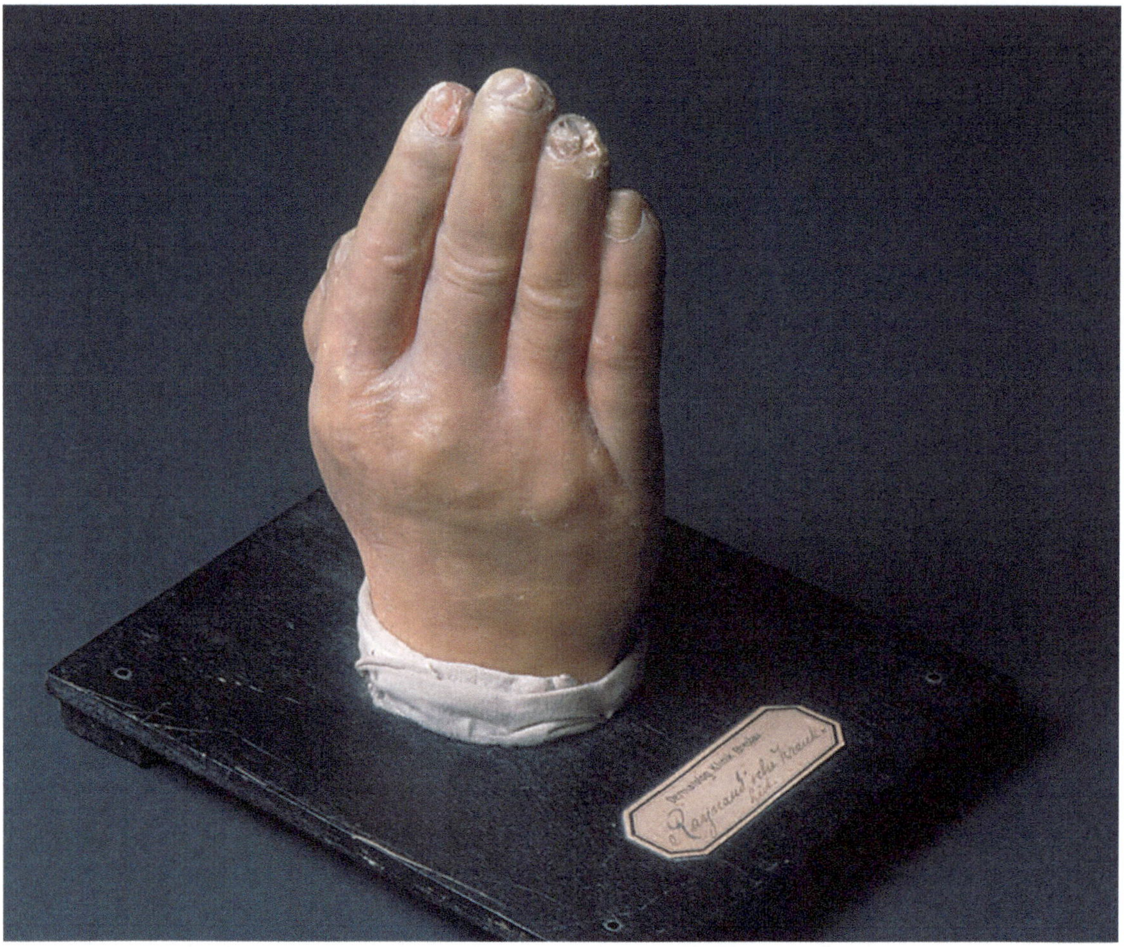

Abb. 12.12. Raynaud'sche Krankheit
Hersteller, Datum: Alfons Kröner, zwischen 1910 und 1937
Größe: 15 x 20 cm
Rückseite: schwarz bemalt
Nummer: 320 (in rotem Buntstift)

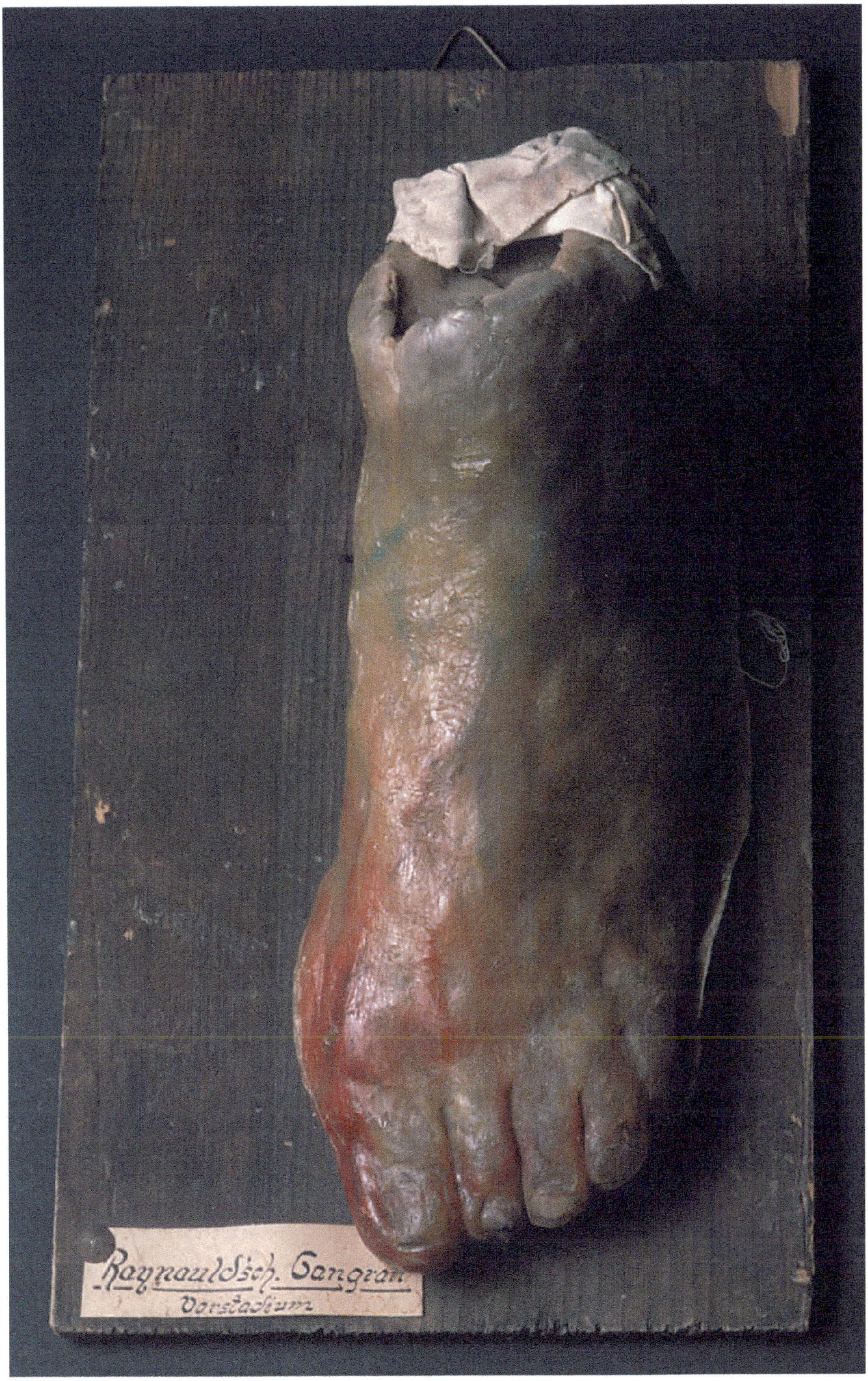

Abb. 12.13. Raynaud'sch. Gangrän Vorstadium
Hersteller: unbekannt
Größe: 19,5 x 36 cm
Rückseite: unbemalt
Nummer: keine

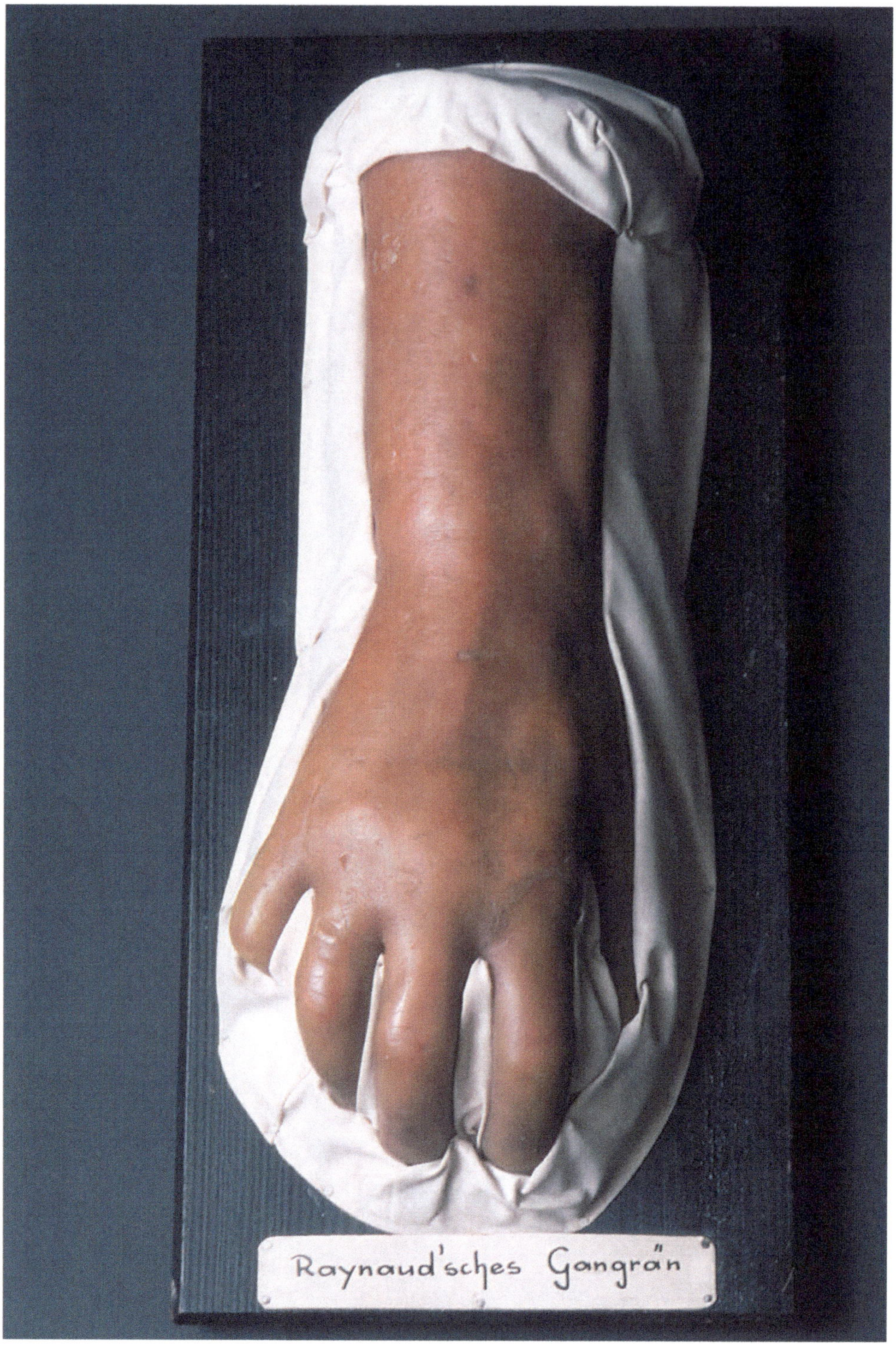

Abb. 12.14. Raynaud'sches Gangrän
Hersteller: unbekannt, vermutlich O. Vogelbacher
Größe: 16 x 35 cm
Rückseite: unbemalt
Nummer: 39 (schwarze Tinte auf weißem Aufkleber, durchgestrichen), 24 (in rotem Buntstift)

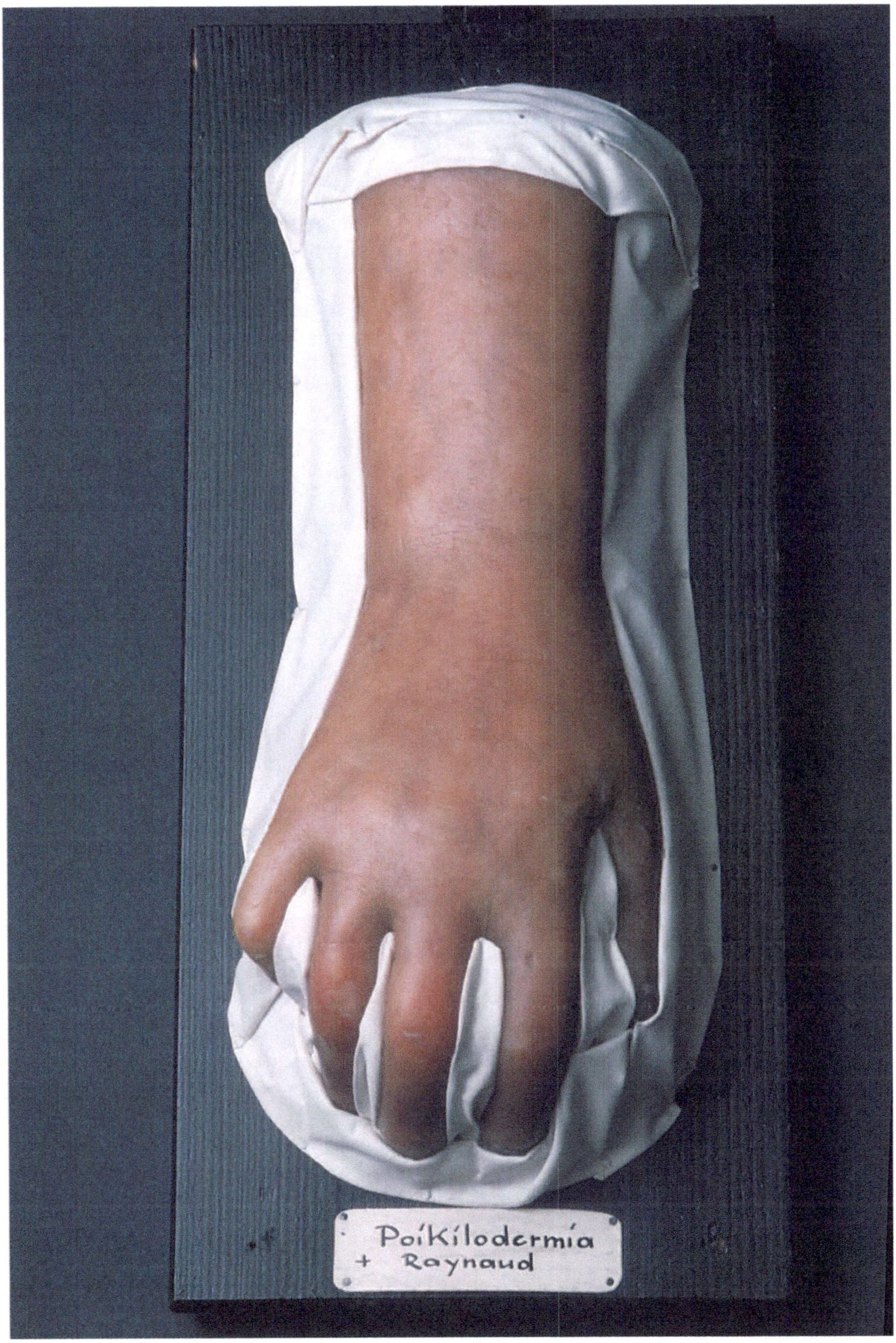

Abb. 12.15. Poikilodermia + Raynaud
Hersteller: unbekannt, vermutlich O. Vogelbacher
Größe: 16 x 35 cm
Rückseite: unbemalt
Nummer: 40 (schwarze Tinte auf weißem Aufkleber, durchgestrichen), 35 (in rotem Buntstift)

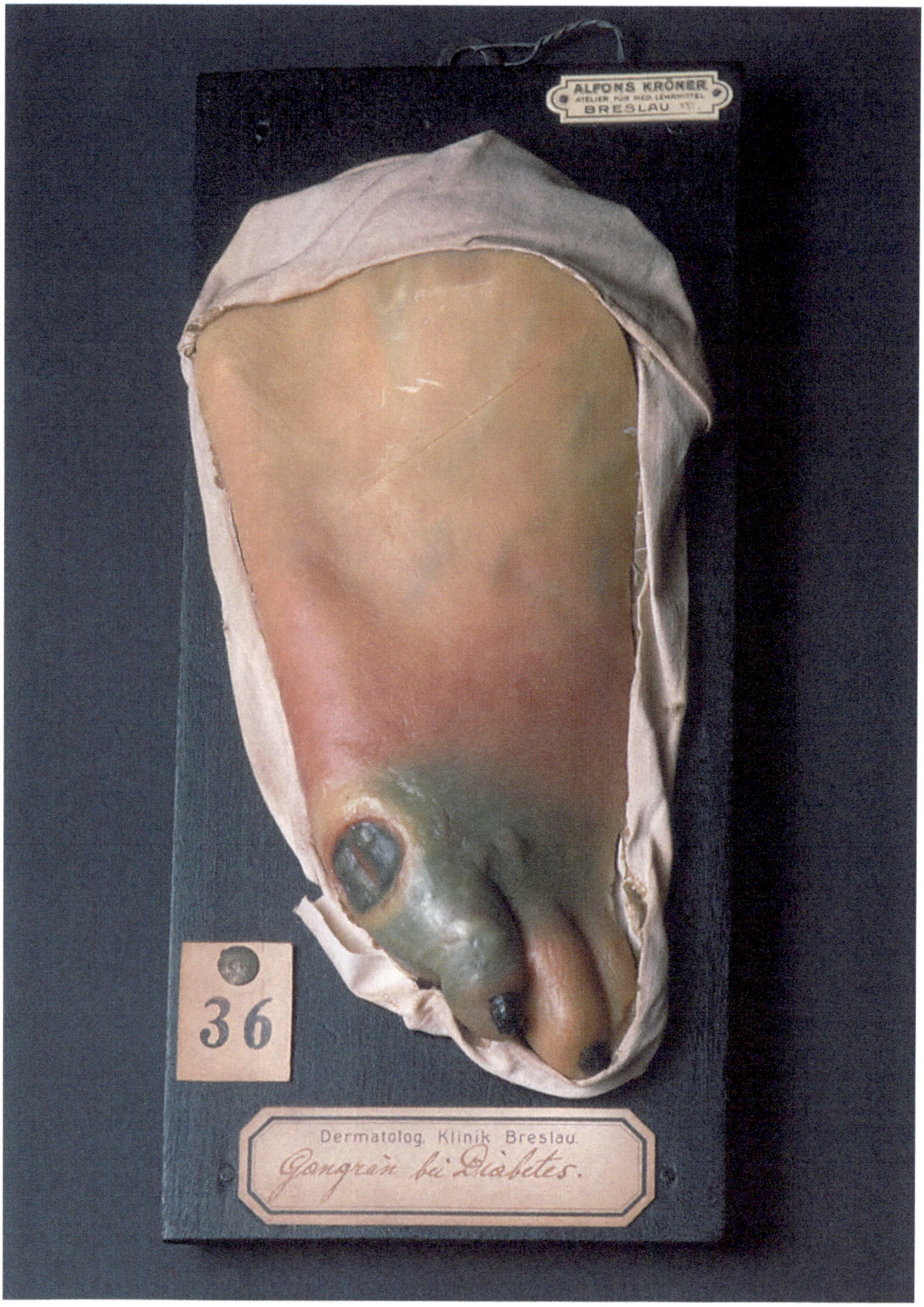

Abb. 12.16. Gangrän bei Diabetes
Hersteller, Datum: Alfons Kröner, zwischen 1910 und 1937
Größe: 13 x 29 cm
Rückseite: schwarz bemalt
Nummer: 36 (aufgeheftetes Schild), 422 (in rotem Buntstift)

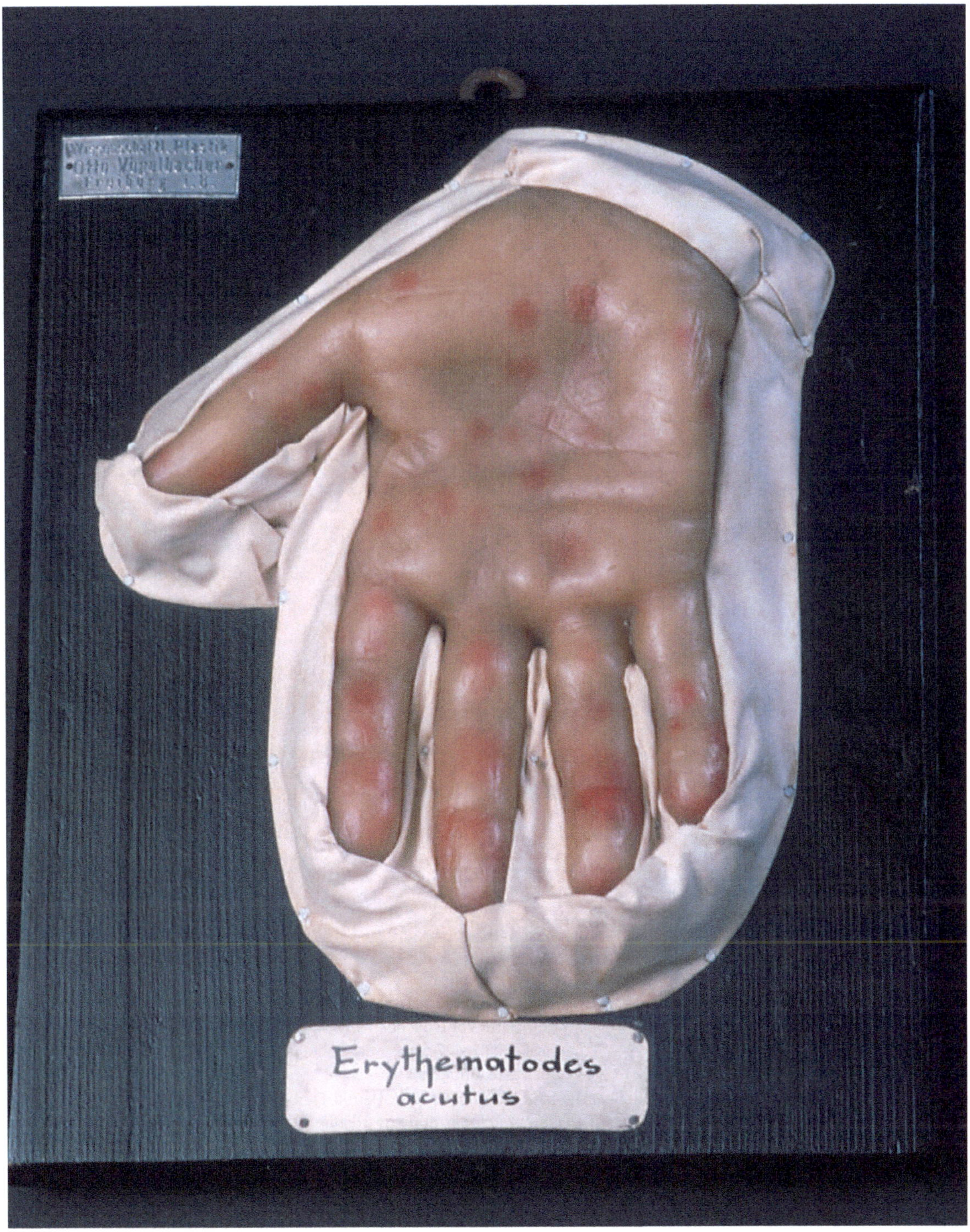

Abb. 12.17. Erythematodes acutus
Hersteller, Datum: Otto Vogelbacher, 1935/36
Größe: 20 x 24 cm
Rückseite: unbemalt
Bemerkung: Duplikat von I. Nr. 771 aus der Univ. Hautkl. Freiburg i. Brg.
Nummer: 55 (schwarze Tinte auf weißem Aufkleber, durchgestrichen), 44 (in rotem Buntstift)

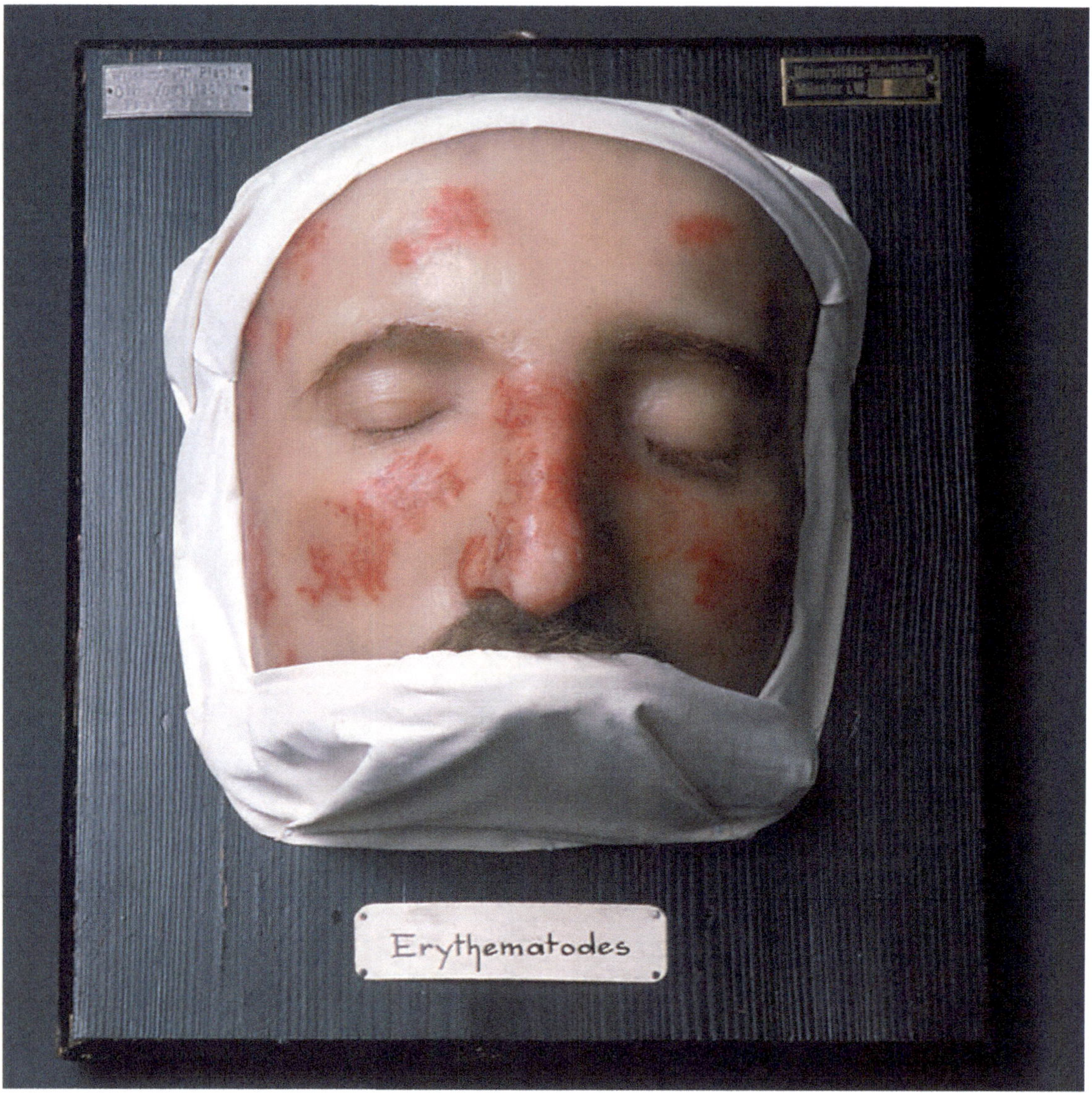

Abb. 12.18. Erythematodes
Hersteller, Datum: Otto Vogelbacher, 1935/36
Größe: 23,5 x 27 cm
Rückseite: unbemalt
Bemerkung: Duplikat der I. Nr. 167 aus der Univ.-Hautkl. Freiburg i. Brg.
Nummer: 58 (schwarze Tinte auf weißem Aufkleber, durchgestrichen), 22 (in rotem Buntstift)

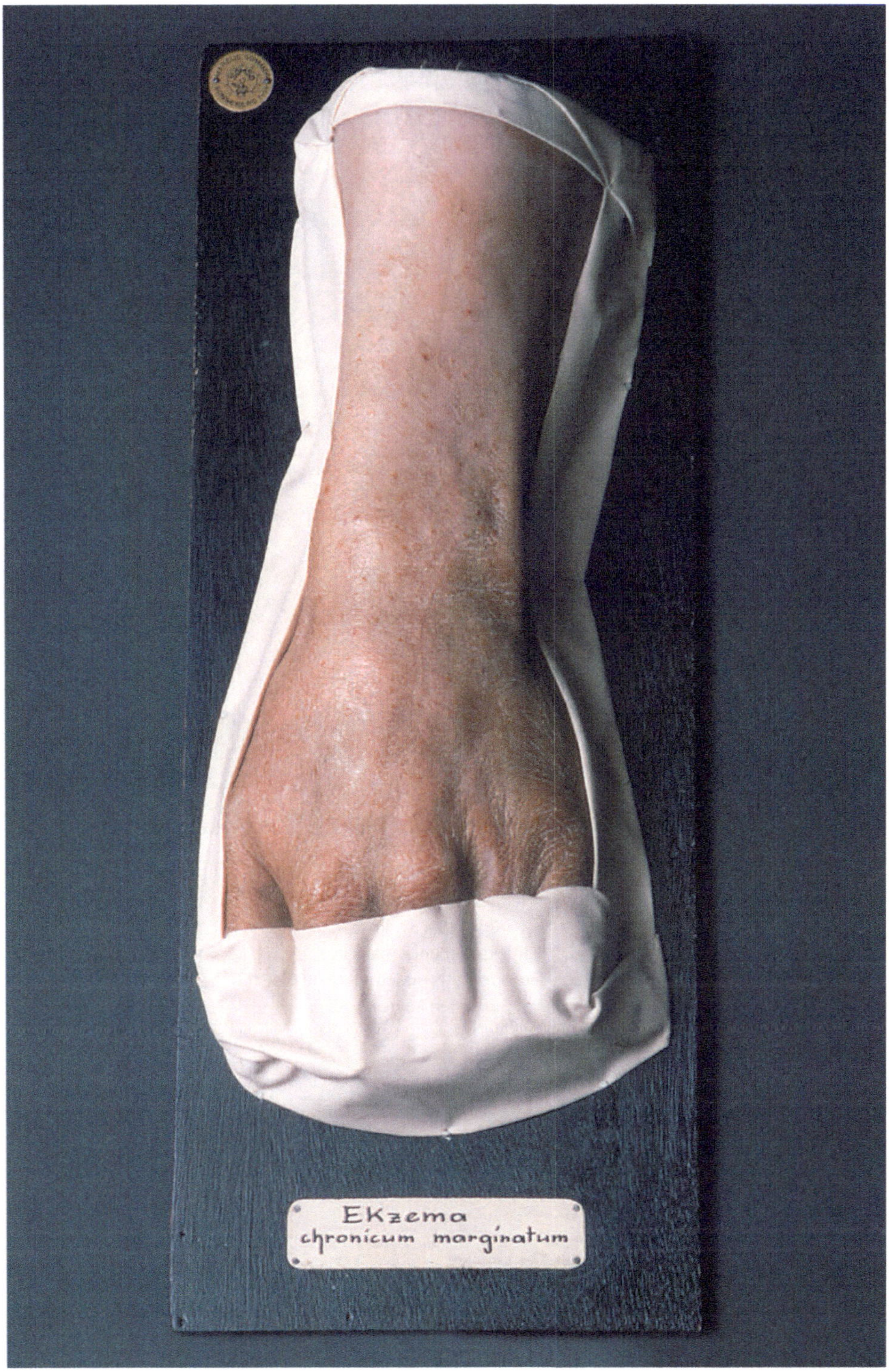

Abb. 12.19. Ekzema chronicum marginatum
Hersteller: Marcus Sommer
Größe: 15 x 40 cm
Rückseite: unbemalt
Nummer: 48 (in rotem Buntstift)

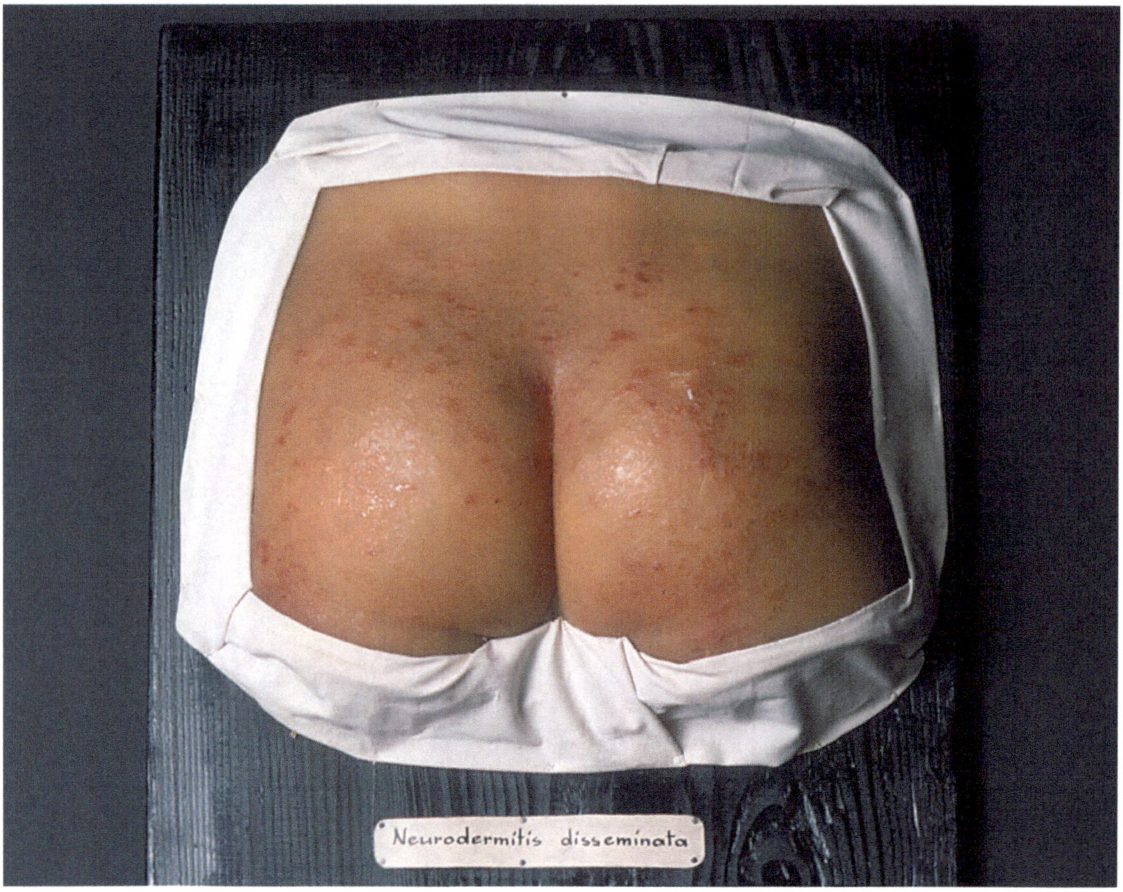

Abb. 12.20. Neurodermitis disseminata
Hersteller: unbekannt
Größe: 28 x 31 cm
Rückseite: unbemalt
Bemerkung: Neurodermitis disseminata (in Bleistift)
Nummer: keine

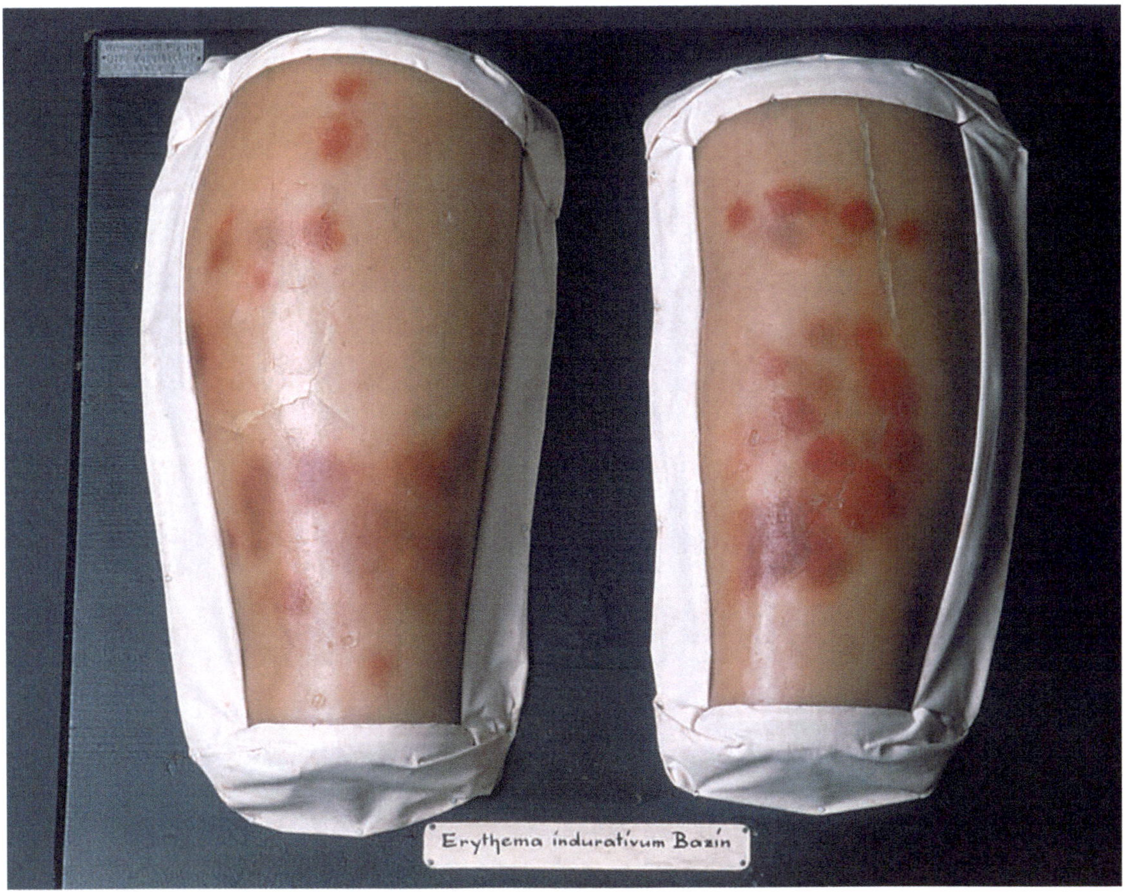

Abb. 12.21. Erythema indurativum Bazin
Hersteller, Datum: Otto Vogelbacher, 1935/36
Größe: 38 x 33,5 cm
Rückseite: unbemalt
Bemerkung: Duplikat der I. Nr. 848 aus der Univ. Hautkl. Freiburg i. Brg.
Nummer: 56 (schwarze Tinte auf weißem Aufkleber, durchgestrichen), 43 (in rotem Buntstift)

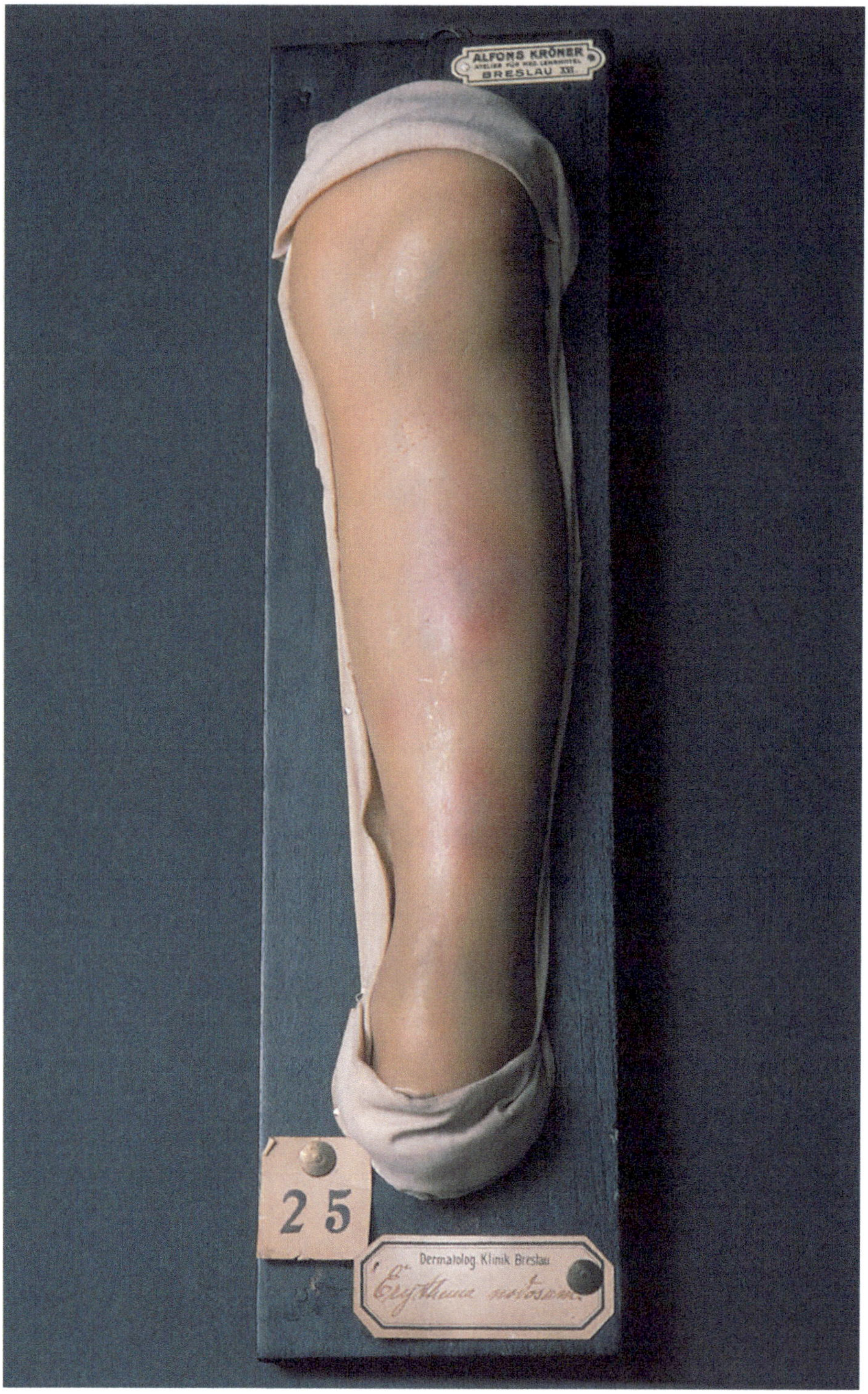

Abb. 12.22. Erythema nodosum
Hersteller, Datum: Alfons Kröner, zwischen 1910 und 1937
Größe: 10 x 38 cm
Rückseite: schwarz bemalt
Nummer: 25 (aufgeheftetes Schild), 20 (in rotem Buntstift)

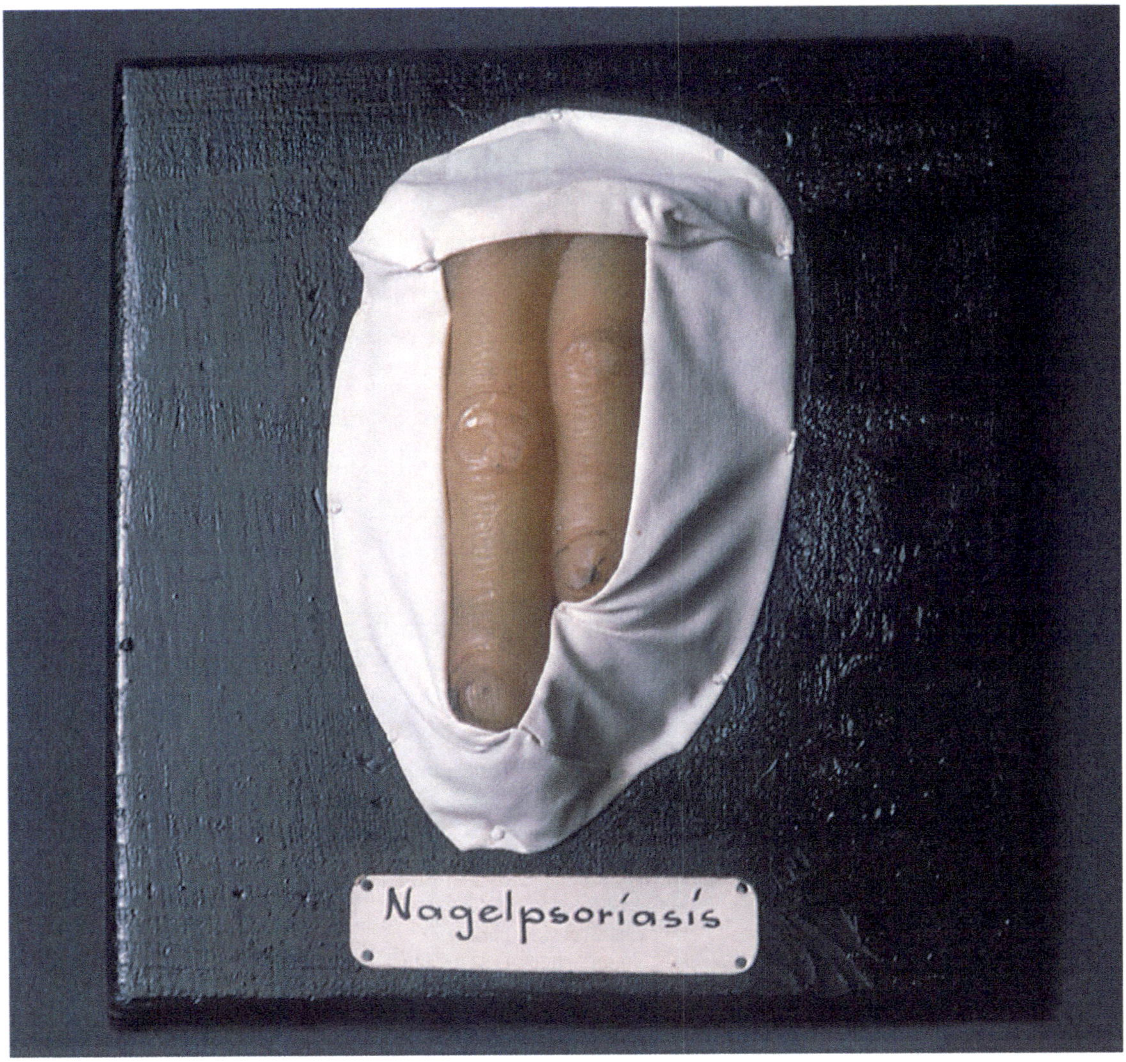

Abb. 12.23. Nagelpsoriasis
Hersteller: unbekannt
Größe: 16,5 x 18 cm
Rückseite: unbemalt
Bemerkung: Nagelpsoriasis (in Bleistift)
Nummer: keine

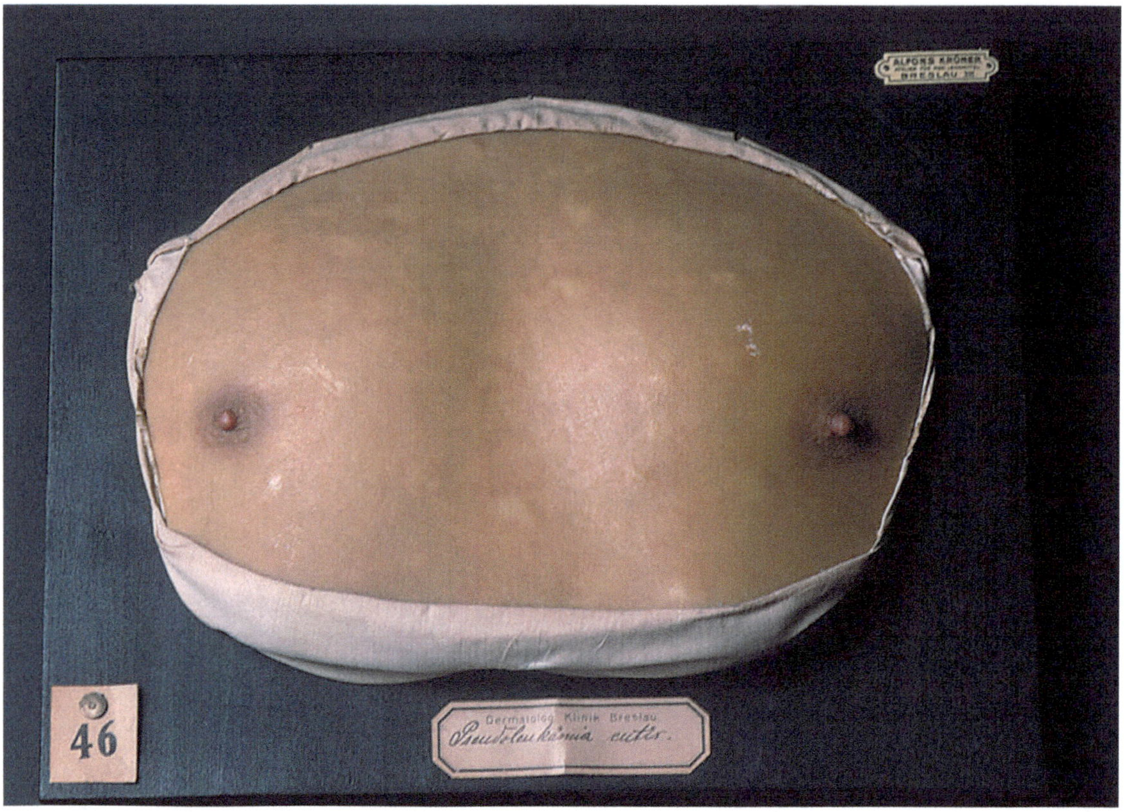

Abb. 12.24. Pseudoleukämia cutis
Hersteller, Datum: Alfons Kröner, zwischen 1910 und 1937
Größe: 35 x 28 cm
Rückseite: schwarz bemalt
Nummer: 46 (aufgeheftetes Schild), 1182 (in rotem Buntstift)

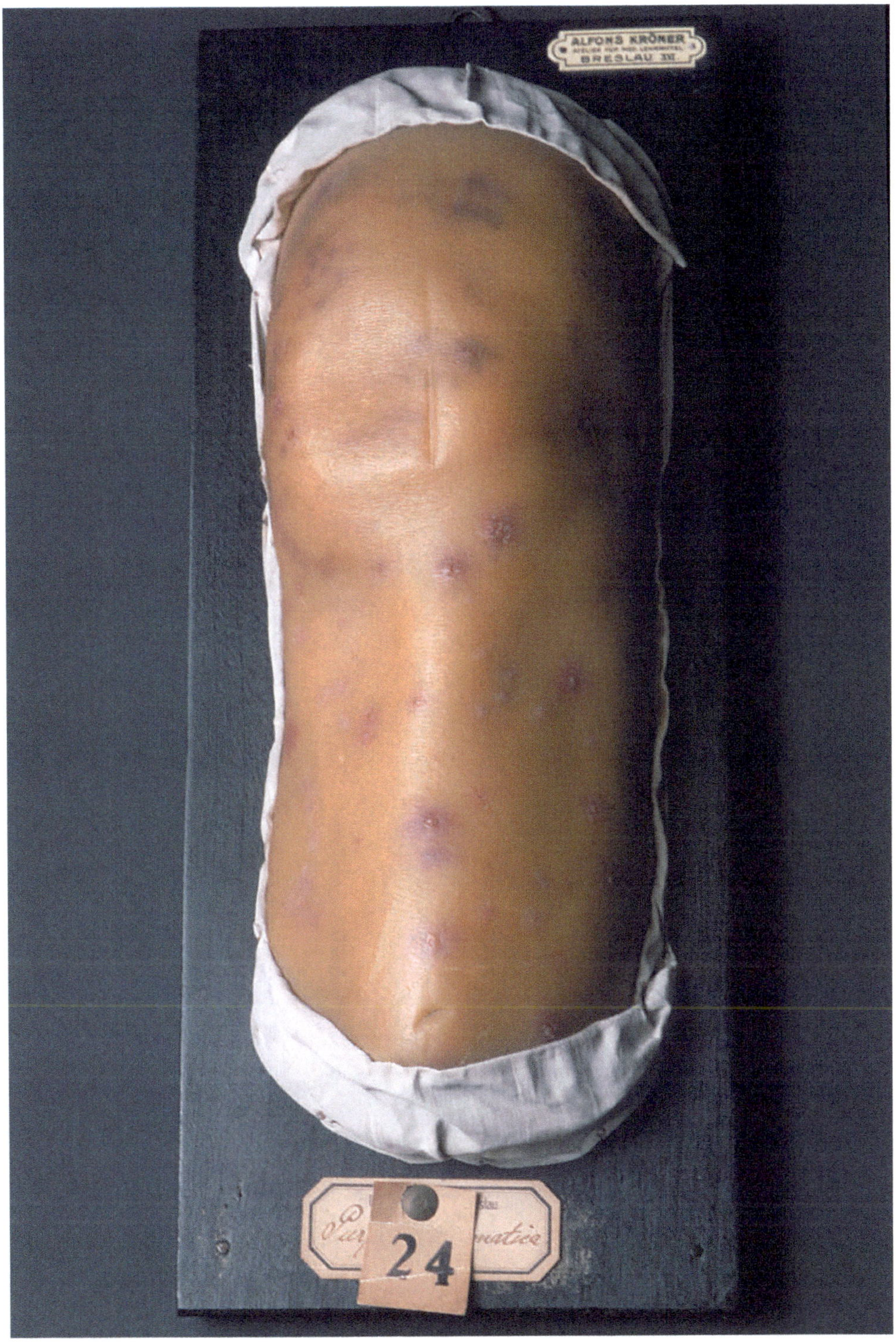

Abb. 12.25. Purpura rheumatica
Hersteller, Datum: Alfons Kröner, zwischen 1910 und 1937
Größe: 15 x 37 cm
Rückseite: schwarz bemalt
Nummer: 24 (aufgeheftetes Schild), 1303 (in rotem Buntstift)

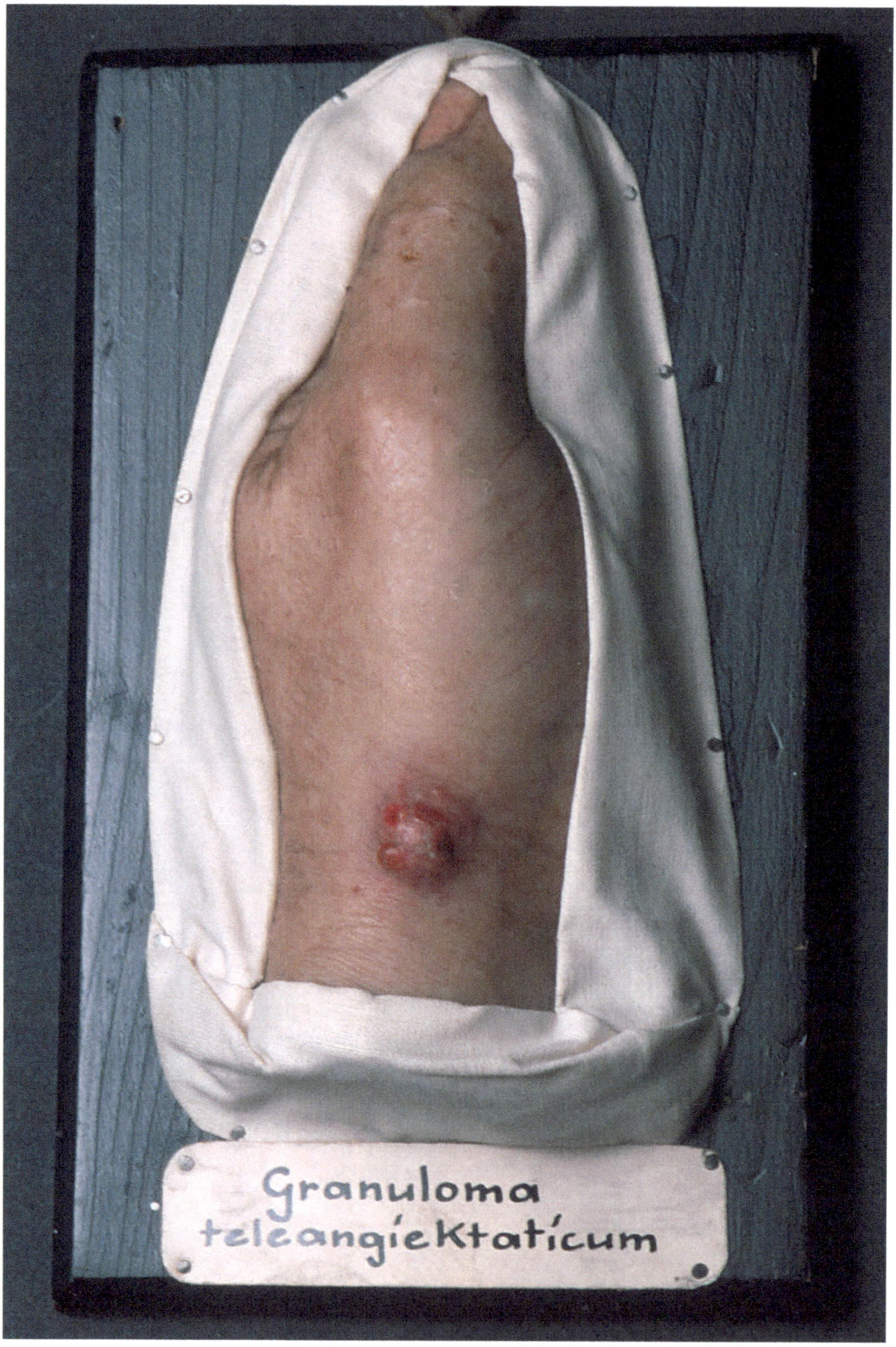

Abb. 12.26. Granuloma teleangiektaticum
Hersteller, Datum: Elsbeth Stoiber, 1953
Größe: 11 x 18 cm
Rückseite: unbemalt
Nummer: keine

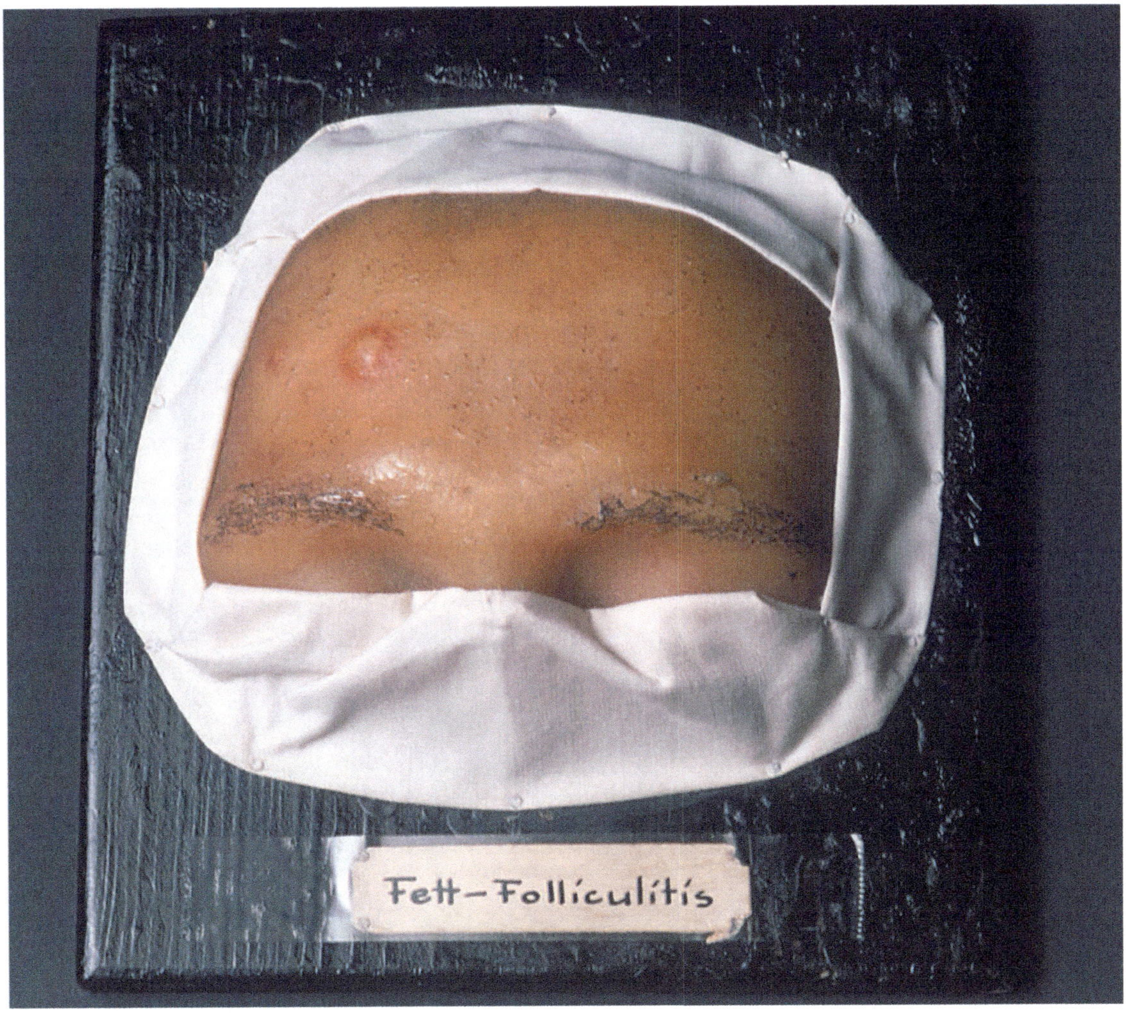

Abb. 12.27. Fett-Folliculitis
Hersteller: unbekannt
Größe: 17 x 18 cm
Rückseite: unbemalt
Bemerkung: Fett-Folliculitis, Gilbert, Abt. 7 (Bleistift)
Nummer: keine

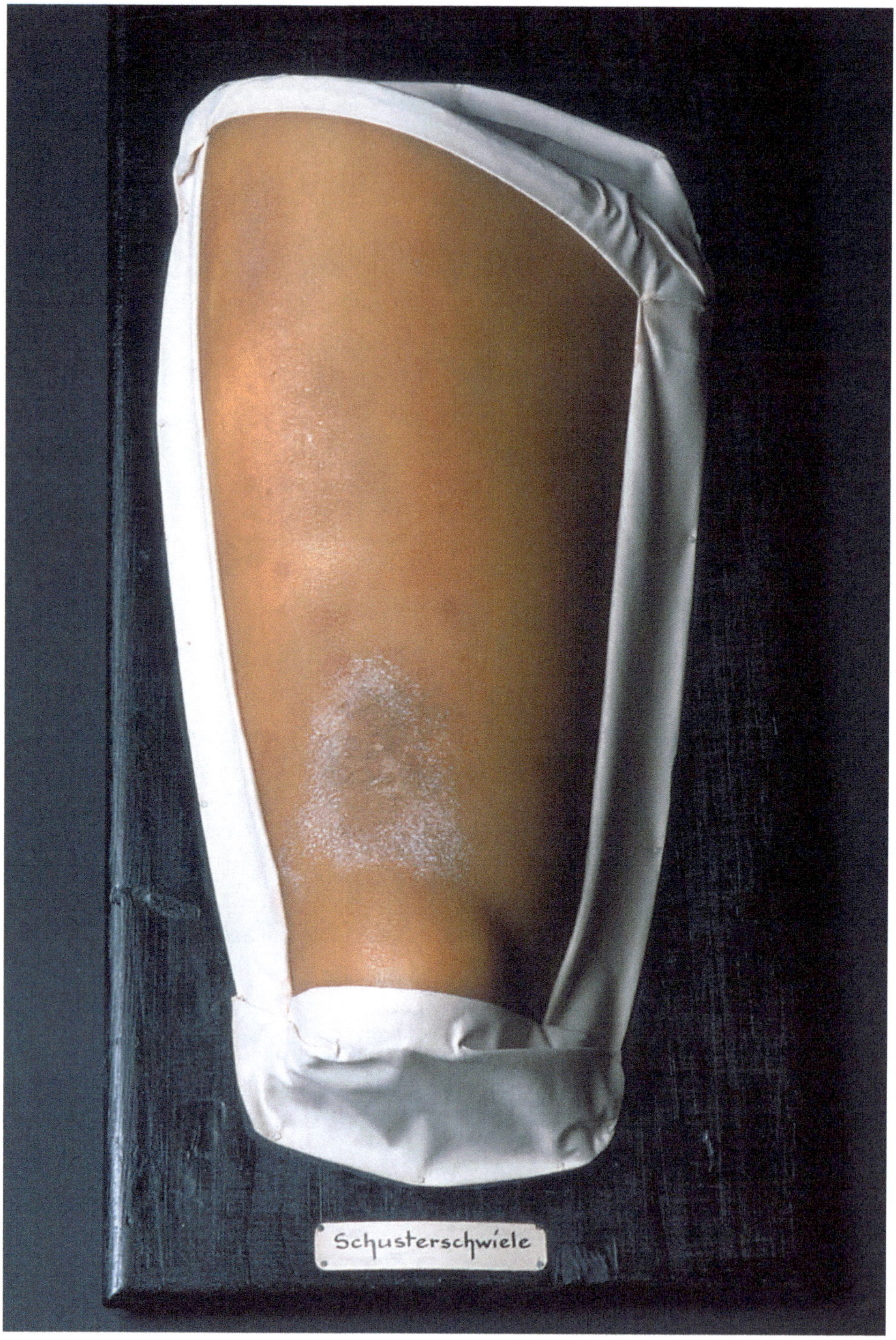

Abb. 12.28. Schusterschwiele
Hersteller: unbekannt
Größe: 22 x 45 cm
Rückseite: unbemalt
Bemerkung: Schusterschwiele + Ekzem (in Bleistift)
Nummer: keine

13

Anlagebedingte Hauterkrankungen

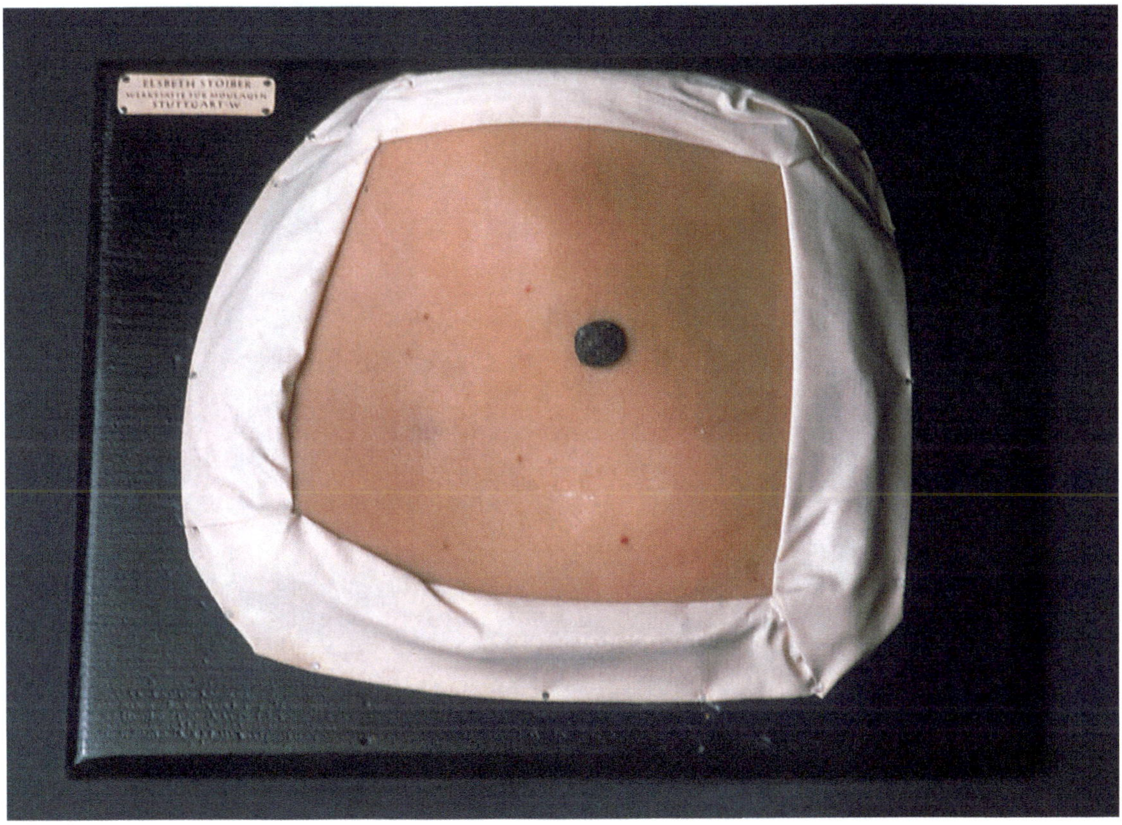

Abb. 13.1. Naevus pigmentosus verrucosus
Hersteller, Datum: Elsbeth Stoiber, 1953
Größe: 20,5 x 26 cm
Rückseite: unbemalt
Nummer: keine

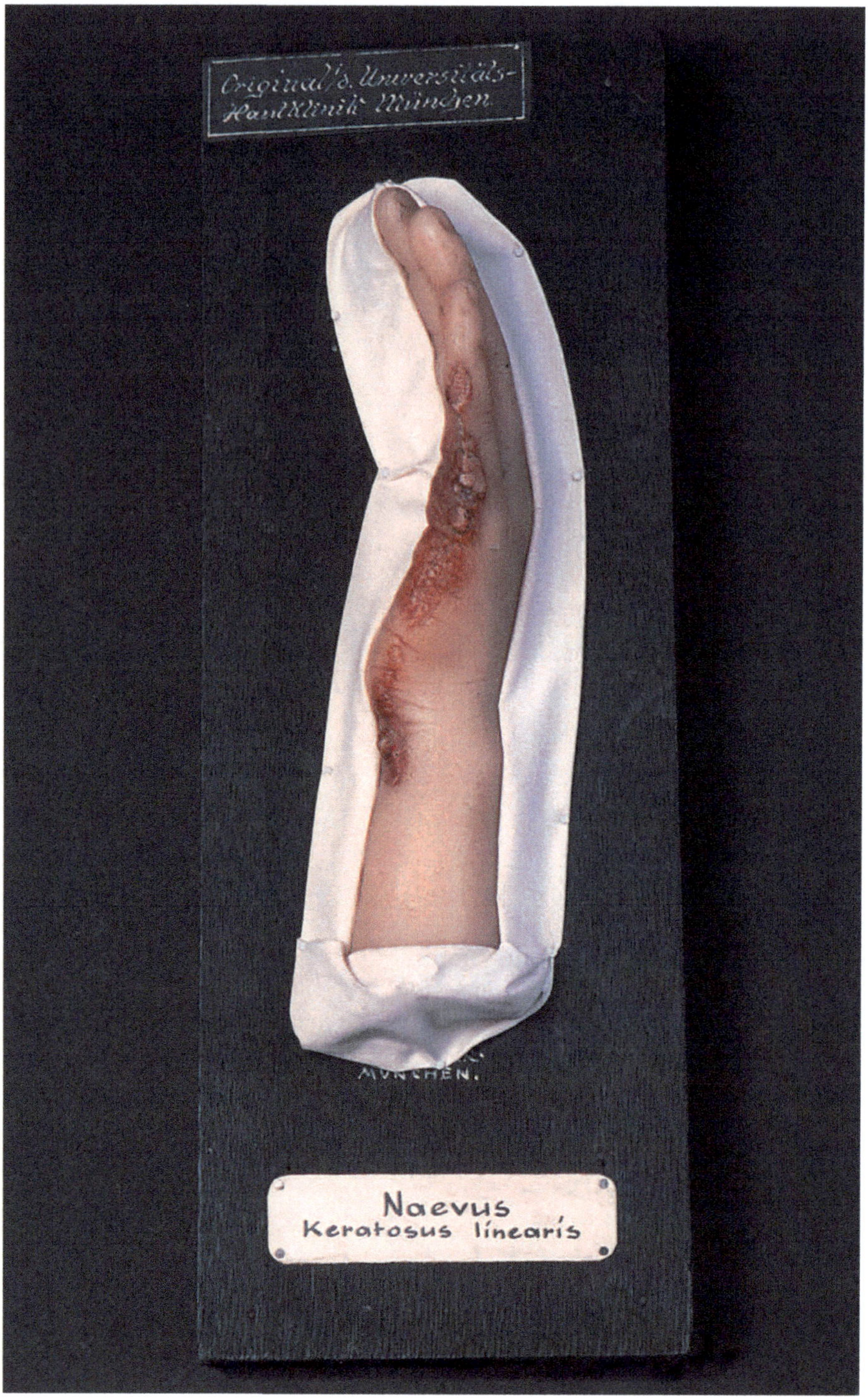

Abb. 13.2. Naevus keratosus linearis
Hersteller, Datum: Hugo Emanuel Becher, zwischen 1904 und 1926
Größe: 11 x 31 cm
Rückseite: unbemalt
Nummer: 29 (in rotem Buntstift)

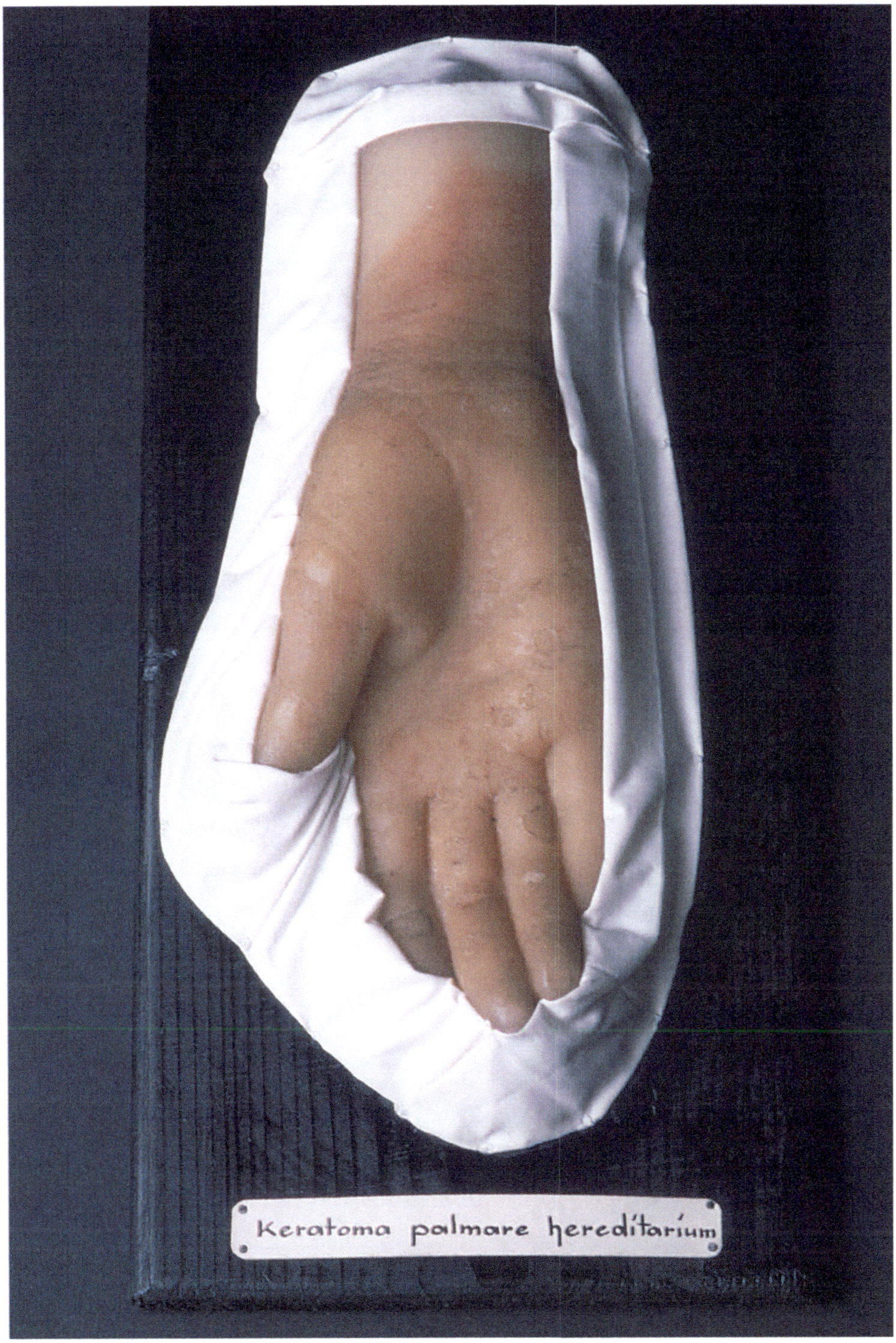

Abb. 13.3. Keratoma palmare hereditarium
Hersteller: unbekannt
Größe: 16,5 x 34 cm
Rückseite: unbemalt
Bemerkung: Keratoma palmare (Bleistift)
Nummer: keine

Maligne Hauterkrankungen

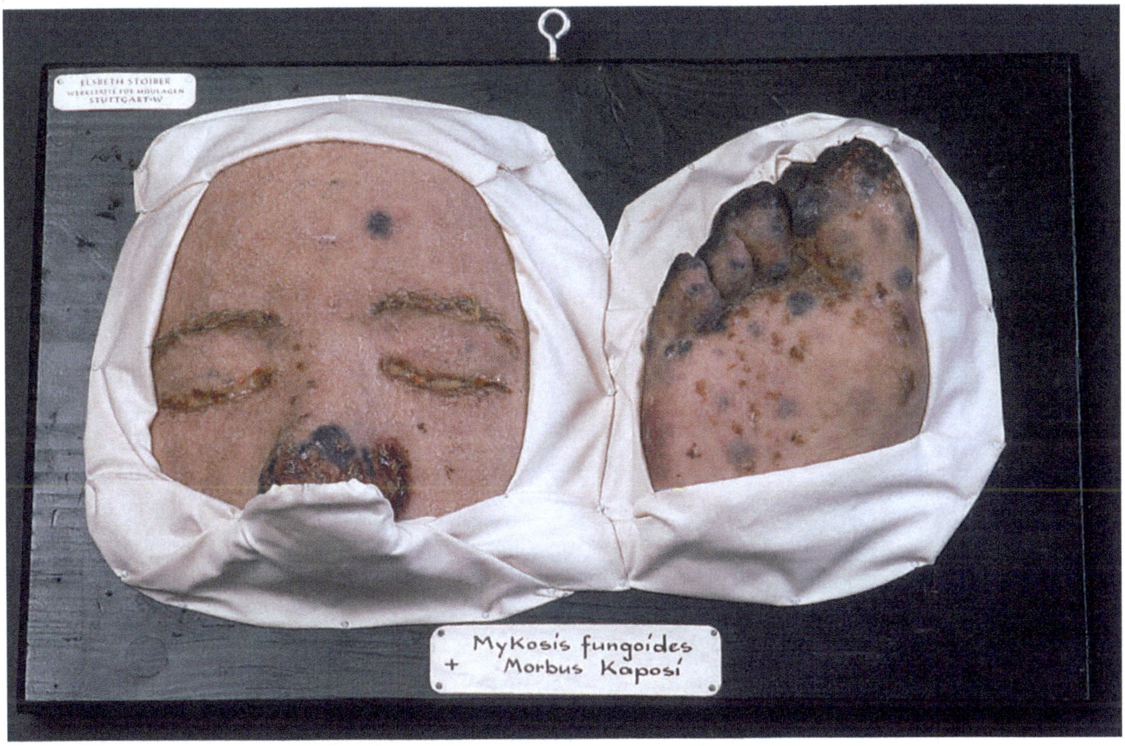

Abb. 14.1. Mycosis fungoides + Morbus Kaposi
Hersteller, Datum: Elsbeth Stoiber, 1953
Größe: 22,5 x 35 cm
Rückseite: unbemalt
Bemerkungen: Fall der U.H.K. Münster/W. Oktober 1953 (in Bleistift)
Nummer: Keine

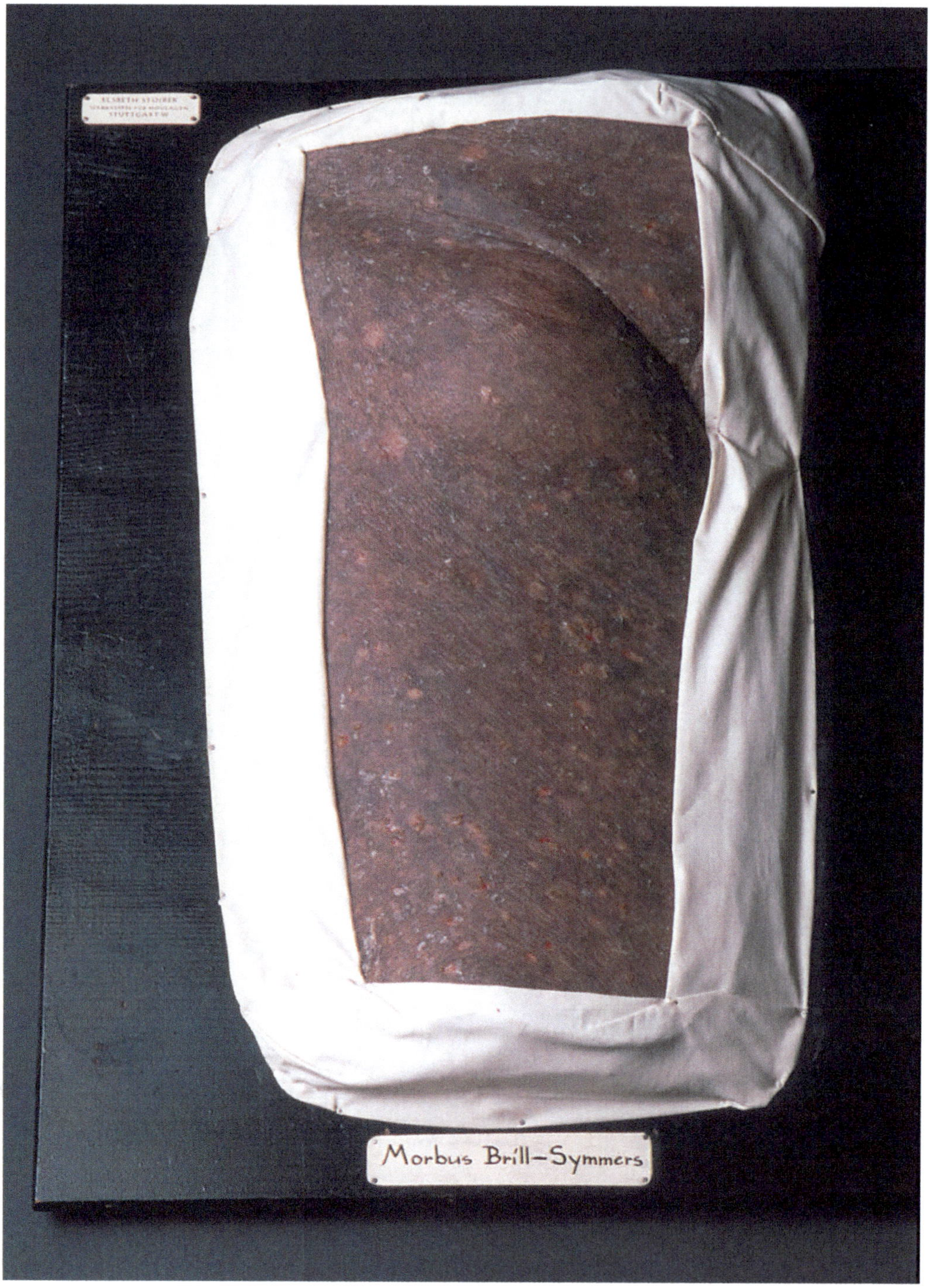

Abb. 14.2. Morbus Brill-Symmers
Aktuelle Bezeichnung: Mycosis fungoides
Hersteller, Datum: Elsbeth Stoiber, 1953
Größe: 35 x 46 cm
Rückseite: unbemalt
Bemerkung: Fall der U.H.K. Münster/W. Oktober 1953
Nummer: 53 (schwarze Tinte auf weißem Aufkleber)

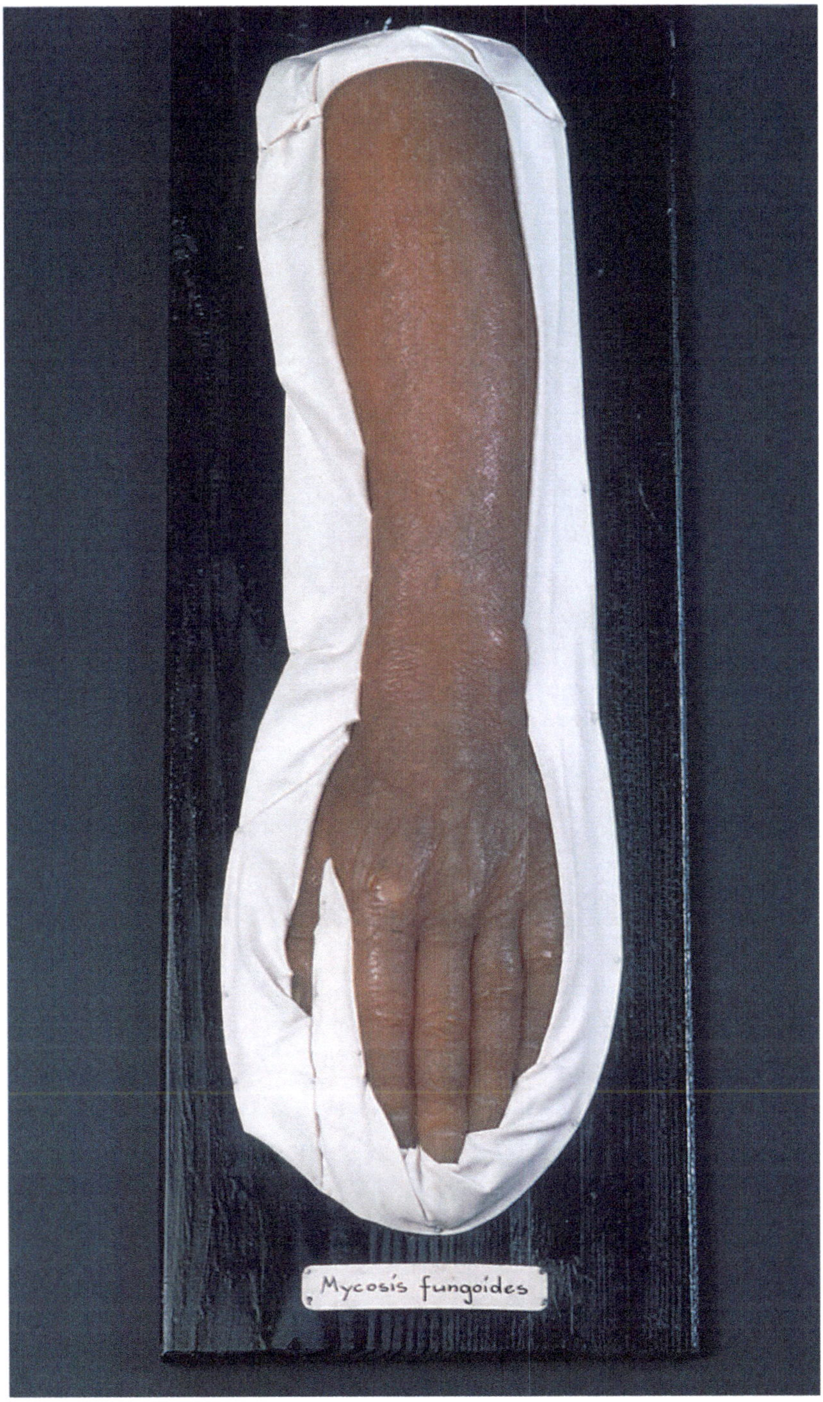

Abb. 14.3. Mycosis fungoides
Hersteller: unbekannt
Größe: 19 x 53 cm
Rückseite: unbemalt
Bemerkung: MF (Bleistift)
Nummer: keine

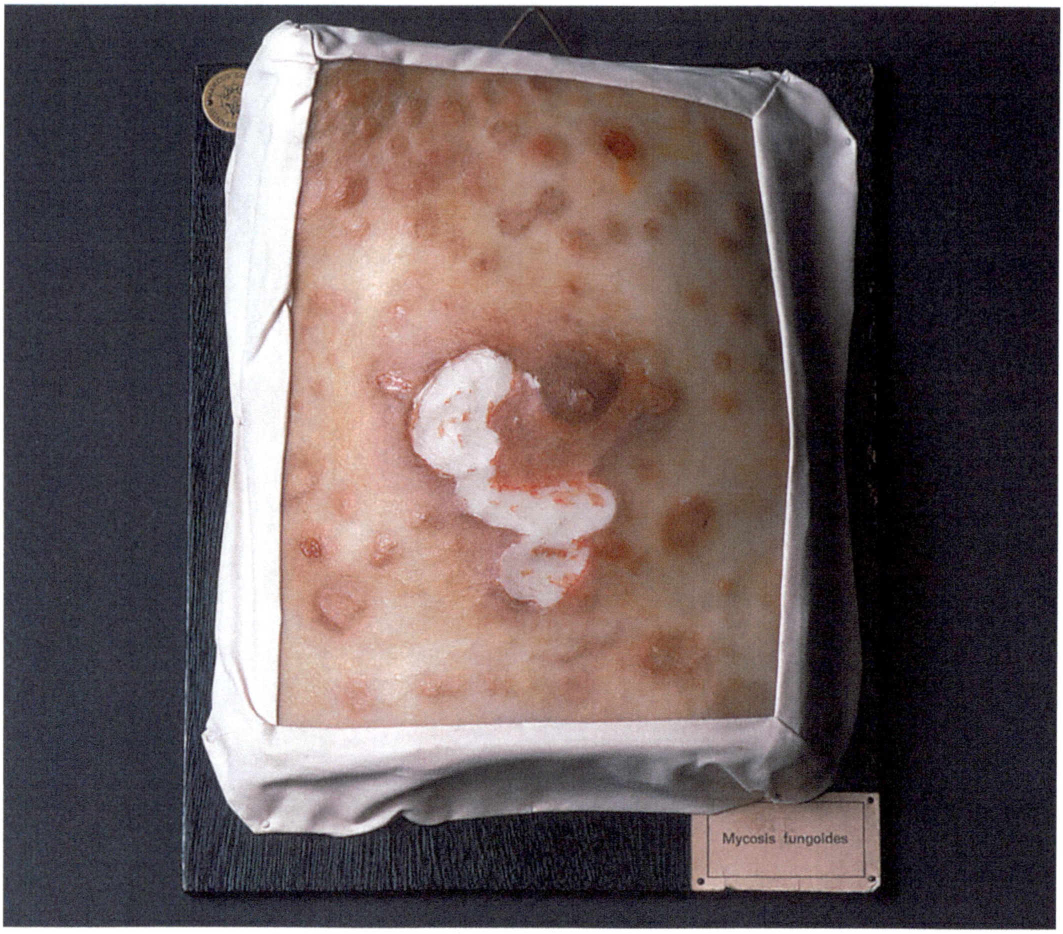

Abb. 14.4. Mycosis fungoides
Hersteller: Marcus Sommer
Größe: 20 x 25 cm
Rückseite: unbemalt
Nummer: keine

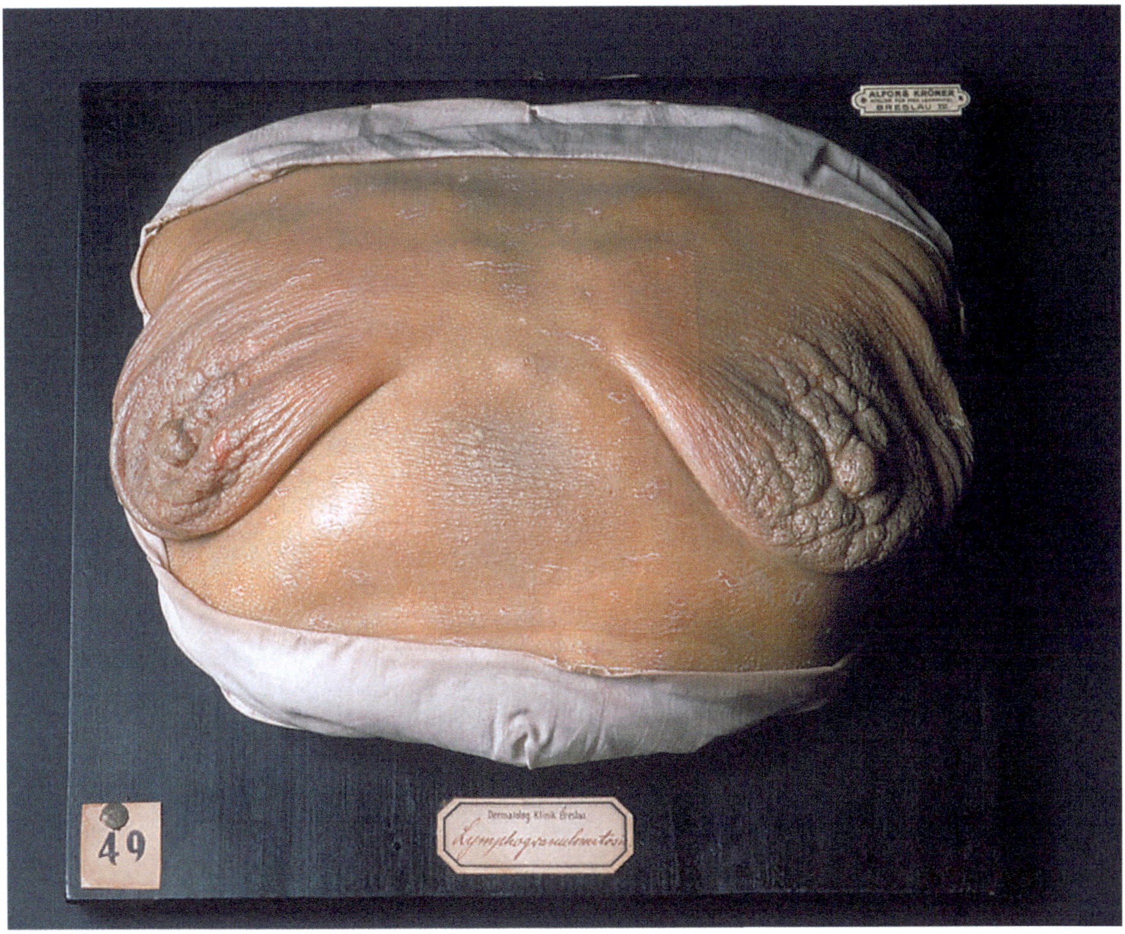

Abb. 14.5. Lymphogranulomatosis
Hersteller, Datum: Alfons Kröner, zwischen 1910 und 1937
Größe: 33,5 x 31,5 cm
Rückseite: schwarz bemalt
Nummer: 49 (aufgeheftetes Schild)

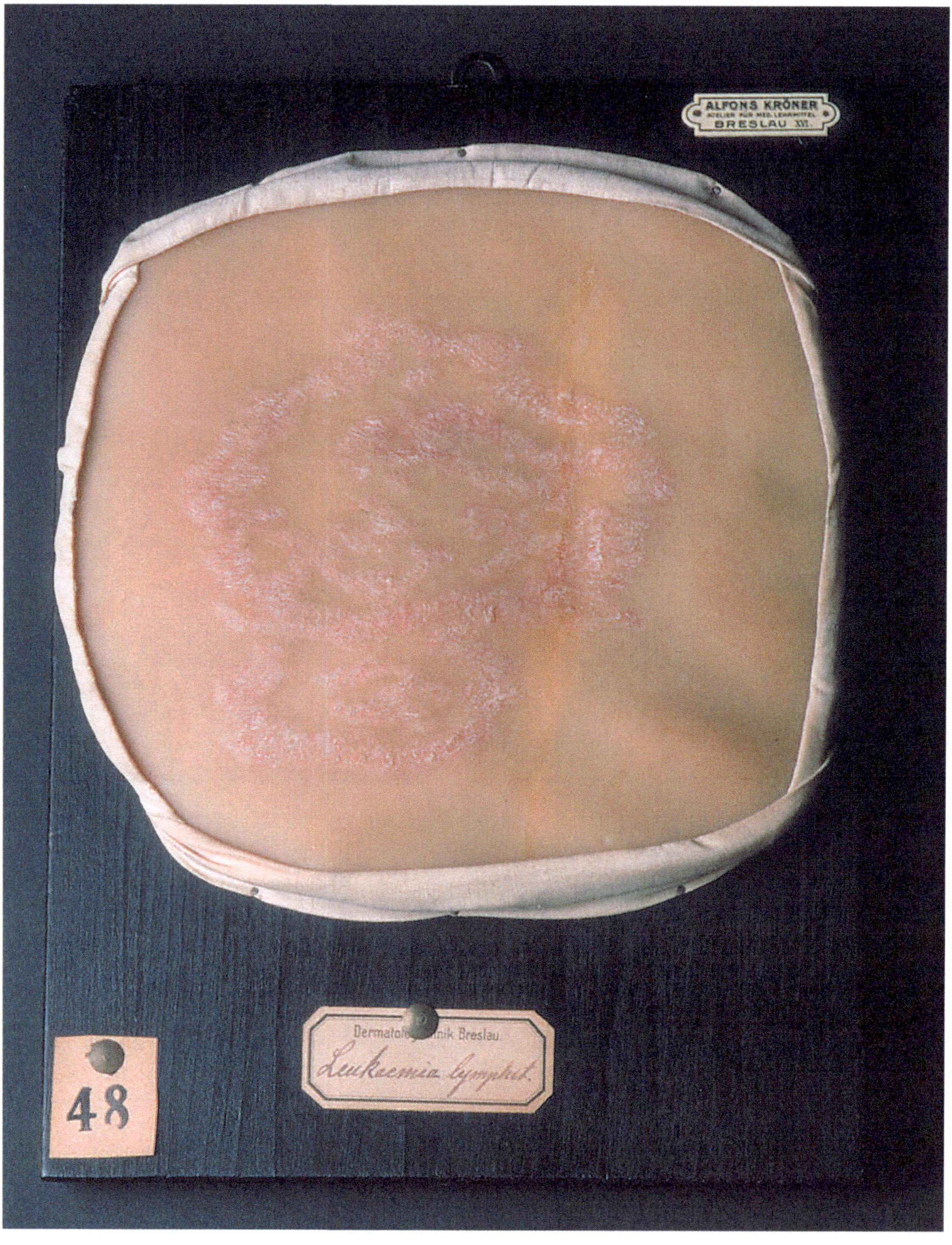

Abb. 14.6. Leukaemia lymphat.
Hersteller, Datum: Alfons Kröner, zwischen 1910 und 1937
Größe: 22,5 x 31,5 cm
Rückseite: schwarz bemalt
Nummer: 48 (aufgeheftetes Schild), 1047(in rotem Buntstift)

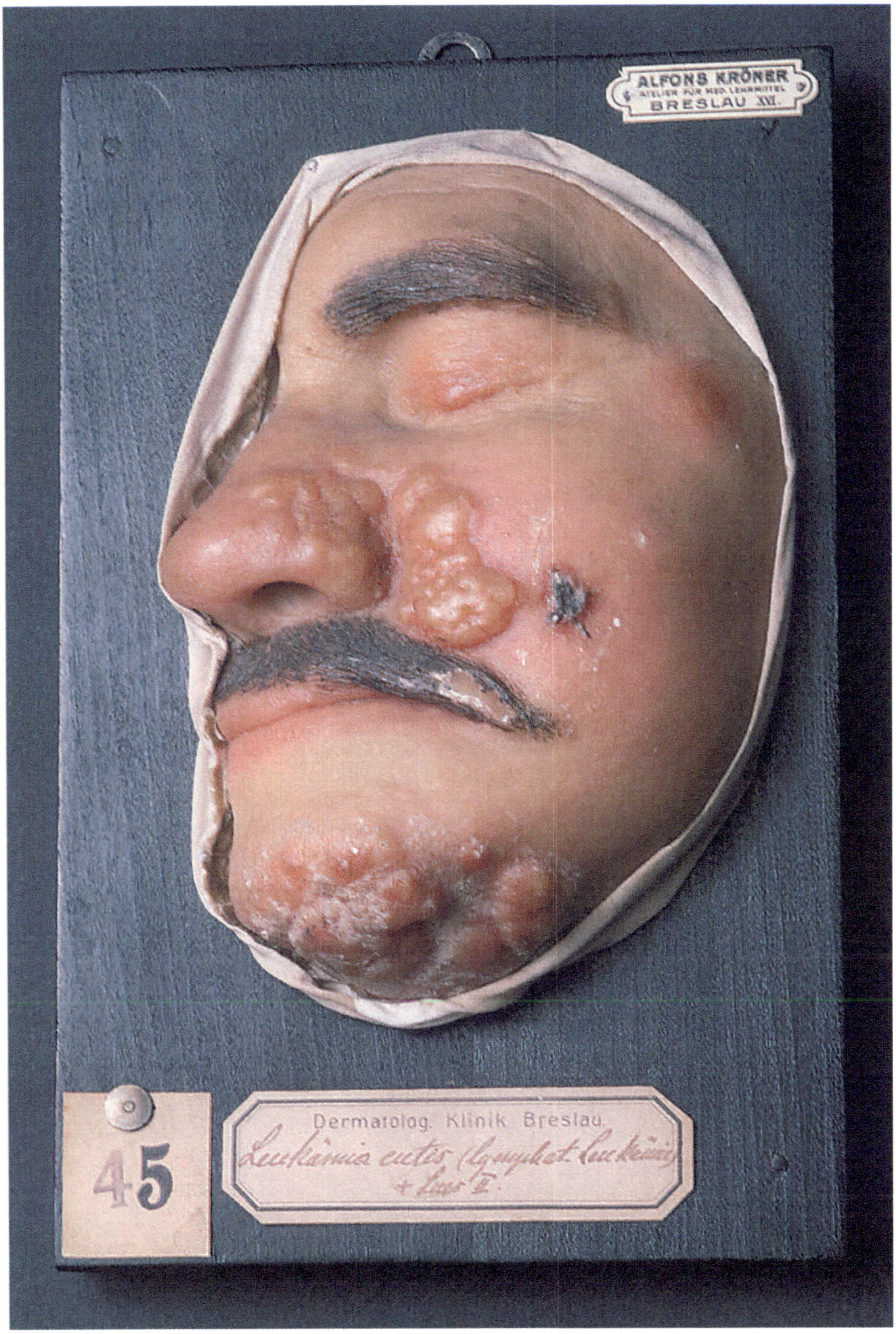

Abb. 14.7. Leukämia cutis (lymphat. Leukämie) + Lues II
Hersteller, Datum: Alfons Kröner, zwischen 1910 und 1937
Größe: 16 x 25,5 cm
Rückseite: schwarz bemalt
Nummer: 45 (aufgeheftetes Schild), 1958 (in rotem Buntstift)

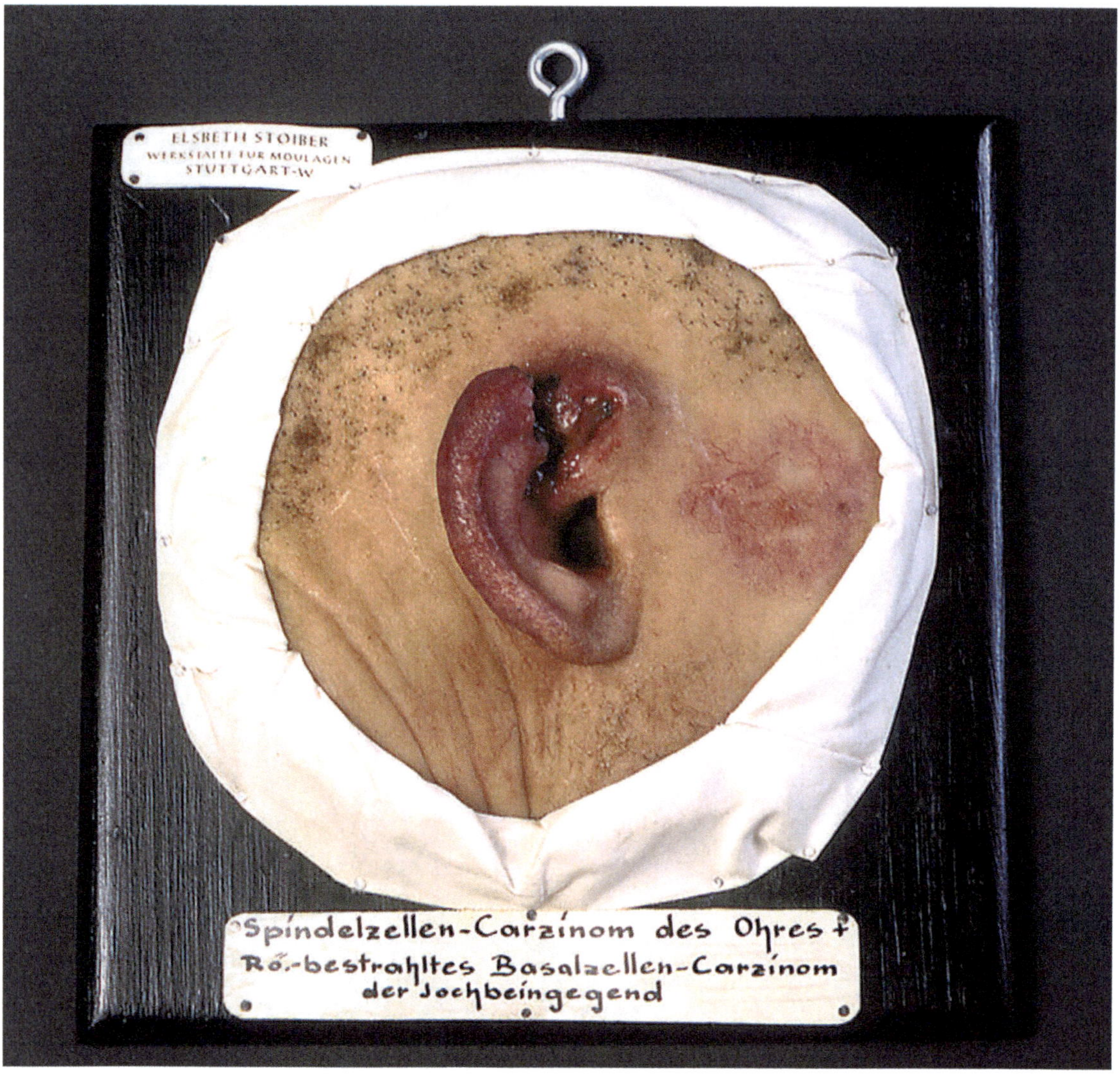

Abb. 14.8. Spindelzellen-Carzinom des Ohres + Rö.-bestrahltes Basalzellen-Carzinom der Jochbeingegend
»Das Ohr des Westfalen«
Nach der Restauration am 18.04.2004
Hersteller, Datum: Elsbeth Stoiber, 1953
Größe: 17,5 x 18 cm
Rückseite: unbemalt
Nummer: keine

Keine Diagnose vermerkt

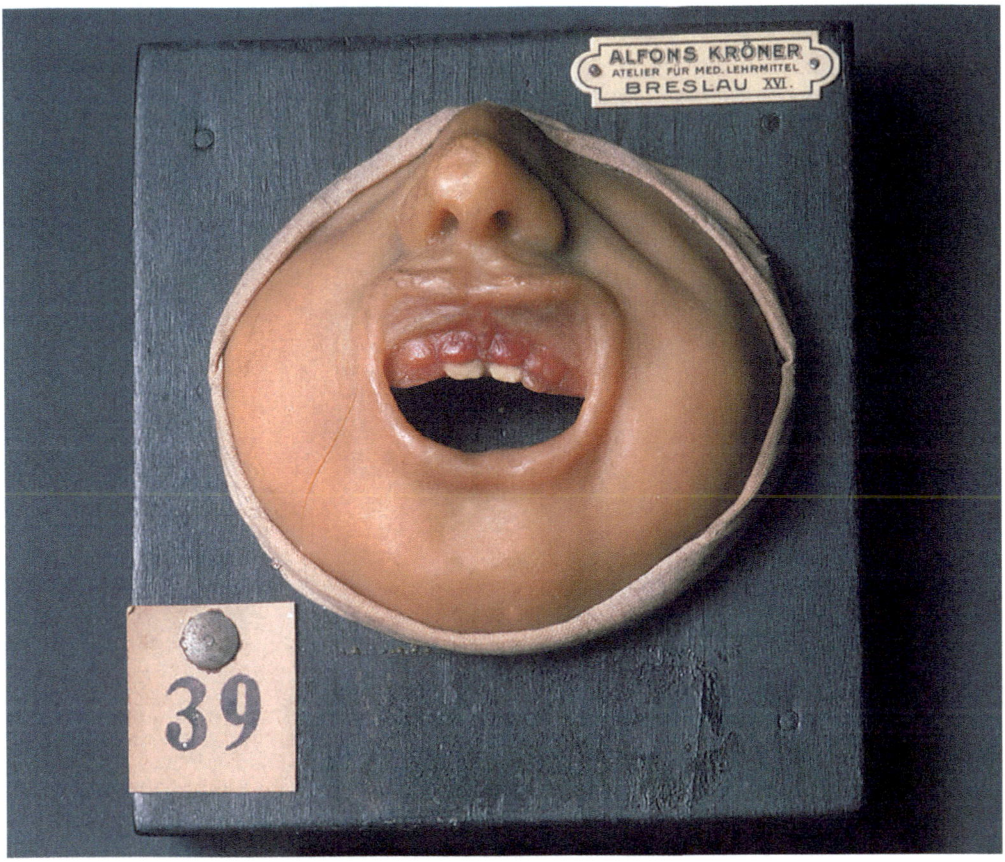

Abb. 15.1. Keine Diagnose
Hersteller, Datum: Alfons Kröner, zwischen 1910 und 1937
Größe: 12 x 13,5 cm
Rückseite: schwarz bemalt
Nummer: 39 (aufgeheftetes Schild), 1328 (in rotem Buntstift)

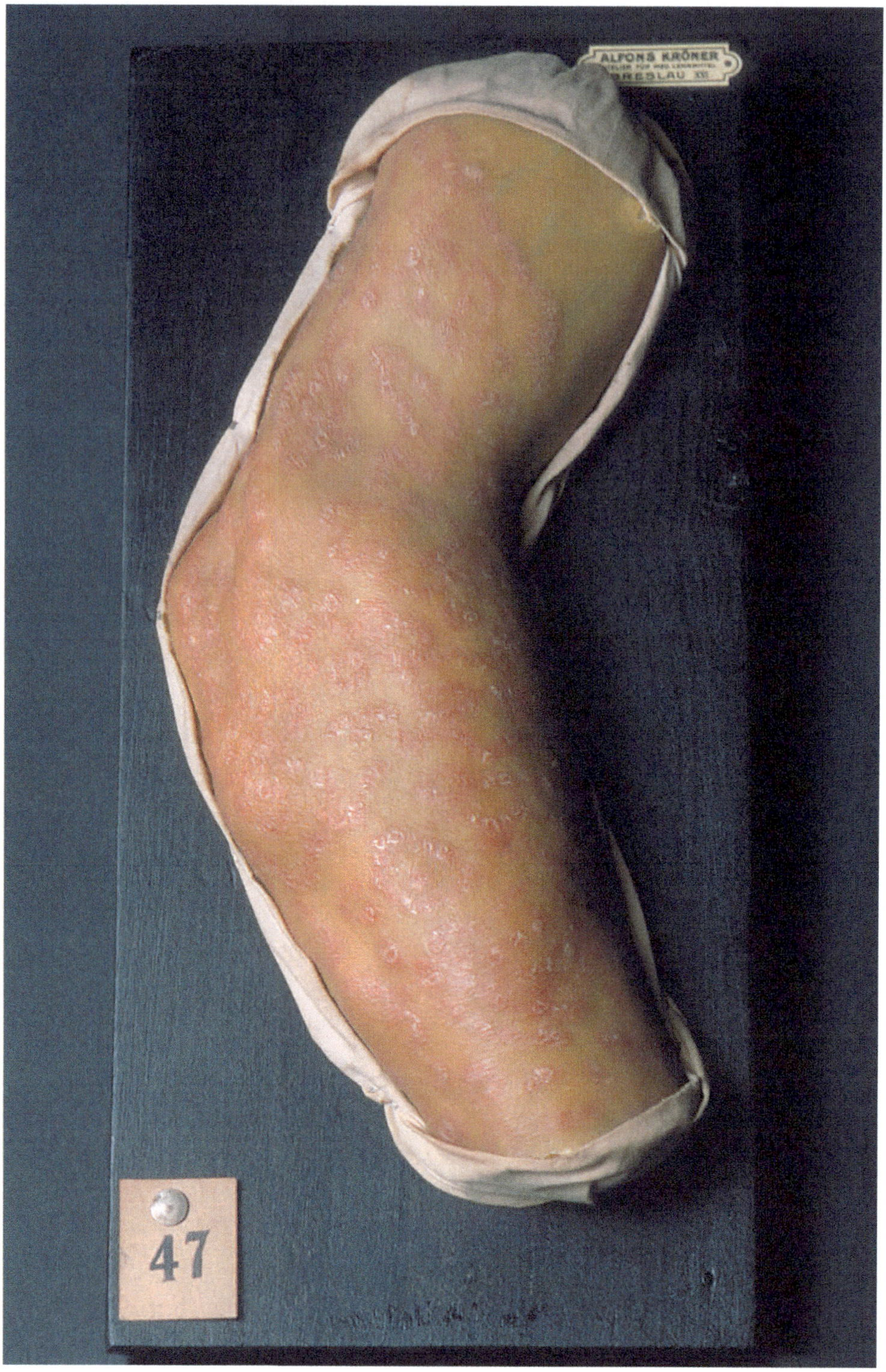

Abb. 15.2. Keine Diagnose
Hersteller, Datum: Alfons Kröner, zwischen 1910 und 1937
Größe: 17 x 38 cm
Rückseite: schwarz bemalt
Nummer: 47 (aufgeheftetes Schild), 1048 (in rotem Buntstift)

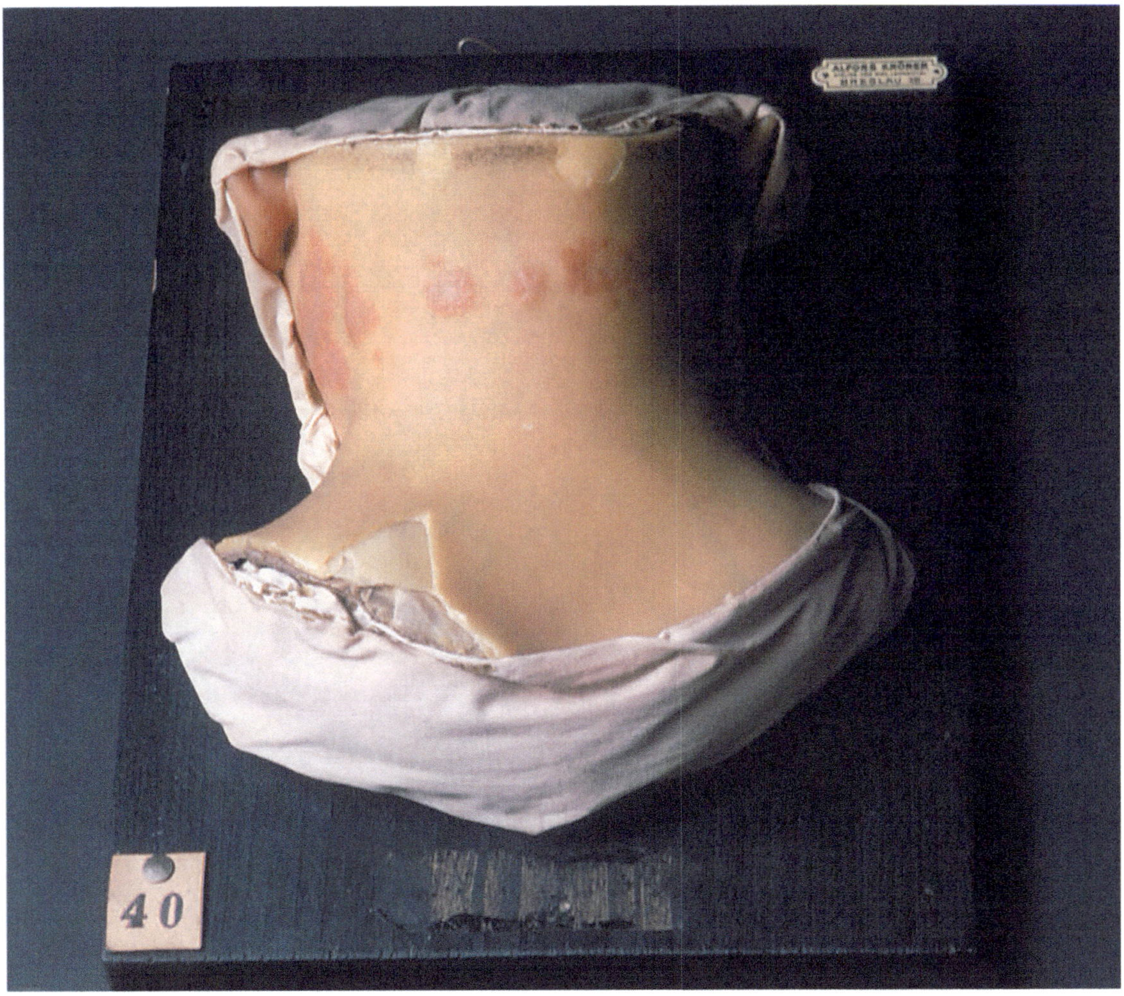

Abb. 15.3. Keine Diagnose
Hersteller, Datum: Alfons Kröner, zwischen 1910 und 1937
Größe: 26 x 33 cm
Rückseite: schwarz bemalt
Nummer: 40 (aufgeheftetes Schild), 899 (in rotem Buntstift)

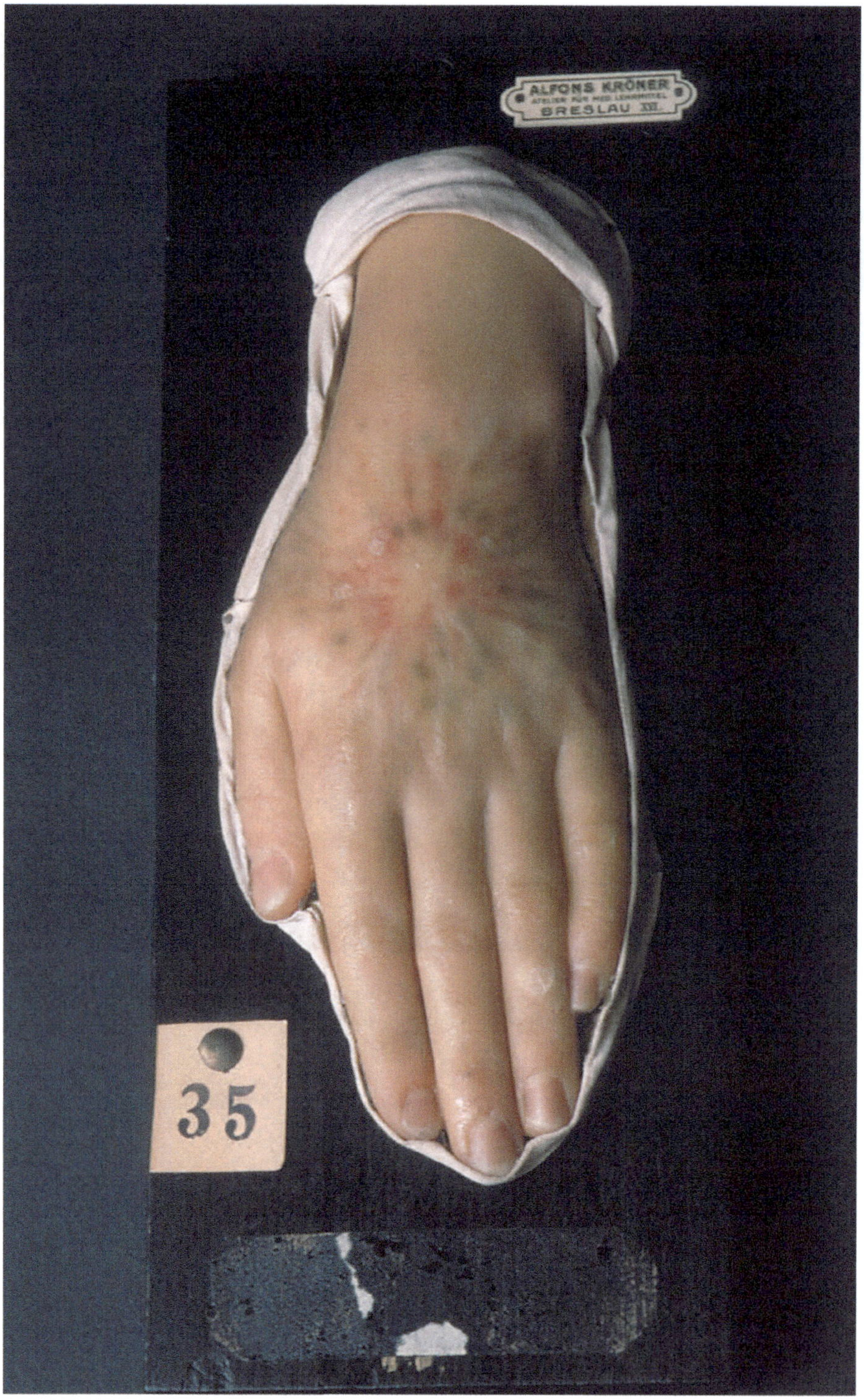

Abb. 15.4. Keine Diagnose
Hersteller, Datum: Alfons Kröner, zwischen 1910 und 1937
Größe: 13 x 31 cm
Rückseite: schwarz bemalt
Nummer: 35 (aufgeheftetes Schild), 646 (in rotem Buntstift)

Literatur

Barlag G (1992) Die Moulagensammlung der Universitäts-Hautklinik Freiburg im Breisgau: Katalog und Beiträge zu ihrer Geschichte. Team-Kommunikation, Frankfurt a. M.

Beck W (1980) Zur Geschichte der Militärlazarette im nördlichen Deutschland (von den Anfängen bis um 1900), Universität Köln, Med. Fakultät, Dissertation

Ehring F (1989) Hautkrankheiten: 5 Jahrhunderte wissenschaftlicher Illustration. Fischer, Stuttgart, u. a.

Eulner HH (1970) Die Entwicklung der medizinischen Spezialfächer an den Universitäten des deutschen Sprachgebietes. (Gesamttitel: Studien zur Medizingeschichte des neunzehnten Jahrhunderts; Bd. 4). Enke, Stuttgart, S. 222–256

Frank G (1986) Die Moulagensammlung der Frankfurter Hautklinik. Med-Report 1:1–2

Galen H (Hrsg.), Schadewitz M (1995) Friedensreiter und Sendschwert. Bürger und Soldaten, Begleitbuch zur Ausstellung des Stadtmuseums Münster und des I. Korps, 07. Juli–08. Oktober 1995. Stadtmuseum Münster Westfalen, Münster

Gutschow N, Pick G (1983) Bauen in Münster: ein Architekturführer. Coppenrath, Münster, S. 54

Holubar K (1988) Entwicklungen der Dermatologie in Österreich. In: Burg G (Hrsg.). Dermatologie: Entwicklungen und Beziehungen zu anderen Fachgebieten. Urban & Schwarzenberg, München, Wien, Baltimore, S. 199–226

Jacobi E (1904) Atlas der Hautkrankheiten: mit Einschluss der wichtigsten venerischen Erkrankungen; für praktische Aerzte und Studierende, 2. Aufl. Urban & Schwarzenberg, Berlin, Wien

Kalkoff KW In memoriam (1952). Carl Moncorps. Hautarzt 3:143–144

Kalkoff KW (1973) Die ersten Tuberkuloseheilungen durch Conteben – 25 Jahre danach. Hautarzt 24:546–550

Kauder-Steiniger R (1999) Avantgarde in Münster? In: Avantgarden in Westfalen? Die Moderne in der Provinz 1902–1933, Ausstellungskatalog des Westfälischen Museumsamtes Münster. Ardey, Münster, S. 49–58

Klingmüller V (1930) Die Lepra. In: Jadassohn J (Hrsg). Handbuch der Haut- und Geschlechtskrankheiten, Bd. X,2. Springer, Berlin, S. 11

Krüger A, Christophers E (1988) Entwicklungen der Dermatologie an der Münchner Hautklinik. In: Burg G (Hrsg). Dermatologie: Entwicklungen und Beziehungen zu anderen Fachgebieten. Urban & Schwarzenberg, München, Wien, Baltimore, S. 17–41

Krutmann J (1987) Die Geschichte der Universitäts-Hautklinik in Münster in Westfalen. Murken-Altrogge, Herzogenrath

Meschig R, Sundhaussen E (1989) Moulagen – Wachsmodelle in der Dermatologie. Z Hautkr 64:921–924

Murken AH (1988) Vom Armenhospital zum Großklinikum: die Geschichte des Krankenhauses vom 18. Jahrhundert bis zur Gegenwart. DuMont, Köln

Niermann H. (1967) Paul Jordan zum 65. Geburtstag. Hautarzt 18:561

Niermann H In memoriam. (1976) Paul Jordan 1902–1975. Hautarzt 27:360–361

Rommé B (Hrsg) (2001). Ernst Bahn (1901–1978): Gemälde – Grafik – Zeichnungen. Ausstellungskatalog Stadtmuseum Münster, Münster

Rothschuh KE (1957) Kleine Geschichte der Medizinischen Fakultät der Universität Münster Westf., Aschendorf, Münster Westf.

Schirren CG, Nasemann T (1962) Paul Jordan zum 60. Geburtstag. Hautarzt 13:527–528

Schmidt G (1997) Geburtshilfliche Wachspräparate des Josephinums: die Sammlung geburtshilflicher Wachsmodelle und ihre Nutzung zum Unterricht an der medizinisch-chirurgischen Josephs-Akademie in Wien. Wilhelm Maudrich KG, Wien, München, Bern

Schnalke T (1995) Diseases in wax: the history of the medical moulage. (Serie: Quintessence books), Quintessence Publ., Chicago, u.a.

Schulze W (1955) Alfred Stühmer zum 70. Geburtstag. Dermatol Wochenschr 131:217–219

Sebastian G, Scholz A (1993) Albert Neisser (1855–1916) und die Moulagensammlung in Breslau. Dt Dermatol 7:771–773

Sticherling M, Euler U (1999) Das »Sterben« der Moulagen-Wachsabbildungen in der Dermatologie. Hautarzt 50:674–678

Stoiber E (1993) Technik der Moulagenherstellung. In: Universitätsspital Zürich (Hrsg). Moulagensammlungen des Universitätsspitals Zürich. Fröhlich Druck AG, Zollikon

Stühmer A (1955) Krise oder Weiterentwicklung der Dermatologie? Die Scheu vor der Hautklinik. Hautarzt 6:97–104

Stühmer A (1958) Die Wachsbildnerei. In: Pfister R. Arbeitstagung für dermatologische Bildkunst in Freiburg i. Br. vom 27. bis 29.7.1956. Dermatol Wochenschr 137:444–445

Toellner R (1980) Medizin in Münster. In: Dollinger H (Hrsg). Die Universität Münster 1780–1980. Aschendorff, Münster, S. 285–307

Winkle S (1997) Lepra (Aussatz). In: Winkle S. Geißeln der Menschheit: Kulturgeschichte der Seuchen. Artemis & Winkler, Düsseldorf, Zürich, S. 1–46

GPSR Compliance

The European Union's (EU) General Product Safety Regulation (GPSR) is a set of rules that requires consumer products to be safe and our obligations to ensure this.

If you have any concerns about our products, you can contact us on ProductSafety@springernature.com

In case Publisher is established outside the EU, the EU authorized representative is:

Springer Nature Customer Service Center GmbH
Europaplatz 3
69115 Heidelberg, Germany

Batch number: 10106126

Printed by Printforce, the Netherlands